Friedrich Pohl

Bienenkrankheiten

Friedrich Pohl

Bienenkrankheiten

Vorbeugung, Diagnose und Behandlung

KOSMOS

Bildnachweis

Farbfotos wurden freundlicherweise von P. Aumeier (1), H. Horn (1), H. Laidlaw (1), W.-I. Lau (7), W. Mühlen (3), Chr. Rau (1), W. von der Ohe (7), K. Wallner (1) zur Verfügung gestellt.
Alle übrigen Aufnahmen sind von F. Pohl.
Schwarzweißzeichnungen von Friedrich Pohl.

Impressum

Umschlag von eStudio Calamar unter Verwendung von 5 Farbfotos von Friedrich Pohl.

Mit 63 Farbfotos und 58 Schwarzweißzeichnungen.

Bibliographische Informationen der Deutschen Nationalbibliothek
Die Deutsche Nationalbibliothek verzeichnet diese Publikation in der Deutschen Nationalbibliografie; detaillierte bibliografische Daten sind im Internet über http://dnb.ddb.de abrufbar.

Gedruckt auf chlorfrei gebleichtem Papier

1. Auflage: DLV Deutscher Landwirtschaftsverlag Berlin GmbH

2., überarbeitete und erweiterte Auflage

ISBN 978-3-440-10407-1
Produktion: Kirsten Raue / Markus Schärtlein
Printed in The Czech Republic / Imprimé en République tchèque

Inhaltsverzeichnis

Vorwort

Die Anforderungen an den Imker bei der Erkennung und Behandlung von Bienenkrankheiten haben sich in den letzten Jahren erheblich verändert. Im Vordergrund steht noch immer, Bienenvölker gesund zu erhalten, zum einen wegen der ethischen Verantwortung gegenüber dem lebenden Tier und zum anderen zur Aufrechterhaltung einer flächendekkenden Bienenhaltung in den Kulturlandschaften.

Geändert haben sich die Möglichkeiten der chemotherapeutischen Bekämpfung von Bienenkrankheiten. Immer empfindlichere Methoden bei der Rückstandsuntersuchung sowie hochsensible Verbraucher, die zu Recht hohe Ansprüche an die Naturbelassenheit der Bienenprodukte stellen, beeinflussen zunehmend die Bekämpfungsstrategien im Umgang mit Bienenkrankheiten.
Bienenwissenschaftler und Imker versuchen zunehmend, betriebstechnische Maßnahmen und Bekämpfungen mit chemischen Naturstoffen bei der Krankheitsbekämpfung zur Anwendung zu bringen.

Für den Imker bedeutet dies neben einem erhöhten Arbeitsaufwand auch die Notwendigkeit, sich genauer mit dem Erscheinungsbild und dem Verlauf von Krankheiten im Bienenvolk auseinanderzusetzen. Hierzu soll dieses Buch durch die anschauliche Beschreibung von einfachen Diagnoseverfahren anregen. Es soll helfen, den Blick des Imkers für auffällige Krankheitssymtome zu schärfen, um so bereits im Anfangsstadium einer Krankheit Gegen- bzw. Vorbeugungsmaßnahmen treffen zu können. Dabei werden diejenigen Verfahren in den Vordergrund gestellt, die eine Beeinträchtigung der Qualität von Bienenprodukten ausschließen. Die Gesunderhaltung der Bienenvölker beginnt nicht erst bei der Krankheitsbekämpfung, sondern bei der optimalem Pflege der Bienen während des gesamten Bienenjahres.

Trotz aller Faszination, die von der Beschäftigung mit der Bienenpathologie ausgeht, wünsche ich dem Leser, daß er möglichst wenige der in diesem Buch aufgeführten Krankheitsbilder bei seinem eigenen Bienenvölkern wiederfindet.

Hohenheim, Juli 1995

Peter Rosenkranz
Landesanstalt für Bienenkunde,
Universität Hohenheim

Gesunde Bienenvölker – eine stete Herausforderung für den Imker

Prof. Dr. Jost H. Dustmann

Ohne Zweifel ist die Bienenhaltung heute fast weltweit bedroht, in vielen Ländern vor allem durch die Varroa-Milbe und viele andere Parasiten, durch eine z. T. wenig bienengerechte Umwelt und etliche andere Faktoren. Gesundheit und Harmonie im Bienenvolk, das ist nicht nur eine Herausforderung für die Bienen, für ihr Überleben, sondern auch für das Handeln des Imkers, letztlich entscheidend für »Sein« oder »Nichtsein« einer Imkerei.

Einen Kampf ums Überleben »the struggle for life« wie Darwin das nannte, stehen nahezu alle lebenden Organismen durch. Das Bienenvolk, dieser Superorganismus mit all seinen faszinierenden Leistungen, entwickelte in diesem Kampf ums Überleben besonders wirksame, erfolgreiche Abwehrmechanismen, die es ermöglichten, daß sich die Honigbienen seit mindestens 25 Millionen Jahren nahezu unverändert halten konnten, trotz fortwährender Bedrohung. Enorme Anpassungsfähigkeit an den jeweiligen Lebensraum, Abwehrmechanismen gegen Krankheiten haben dieses Überleben ermöglicht.

Wogegen muß sich ein Bienenvolk wehren, um zu überleben?

Insbesondere gegen

➤ das große Heer an Krankheitserregern und Parasiten, räuberisch tätige Lebewesen – die größte Herausforderung für das Volk;

➤ eine wenig bienengerechte, zumindest zeitweilig mangelhafte Bienenumwelt, bedingt durch Trachtarmut, ungünstige Klimaverhältnisse (hierunter haben besonders die Völker zu leiden, die dem Landschaftsraum nicht angepaßt sind);

➤ eine Nahrungskonkurrenz zu anderen Bienenvölkern (zu große Massierung der Völker auf engstem Raum);
➤ direkte Störungen durch den Menschen, durch falsche Völkerführung, falsche Eingriffe am Volk, Verwendung ungeeigneter Bienenwohnungen, leichtsinnigen Umgang mit Medikamenten;
➤ indirekte Folgen menschlichen Tuns, wie Vernichtung von Trachtpflanzen, Anwendung von Pestizid-Präparaten, Industrieemissionen oder sonstige zivilisatorische Einflüsse, die das Bienenvolk bedrohen.

Abwehrmechanismen des Bienenvolkes

Bedroht wird ein Bienenvolk ständig durch eine Vielzahl lebender Organismen, quer durch das ganze Tierreich bis hin zu pflanzlichen Mikroorganismen. Nachfolgend einige Beispiele:

➤ Viren, Ricketsien (Sackbrut, Paralyse);
➤ Bakterien (Faulbrut, Septikämie u. a.);
➤ Einzellige Mikroben (Nosema, Amöben);
➤ Pilze (Kalkbrut, Pollenschimmel u. a.);
➤ Spinnentiere, Milben (Acarapis, Varroa);
➤ Insekten (Raubfliegen wie Mallophora, Wespen);
➤ Amphibien *(Bufo marinus);*
➤ Vögel;
➤ Säugetiere (amerik. Stinktier, Honigdachs, Bären);
➤ Mensch *(Homo sapiens).*

Das Bienenvolk als Ganzes, der sog. »Bien«, ist – wie zahlreiche andere Lebewesen – in der Lage, verschiedene Abwehrmöglichkeiten gegen die Erreger zu ergreifen. Um diese Abwehrreaktion zu verstehen, ist es notwendig, sich einiger biologischer Grundprinzipien zu erinnern, die einen sozialen Organismus wie das Bienenvolk auszeichnen:

➤ Im Bienenvolk leben nicht nur 3 verschiedene Bienenwesen, sondern je nach Jahreszeit finden wir eine sehr unterschiedliche Volksstärke vor.
Im Laufe der Bienensaison kann die Volksstärke bekanntlich um das Vielfache der Winterpopulation steigen. Wachsen und Schrumpfen des Volkes gehen einher mit dem Auftreten von kurzlebigen Sommerbienen und langlebigen Winterbienen. Und obwohl beide im äußeren Habitus gleich aus-

sehen, sind sie in ihrem physiologischen Zustand höchst verschieden.

➤ Die Biene ist – biologisch gesehen – immer noch ein Wildtier, kein domestiziertes Stalltier. Dieser »wilde Wurm«, wie das Volk genannt wurde, sucht seine Nahrung nicht im Stall, sondern in der freien Natur, wie andere wildlebende Insekten. Die Bienen haben bei ihrer Nahrungssuche Zugang zu allen möglichen Nahrungsquellen, die dem Bienenvolk Leben oder auch Tod bringen können (natürliche Giftstoffe, Pestizide).

➤ Das harmonische, faszinierende Zusammenleben im Bienenvolk, diese wunderbare Ordnung von tausenden von Einzellebewesen, die Harmonie im Bienenvolk beruht bekanntlich auf erblich festgelegten Instinkthandlungen, erlernten Verhaltensweisen, dem Befolgen chemischer und physikalischer Signale, auf Regulationsvorgängen, die wir erst in den letzten Jahren ein wenig aufgedeckt haben, und die noch viele offene Fragen aufweisen.

Das Bienenvolk ist ein für Außen- und Innenreiz offenes, sich selbst regulierendes Gleichgewichtssystem (Eingriffe des Imkers, chemische Präparate können dieses Gleichgewicht rasch umkippen lassen).

➤ Die einzige Art der natürlichen Vermehrung ist die Schwarmbildung. Da gibt es keine Geschlechtstiere, die ausfliegen, um einen neuen Staat zu gründen, vielmehr herrscht eine Art vegetativer Teilung eines Organismus: der Schwarm, der alles mitbringt, was er im neuen Staat braucht. Aber auch ein hohes Regenerationsvermögen und Paarung mit mehreren Drohnen sind biologische Charakteristika für die Biene.

➤ Eine biologische Besonderheit ist im Vergleich zu den üblichen Haustieren, daß die Honigbienen sich im Laufe der Entwicklung vollständig umwandeln, sogenannte holometabole Insekten darstellen, deren Brutstadien ganz anders aussehen als die erwachsenen Tiere, und hiermit läuft einher, daß fast ausschließlich die Krankheiten der erwachsenen Biene nicht die Brut, die Brutkrankheiten nicht erwachsene Bienen schädigen, ein eminent wichtiges Phänomen für die Selbstheilung eines Bienenvolkes.

Soweit einige biologische Gegebenheiten! Auf welche Art und Weise wehrt sich nun ein Bienenvolk gegen diesen Ansturm vielfältigster Krankheitserreger, Schädlinge und Feinde, von denen es laufend bedroht wird?

Auf den ersten Blick könnte man annehmen, das Bienenvolk mitsamt seinen Vorräten müsse einen geradezu idealen

Nährboden für zahlreiche Schadorganismen und Keime bilden: nahezu gleichmäßig hohe Temperaturen und relative Feuchte, ständige Dunkelheit, riesige Mengen an nährstoffreichem Futter (Honig als Kohlenhydrat, Pollen als Eiweiß), dichtes Zusammenleben von tausenden von Organismen zur Übertragung der Keime, große offene Brutflächen, ständig neues Hereinschleppen von fremden Keimen durch Einholen von Tracht, Wasser etc.
Und dennoch wird ein intaktes Bienenvolk mit alledem fertig, ohne zu erkranken! BRETSCHKO formuliert diese Situation wie folgt:
»Die Überlebenschance eines Bienenvolkes liegt in seiner Fähigkeit, dem permanenten Angriff einer Vielzahl von Krankheitserregern zu widerstehen. Bedroht ist jedes Bienenvolk laufend – zeitweilig zusätzlich durch Pestizide, Umweltchemikalien und andere negative Einflüsse – , daher müssen die angeborenen Abwehrmechanismen in der heutigen Zeit besser als je zuvor funktionieren.«
Zitat von J. AKTINSON: »Der Schlüssel zum Verständis der Bienenkrankheiten und ihrer Vorbeuge/Kontrolle ist das Wissen um die natürlichen Abwehrmechanismen und die Beziehungen zwischen Wirt und Parasit.«
Wann ist ein sozialer Organismus wie das Bienenvolk krank? Das bloße Vorhandensein der Erreger im Volk in der einzelnen Biene, im Baumaterial, Futter etc. bedeutet noch keine Krankheit. Wir werden in jedem Volk Nosemasporen finden, auch wenn es noch so sehr vor Kraft und Gesundheit strotzt. Zahllose Erreger kreisen im Bienenvolk, warten nur auf die passende Gelegenheit, um zuzuschlagen. Das gilt für die Septikämie-Bazillen, Viren oder Kalkbrutsporen und viele andere Mikroorganismen. Mit vielleicht wenigen Ausnahmen sind die Erreger der meisten Bienenkrankheiten stets im Bienenvolk auffindbar, ohne daß nur die geringste Spur einer Bienenkrankheit zu erkennen ist. Einzelne Bienen können totkrank sein, das Volk dagegen ist kerngesund.
Ein Bienenvolk ist als krank zu bezeichnen, wenn es nicht mehr in der Lage ist, aufgrund einer größeren Anzahl geschwächter oder abgestorbener Arbeitsbienen oder Brutstadien alle Lebensfunktionen, wie Futter hereinholen, Bauen, Brutfürsorge, Brutumsatz, Verteidigung etc. normal auszuführen. Hier eine scharfe Grenze zu ziehen wird schwerfallen. Ein Insektenstaat ist erst dann als krank zu bezeichnen, wenn ein gewisser Schwellenwert beim nicht normalen Abgang von Brut und erwachsenen Bienen überschritten ist. Es kann sogar behauptet werden: Ein geringfü-

giger Abgang erkrankter oder geschädigter Stadien ist für ein völlig gesundes Volk lebensnotwendig.
Gesund ist ein Bienenvolk immer dann, wenn es aufgrund der eigenen Abwehrmechanismen dem fortwährenden Infektionsdruck von Krankheitserregern erfolgreich standhält, die Harmonie im Bienenvolk gewahrt bleibt.
J. ATKINSON: »Ein Bienenvolk befindet sich nicht deshalb im schlechten Zustand, weil die Bienen krank sind, sondern umgekehrt: Die Bienen sind krank, weil das Volk sich in einem schlechten Zustand befindet.«
Verschiedene Abwehrmechanismen und -vorkehrungen dienen dem Erhalt eines gesunden Bienenvolkes

Putztrieb

Bei dem »Waffenarsenal«, das ein Sozialstaat wie das Bienenvolk gegen Krankheitserreger und Schädlinge einsetzt, sei an erster Stelle der Putztrieb genannt, d. h. das altbekannte Prinzip, erkrankte oder den übrigen Volksinsassen abnorm erscheinende Individuen so schnell wie möglich auszuschalten, um damit einen potentiell größer werdenden Erregerherd nicht aufkommen zu lassen.
Ähnlich, wie sich in einem Zellverband, einem Gewebe höherer Säuger erkrankte Zellen abschnüren, so ist auch hier der Superorganismus »Bien« bestrebt, das befallene Einzeltier auszusondern. Das können Hunderte von Larven oder erwachsenen Bienen sein, denen dieses Schicksal widerfährt. Ein nachträglich kleiner gewordenes, aber befreites Volk steht besser da als ein großes Volk, das eine Anzahl verseuchter, unerkannt gebliebener Tiere aufweist. Das Ausstoßen erkrankter Individuen finden wir bei vielen, in Gruppen lebenden Tieren. Ein normal starkes Bienenvolk kann es sich leisten, ein paar hundert Bienen zu verlieren. Ein solcher Verlust kann aufgrund des hohen Regenerationsvermögens schnell wieder aufgeholt werden. Es ist geradezu ein Charakteristikum für einen Sozialstaat, erlittene Populationsverluste in kurzer Zeit wieder ausgleichen zu können! Voraussetzung für dieses Aussonderungsvermögen ist die Fähigkeit, erkrankte oder abnorme Stadien als solche

- zu erkennen,
- herauszuputzen.

Ohne Zweifel finden wir gerade in dieser Eigenschaft von Volk zu Volk große, genetisch bedingte Unterschiede. Manche Völker verhalten sich geradezu »träge« und »faul«, haben trotz optimaler Umweltbedingungen oder künstlicher

Reizung keine Neigung, Abnormes zu erkennen bzw. zu entfernen. Es ist der bekannte Putztrieb im Bienenvolk, der hier versagt.

Umgekehrte Resistenz

Der zweite, mit dem ersten in Beziehung stehende und schon angedeutete Faktor ist die umgekehrte Resistenz: rasches Reagieren, Erkranken und ggfs. Absterben der befallenen Individuen. Ein Paradebeispiel hierzu liefert die Bösartige Faulbrut. Junge Rundmaden reagieren oft erstaunlich rasch auf eine Infektion von wenigen *Bacillus larvae* Sporen, so daß die Ammenbienen sie als abnorm erkennen und herauswerfen. Bisher gingen wir davon aus, daß bei der jüngsten, nur wenige Stunden alten Brut, die einzelne Made keine eigene Resistenz, keine Abwehrreaktion gegen den Erreger entwickelt; wohl aber das Volk, indem es solche Larven herauswirft. Heute wissen wir, daß auch Brut Resistenzreaktionen zeigt. Gelingt es den Ammenbienen jedoch nicht, derartige Stadien zu erkennen, hat der Erreger beträchtliche Chancen, sich weiterzuentwickeln und hierdurch möglicherweise das ganze Volk in Gefahr zu bringen. Denken wir an die immensen Zahlenverhältnisse: Ein Faulbrutschorf hat bis zu 2 Milliarden Sporen. Demgegenüber vermag eine 1- bis 24stündige Larve bereits durch Aufnahme von 10 Sporen zu erkranken. Dieses Selbstheilungsverfahren des Volkes beruht somit auf drei Schritten:

- Rasche Reaktion einzelner Individuen auf einen Befall, d. h. Erkranken oder Absterben;
- Erkennen des Befalles durch die Ammenbienen;
- Aussondern, Entfernen;

Durch die Untersuchungen von ROTHENBUHLER und Mitarbeiter wissen wir, daß diese Art Abwehrreaktion vom Erbgut abhängt. Durch Selektion dieser Eigenschaften über zahlreiche Generationen hinweg konnte ROTHENBUHLER Bienenvölker erhalten, die geradezu als »faulbrutresistent« zu bezeichnen waren und bei künstlicher Infektion insgesamt nicht mehr erkrankten.

Das Prinzip der umgekehrten Resistenz dürfte auch bei einigen Krankheiten der erwachsenen Biene beschränkte Anwendung finden (z. B. Nosema, Paralyse, Schwarzsucht u. a.).

Bienenumtrieb

Als dritten, entscheidenen Faktor möchte ich den Bienenumtrieb, den Bienenumsatz nennen, einen Ablauf, der in unserer so gestörten Bienenumwelt sehr stark reduziert wird. Das bekannteste Beispiel liefert die Akariose. Die Milbe *Acarapis* hat es auf dem Höhepunkt der Bienensaison sehr schwer, sich zu halten. Der Bienenumtrieb sorgt für einen schnellen Abgang der Altbienen und damit der infizierten Bienen. Es ist kein Kunststück, durch richtige Völkerführung und gute Tracht ein schwach befallenes Volk ohne jegliches Medikament völlig milbenfrei zu machen. Was beabsichtigt eigentlich die Natur mit einem so gewaltigen Bienenumsatz, mit der extremen Kurzlebigkeit von Sommerbienen? Letzlich ist auch hier die Annahme berechtigt, in dem möglichst kontinuierlich verlaufenden Bienenumsatz einen markanten Abwehrmechanismus zu sehen.
Leider fehlt es in unserer Landschaft zeitweilig sehr an Blütenpflanzen, und es stellt sich manchmal die Frage: Wie bringe ich das Bienenvolk heil durch die Saison, ohne daß es Schaden erleidet? Es braucht nicht immer gleich zu verhungern; auch bei mangelnder Tracht geht der Bienenumsatz zurück, und schlechte Ernährungsbedingungen können sich verheerend auf den physiologischen Zustand der Bienen auswirken, ja zu einem Generationskonflikt führen, wie wir es anhand von Langzeitbeobachtungen im Frühjahr zeigen konnten, wenn die gefürchteten Kälteeinbrüche das Eintragen von Pollen nicht ermöglichen. Ein solcher negativer Frühjahrseffekt kann sich auf mehrere Bienengenerationen äußerst ungünstig auswirken (mangelnde Ausbildung der Futtersaftdrüsen, mangelnde Ernährung der Brut – eiweißmäßig schlecht ausgerüstete Ammenbienen etc.).
Ist dagegen ein dauernder Trachtfluß vorhanden, d. h. Pollen, Nektar oder Honigtau stehen ausreichend zur Verfügung, ist auch der Bienenumsatz bzw. die Zunahme der Bienenpopulation gegeben.

Volks-Teilung

Ein vierter wichtiger Abwehrmechanismus ist das sich periodisch wiederholende Teilen eines Bienenvolkes durch Schwarmbildung, eine wirksame Abwehrreaktion gegen Krankheitskeime und Parasiten: Der Schwarm verläßt das verseuchte Muttervolk, baut neue Waben, aktiviert alle vorher genannten biologisch festgelegten Triebe; der im Muttervolk unter Umständen hohe Infektionsdruck ist vorerst nicht vorhanden (wir sollten hieraus Konsequenzen für die heutige Völkerführung ziehen).

Anatomisch begründete Abwehrmechanismen gegen Krankheitserreger

Der Sozialmagen, die sog. Honigblase, wäre geradezu ein optimales Organ, die von einzelnen Bienen aufgenommenen Keime sehr rasch über das Gesamtvolk zu verbreiten, wäre hier nicht der sog. Ventiltrichter, der Proventrikulus, zwischen Honigblase und Mitteldarm eingebaut. Der Ventiltrichter vermag feste Partikel (z.B. Sporen) herauszufiltern und in den Mitteldarm zu befördern, ohne daß dorthin größere Flüssigkeitsmengen mitfließen. Hierdurch kann die Biene Krankheitskeime aus dem Futter beim Säubern der Zellen begrenzt ausschalten, ohne sie beim Futteraustausch an andere Stockinsassen (Trophallaxis) weiterzugeben; denn alles, was einmal den Ventiltrichter passiert hat, gelangt bekanntlich nicht wieder in die Honigblase, in den Sozialmagen, zurück. Aus diesem Grunde wird bei der Faulbrutsanierung durch Kunstschwarmbildung empfohlen, den Kunstschwarm etwa zwei Tage hungern zu lassen.
Ohne Zweifel bildet auch die Darmwand des Mitteldarmes einen sehr wirksamen Abwehrmechanismus. Allgemein gilt: Abwehrmechanismen im Körper des Individuums sind weniger dazu da, um Einzeltiere zu schützen, sondern den Sozialstaat insgesamt zu retten, d. h. die Weitergabe des Infektionsmaterials zu verhindern.
Eine Ausnahme zu dieser Regel finden wir im Blut, in der Hämolymphe einzelner Bienen;
Deutliche Resistenz einzelner Bienen gegenüber Bakterien, z. B. bei bakterieller Septikämie: Ins Blut geimpfte Pseudomonas Bakterien konnten sich im Blut einiger, nicht aller Bienen, gar nicht weiter entwickeln. Bestimmte Blutzellen, sog. Granulozyten, schlucken durch Phagozytose die Bakterien einfach auf. Das gilt wahrscheinlich auch für andere pathogene Bakterien wie *Bac. larvae;* ob auch für Viren, ist noch nicht geklärt.

Immunreaktion

Ganz ähnlich – und vielleicht viel wirksamer – erweist sich eine andere Abwehrwaffe des Blutes, die erst kürzlich an der Universität Gent, Belgien, erstmals für Bienen nachgewiesen wurde (JACOBS et al.): Die beim Menschen und vielen Warmblütern nachgewiesene Bildung von Antikörpern, also die

bekannte Immunreaktion. Injiziert man Fremdkörper in das Blut einer Biene, bildet die Biene einen bestimmten Peptidtyp von nur 18 Aminosäuren in stets gleichbleibender Sequenz. Diese Peptide wirken antibakteriell, baktericid.
Leider wissen wir noch fast nichts über die Immunabwehr der Bienen gegenüber Viren, z. B. dem gefürchteten Acute Paralyse-Virus APV, der für den Tod stark varroainfizierter Völker verantwortlich ist. Hierbei ist es interessant, daß man mehrere Millionen AP-Viren an die Biene verfüttern kann, ohne daß sie erkrankt, aber bereits 100 Viren, in das Blut injiziert, führen nach vier Tagen zum Tod der Biene. Im Darm scheinen also markante Abwehrsubstanzen zu wirken (vielleicht pflanzliche Stoffe aus Pollen und Propolis?). Im Zusammenhang mit dem Bienenblut nun auch ein Blick auf die Varroa-Milbe, die ja vom Bienenblut lebt. Hat die Biene oder Bienenlarve eine Möglichkeit, mit Hilfe der Zusammensetzung des Blutes die Höhe der Milbenpopulation im Volk zu steuern? Wir wissen, daß z. Z. weltweit geforscht wird, welche Art von Abwehrmechanismen unsere Biene, *Apis mellifera*, gegenüber der Varroamilbe besitzen könnte. Wir kennen die Abwehrstrategie der asiatischen Biene, *Apis cerana*, gegenüber der Milbe: Hier vermehrt sich die Varroa fast ausschließlich auf der für sie attraktiveren Drohnenbrut und nicht auf Arbeiterinnenbrut. Das *cerana*-Volk lockt die Varroa in eine Abseitsfalle, deren Auswirkung dem Volk relativ wenig schadet. Der Grund, daß die Varroaweibchen auf Arbeiterinnenbrut unfruchtbar bleiben, ist vielleicht ein erniedrigter Hormonspiegel der *cerana*-Arbeiterinnenlarven. Die anfänglichen Befunde, daß es sich hierbei um das bekannte, weit verbreitete Juvenilhormon handelt, konnte nicht bestätigt werden.
Zusätzlich gibt es weitere Abwehrmechanismen: aktives Abfangen, Ergreifen, Abbeißen von Extremitäten der Milben mit den Mandibeln. Hängt man eine Wabe mit *A. cerana* Bienen in ein Varroa-verseuchtes *A. mellifera*-Volk, so betätigt sich die Indische Biene als Putzkolonne, sie entmilbt zum großen Teil Bienen und Brut. Auch öffnet sie befallene Brutzellen, wobei sie offenbar ein Gespür dafür hat, welche Zellen befallen oder nicht befallen sind (vgl. das »Ausräumverhalten« bei *Apis mellifera*). Auch das Ausschwärmen, Verlassen der gesamten Brut oder auch das bloße »Stehenlassen« verdeckelter Drohnenzellen gehören zur Taktik der *cerana*-Biene gegen die Varroa.

Varroa-Resistenz und Varroa-Toleranz

Einige Beobachtungen sprechen dafür! RUTTNER und MARX fanden heraus, daß in Uruguay auf Arbeiterinnenlarven der europäischen Honigbiene am Ende einer mehrjährigen Beobachtungszeit fast nur noch unfruchtbare Varroaweibchen parasitierten, wenn auch nicht ganz so ausgeprägt wie bei *cerana*-Bienen. Der Gesamtbefall solcher Völker war nur noch schwach und schadete den Völkern nicht. Hier in Europa wurden verstärkt einzelne Völker beobachtet, bei denen die Vermehrungsrate der Varroa deutlich geringer bleibt, als bei den Vergleichsvölkern. Die genauen Mechanismen kennen wir noch nicht. BÜCHLER konnte herausfinden, daß Bienen einzelner Völker in der Lage sind, parasitierte Zellen von nicht parasitierten zu unterscheiden und diese Zellen auch auszuräumen. Spielt hier ebenfalls das Hormon eine Rolle? Ist es die unterschiedliche Länge der Verdeckelungszeit? Werden geeignete Wirtszellen rascher gefunden, so daß sie sich dort besser vermehren könnten?
Offensichtlich gibt es Lockstoffe, die von der Bienenbrut ausgehen und die von einer französischen Forschergruppe als einfache Ester – z. B. Palamitinsäuremethylester – erkannt werden. Vielleicht finden wir eines Tages bei der Selektionsarbeit Bienenvölker, die mit Hilfe solcher Pheromonsysteme in der Lage sind, die lästigen Parasiten – ähnlich wie die *cerana*-Bienen – in die Abseitsfalle zu locken. Sei es, daß ihre Vermehrung auf Drohnenbrut beschränkt bleibt oder die Reproduktionsrate generell drastisch sinkt. Die Forschung steht hier noch am Anfang. Es müssen auch hier langfristig Fortschritte erzielt werden, um eines Tages auf die Anwendung von Chemotherapeutika verzichten zu können.

Verwendung antibiotischer Substanzen

Von größter Bedeutung für die Abwehr von mikrobiellen Schadorganismen sind die antibiotischen Substanzen im Bienenvolk. Wir finden sie in den Vorräten Honig und Pollen, in Propolis, im Wachs, in Drüsensekreten sowie auf der Körperoberfläche der Bienen, im Larvenfutter, aber auch bereits in den Honigrohstoffen Nektar und Honigtau. Die Eigenschaft des Bienenvolkes, Vorräte anzulegen, sie über Monate hinweg zu lagern, macht es zwingend notwendig, diese riesigen Mengen von Zucker- und Eiweißstoffen vor mikrobiellen Organismen zu schützen. Im Laufe ihrer phylogenetischen Entwicklung mußte die Honigbiene ein antibiotisches System entwickeln, ohne das ein Bienenvolk nicht lebensfähig wäre. Seit vielen Jahren ist bekannt, daß Bienenhonig das Wachstum von Mikroorganismen stark hemmt oder auch bakterientötende, bakterizide Eigenschaften besitzt. Hierfür ist nicht nur der osmotische Druck der hohen Zuckerkonzentration verantwortlich. Hinzu treten pflanzliche, vom Nektar oder Honigtau stammende organische Substanzen, wie Flavonoide, Terpene, Säuren, Gerbstoffe etc., und vor allem von den Bienen zugefügte Komponenten, die antibiotisch wirken können (bei Honig wurde von DOLD der Ausdruck »Inhibin« gewählt).

Wir wissen heute, daß die Inhibine ganz überwiegend auf die Tätigkeit des Enzyms Glucoseoxidase (kurz: GOD) zurückgehen, das dem Sekret der Hypopharynxdrüse der Biene entstammt. Dieses Enzym bewirkt in verdünnten Honiglösungen, z. B. unreifem Honig, frisch eingetragenem Nektar eine Oxydation der Glucose, d. h., es bildet sich Gluconsäure und ein wichtiges Nebenprodukt: H_2O_2, Wasserstoffperoxid, das insbesondere in statu nascendi (im Moment der Entstehung) die antibakterielle Wirkung hervorruft und zwar selbst bei sehr geringen Konzentrationen. So konnte in Celle bei inhibinreichen Honigen noch in einer Konzentration von 2,4 mg Honig/ml Testlösung der Wachstumsstillstand einer Bakterienkultur *(Staphylococcus aureus)* festgestellt werden. Man muß sich die Frage stellen: Warum spuckt die Biene dieses Enzym in den werdenden Honig oder, wie wir zeigen konnten, besonders reichlich an den einzulagernden Pollen, in das werdende Bienenbrot? Eingetragener Nektar, unreifer Honig, Honig-Pollengemische sind dem Angriff der Mikroorganismen besonders ausgesetzt, sie werden mit dem GOD/H_2O_2-Prinzip wirksam geschützt.

Mit dieser »H_2O_2-Waffe« wird nicht nur Vorratsschutz betrieben, sondern auch die Bekämpfung von Krankheitskeimen in den Brutstadien bezweckt. So läßt sich in vitro, im bakteriologischen Röhrchentest, einer der Gutartigen Faulbruterreger *(Bacillus alvei)* sehr wirksam mit dem H_2O_2-System in Schach halten. Ähnliches könnte sich auch im Darm der Rundmade vollziehen, die bei der Fütterung von Drüsensekret, Honig und Pollen auch Glucoseoxidase aufnehmen und somit H_2O_2 entstehen lassen kann.

Nicht zu unterschätzen ist die antibiotische Wirkung des Kittharzes, der Propolis, insbesondere im Kampf gegen Fäulnisbakterien, Pilze und Viren. Zahlreiche Wirkstoffe im Kittharz haben einen extrem starken antibiotischen Effekt, sicherlich auch auf vielfältige, ständig im Volk anwesende Krankheitskeime. Die beteiligten Wirkstoffe sind mannig-

fach: Flavonoide, Ferulasäure, Galagin, Quercetin, Pinocembrin, Kaffeoyle u. a.
Soweit zu den Abwehrmechanismen des Bienenvolkes, das zur Aufrechterhaltung seiner Gesundheit fortwährend gefordert wird.

Praktische Folgerungen für den Imker

Die zweite große Herausforderung fällt auf den Imker - er muß die wichtige Frage beantworten: »Wie führe ich meine Völker richtig, um Bedrohungen abzuwenden, Gesundheit und Harmonie des Bienenvolkes zu bewahren?« Hierzu müssen fünf entscheidende Kriterien erfüllt sein:

➤ Die richtige Biene, mit dem rechten Erbgut zur Abwehr von Krankheiten.

➤ Die rechte Bienenweide, die bienengerechte Tracht, der kontinuierliche Futterstrom als Voraussetzung für die Harmonie im Volk, für steten Bienenumsatz, Regenerationsvermögen. Mangelt es hieran, hilft nur Abwandern in bessere Trachtgebiete oder bienengerechtes Füttern.

➤ Eine auf das Bienenleben und die Betriebsweise abgestimmte Beute. Im Gegensatz zum Naturschwarm der einen selbst ausgewählten, nach allen Kriterien sorgfältig abgewogenen Nistplatz bewohnt, halten wir unsere Völker mitunter in Behältnissen, die nicht immer für das Bienenwohl optimal sind (zu groß, zu naß, zu zugig, etc.). Als zwangsläufige Konsequenz der Bienenbiologie die 4. Forderung:

➤ Das Halten von Bienenvölkern ohne Medikamente. Sehen wir von der Varroatose einmal ganz ab, so müssen wir zu dem Schluß gelangen: Medikamente verstoßen gegen die biologischen Prinzipien im Bienenvolk, verschleiern, geben langfristig nur Scheinerfolge.
Das Paradebeispiel ist die Bösartige Faulbrut und das Präparat Sulfathiazol. Mit dem alleinigen Einsatz dieses Präparates werde ich niemals den Erreger völlig aus dem Volk vertreiben, auch wenn es zunächst den Anschein hat. Gewiß senke ich durch den Einsatz von Medikamenten den Infektionsdruck, die Keimzahl wird geringer, Krankheitsanzeichen verschwinden, aber ich verleite auch einige Stockinsassen, eben nicht frühzeitig abzusterben – wie es »der Bien« eigentlich beabsichtigt. Die Keime kreisen weiter – wenn auch nur schlummernd - im Volk, im Wabenwerk, in den Vorräten, in

ganzen Ständen und warten nur auf eine günstige Gelegenheit, sich massiv zu vermehren.
Diese wird bald kommen, wenn man nicht kontinuierlich weiter mit Medikamenten füttert. Nachbarstände werden ebenfalls gefüttert werden müssen, weil sie bereits verseucht sind. Die Reinheit des Honigs gerät in Gefahr.
BRETSCHKO schildert diese Situation treffend am Beispiel der Bösartigen Faulbrut: »Die Bösartige Faulbrut ist ein Paradebeispiel für permanente Maskierung (Verdeckung) disponierter Völker, die, statt ausgemerzt zu werden, am Leben erhalten bleiben. Mit Sulfathiazol wird der Infektionsdruck eine Zeitlang niedergehalten, man gewinnt dann den Eindruck der Heilung und setzt die Behandlung aus. Bei geringer erneuter Gleichgewichtsstörung bricht eine Infektion aber in vermehrtem Ausmaß aus.«
Bei nicht bienengerechten Bedingungen (z. B. Königinnenversand, i. d. Belegstellenpraxis) ist sicherlich der Einsatz eines Nosema-Bekämpfungsmittels vertretbar, weil unumgänglich.
Wer es schafft, ohne Medikamente auszukommen, die natürlichen Abwehrmechanismen nicht durch das Medikament zu verdecken, sollte dem Volk selbst die Chance geben, den Kampf um das Überleben aus eigener Kraft zu bestehen bzw. nicht zu überleben, um eine von der Natur beabsichtigte »Selektion« zu erhalten, nicht aber zu unterdrücken. Grundsätzlich ist zu empfehlen, prophylaktisch keine Medikamente einzusetzen, schon gar nicht in den zur Zuchtauslese vorgesehenen Völkern. Es wird immer einige Völker geben, die dem Ansturm der Erreger erliegen. In der Natur werden diese rasch durch Selektion ausgemerzt.
Das Starke, Angepaßte überlebt. Natürliche Selektion gibt es heute nicht mehr, also müssen wir selbst handeln und derartige, dahinsiechende Völker sofort ausmerzen. BRETSCHKO sagt hierzu: »Wer laufend Völker am eigenen Stand ausmerzt, wird keine Probleme mit den Bienenkrankheiten bekommen«.

➤ Eine auf das Bienenleben und das imkerliche Ziel abgestimmte Betriebsweise. Das heißt vor allem: Stete Volksverjüngung (über Kunstschwarm oder Ableger) und Bauerneuerung. Die Heideimkerei früherer Zeiten hat diesen Weg gezeigt. Zu dem Rotationsprinzip mit integrierter Varroabehandlung mit all seinen Variationsmöglichkeiten gibt es keine Alternative! Das Institut in Celle hat wie viele andere Imkereien beste Erfolge mit dem fortwährenden Rotationsprinzip über Kunstschwarmbildung erzielt.

Erinnern wir uns: Das periodisch sich wiederholende Teilen des Volkes bedeutet außer Vermehrung auch natürliche Abwehrreaktion gegen Krankheitskeime und Parasiten. Der Schwarm verläßt das stark verseuchte Muttervolk, das im Wildzustand oftmals nicht überlebt haben dürfte; doch das überlebende Schwarmvolk sichert den Völkerbestand des jeweiligen Landschaftsraumes. Ein Schwarm, auch ein Kunstschwarm, aktiviert bekanntlich alle biologisch festgelegten Triebe (Bau- und Sammeltrieb). Solche Völker sind bereits in der Spättracht einsatzfähig, z. B. in der Heide und können im Folgejahr hervorragende Wirtschaftsvölker sein und dann abgewirtschaftet oder auch aufgelöst, bzw. mit anderen Völkern vereinigt werden. Das Prinzip ist stets gleich: Wir bauen für jedes Wirtschaftsvolk ein Jungvolk aus dem Kunstschwarm auf, und zwar setzt mit der Honigentnahme aus der Frühtracht Anfang Juni dieser Aufbau ein. Die Königinnenzucht muß selbstverständlich parallel dazu verlaufen, damit rechtzeitig Königinnen zur Verfügung stehen. 2 1/2 Pfund Bienen je Kunstschwarm sind voll ausreichend, um bei bienengerechter Völkerführung eine gesicherte, zweiräumige Überwinterungsstärke zu erreichen. Mit der Kunstschwarmbildung bedienen wir uns somit eines altbewährten, erfolgreichen Weges zur Völkerverjüngung, Prophylaxe und Therapie von Brutkrankheiten, wobei ich je nach Parasitierungsgrad die Kunstschwärme mit einem wirksamen, bienenverträglichen chemischen Präparat behandle. Die Praxis zeigte, daß hierbei z. B. Perizin hervorragende Dienste leisten kann.

Die Gefahr von Rückständen in Bienenprodukten entfällt damit völlig bei der Behandlung eines nackten Volkes. Die Varroapopulation ist auf ein Minimum herabgedrückt, in vielen Fällen betrug sie nachweislich »0«, und bei isolierter Aufstellung solcher Jungvölker kann man sich für 1 1/2 Jahre den Einsatz weiterer chemischer Präparate ersparen.

Bisher konnten wir es uns leisten, im Spätherbst die Kunstschwarmvölker mit den Altvölkern zu vereinigen, ohne einen allzu großen Parasitierungsgrad mit Varroa befürchten zu müssen. Ein Teil der Altvölker wurde im Spätherbst im brutfreien Stadium mit Perizin behandelt. Es fielen in der Regel nicht mehr als 300 Varroen auf die Windel, wobei die Wirksamkeit bei 96 bis 98 Prozent lag. Man sollte darauf hinarbeiten, daß die Varroapopulation nicht über 1000 Milben pro Volk ansteigt. Dazu können nachfolgende Grundzüge einer bewährten Betriebsweise aufgezeigt werden:

Betriebsweise wirtschaftlicher Völkerführung zur Ausnutzung von Früh- und Spättrachten

Überwinterung der Bienenvölker auf zwei Bruträumen mit einjähriger Königin. Völkerführung zur Trachtreife ohne Reizfütterung. Bienenvölker werden zum Teil in Pollentrachten gewandert. Völkerkontrolle ab Mai im 9-Tage-Rhythmus durch Ankippen der zweiten Brutzarge. Kontrolle auf Schwarmtrieb, Raumbedarf und Futtervorräte sowie Ausschneiden von Baurahmen, die im unteren Brutraum jeweils als Abschlußwabe plaziert sind. Sollte beim Schneiden des Baurahmens die Königin gesehen werden, wird ihr ein Deckflügel zur Hälfte gestutzt.

Erweitern:
- Honigraumfreigabe über Absperrgitter, ohne Brut umzuhängen. Die Honigraumzarge ist bestückt mit 6 Mittelwänden und 5 Brutraumwaben (MW - BW - MW).
- Erweiterung durch zweite Honigraumzarge (wie 1. HR), aufgesetzt über dem ersten Honigraum.

Parallel zur Völkerführung:
Frühes Einleiten der Königinnenzucht, begattete Wirtschaftsköniginnen Ende Mai/Anfang Juni.

Schwarmverhinderung vor Auftreten der Schwarmstimmung:
- Schröpfmethode durch Entnahme von Bienen zur Jungvolkbildung. Zeitpunkt: Anfang Juni – mit der Rapshonig-Ernte. Beim Abfegen der Honigräume werden 1250 g Bienen zum Bilden der Kunstschwärme entnommen. Die Altvölker erhalten erst jetzt Honigraumwaben als Honigraum zurück. Aufschlagen der Kunstschwärme mit junger begatteter Königin auf ausgebauten Mittelwänden (von den Honigvölkern ausgebaut).
- Ableger ständig unter Futterstrom halten durch Tracht oder Fütterung.

Schwarmverhinderung:
Königinnen entweiseln mit einer Brutwabe oder Zellen brechen; Klotz zwischen Bruträume legen.

Erweitern der Jungvölker:
Die Erweiterung erfolgt durch den zweiten Brutraum, der mit Brutraumwaben bestückt ist (aus dem HR der Wirtschaftsvölker).

- Das Auffütterungsgewicht sollte Ende August/Anfang September erreicht sein.
- Die Altvölker evtl. durch Trachtlückenfütterung in Brut halten.
- Die Altvölker werden nach Trachtschluß (Heide) zu einem Kunstschwarm abgefegt (Königinnen gekäfigt), anschließend mit Perizin behandelt und mit kleiner Futterteiggabe dunkel gestellt, am nächsten Tag mit einem Jungvolk vereinigt.
- Die Brutwaben aus den Altvölkern werden auf einem Volk gesammelt (Brutscheune) und nach 24 Tagen als Kunstschwarm abgefegt, behandelt und ebenfalls mit Jungvölkern vereinigt.
- Varroabehandlung der Jungvölker Ende November/Anfang Dezember mit Perizin.

Grundsätze der Betriebsweise

➤ Junge Königin, junger Wabenbau, junge Bienen.

➤ Aufbau der Jungvölker ohne Brutwaben, d. h. als nacktes Volk: Kunstschwarm.

➤ Integrierter Arbeitseinsatz: bei der Honigernte gleichzeitig Schwarmverhinderung.

➤ Durch langsames Auffüttern der Jungvölker optimale Winterfutterverarbeitung.

➤ Somit starke, physiologisch gesunde, gut ernährte, langlebige Winterbienen.

➤ Varroa-arme Völker.

➤ Gesunder Wabenbau.

➤ Jährliche Rotation der Wirtschaftsvölker.

➤ Einsatz von kontrollierten Jungweiseln.

➤ Geringer Schwarmeffekt gegenüber mehrjährigen Königinnen.

➤ Minimaler Überwinterungsausfall.

➤ Rückstandsproblem auf ein Minimum reduziert.

➤ Der erhöhte Arbeitsaufwand, der beim Abfegen der Altvölker entsteht, wird durch gesunde, leistungsfähige Völker und somit durch einen gesicherten Mehrertrag an Honig belohnt. Durch unsere frühzeitige Umstellung auf Völkerverjüngung über das Kunstschwarmverfahren und gezielte, sachgerechte Varroa-Behandlung ist der Varroabefall sehr niedrig geblieben, trotz intensiver Wanderungen. Die Auswertung der Behandlungsergebnisse belegt diese Aussage.

➤ Die Varroatose stellt nicht nur für jedes Bienenvolk, sondern auch für jeden Imker eine große Herausforderung dar.

Es sind abschließend drei wichtige Forderungen zu nennen:

➤ Die Betriebsweise muß auf die Varroabekämpfung abgestimmt werden! Außer einer sorgfältig selektierten Biene – hier sind vornehmlich die Züchter angesprochen – und einem ausreichenden Trachtangebot muß vor allem die Betriebsweise den Herausforderungen unserer Zeit entsprechen, d. h. stete Völkerverjüngung durch Kunstschwarm oder Ableger im Rahmen des Rotationsprinzips.*

➤ Die Imkerschaft muß den Kampf gegen die Varroa in den jeweiligen Gebieten einheitlich, lückenlos und völlig solidarisch führen. Die Varroatose ist ein Testfall für die Solidarität der Imker!

➤ Jeder Bienenhalter muß in allen wesentlichen Punkten der Imkerei, nicht nur auf dem Gebiet der Varroatose, ausreichend geschult werden. Ohne Zweifel ist es die schwerste Aufgabe, alle Imker, nicht nur die, die in die Versammlungen kommen oder Bücher und Imkerzeitschriften lesen, sondern vor allem die übrigen, zu schulen. Von ehrenamtlich tätigen Vereinsmitgliedern ein solches Vorgehen zu fordern ist viel verlangt. Doch persönlicher Einsatz und Solidarität machen sich auch hier am Ende bezahlt.

* Die detaillierten Arbeitsschritte sind in dem Videofilm »Bienenhaltung in der Rotation – Ein wirksamer Weg zum Vorbeugen von Bienenkrankheiten« von J. H. Dustmann und H. und F. Schönberger (1995) dargestellt. Bezug bzw. Ausleihen über das IWF (Göttingen), Film C 1896.

Einführung in den Umgang mit Lupe, Stereolupe (Binokular) und Mikroskop

ABBILDUNG 1

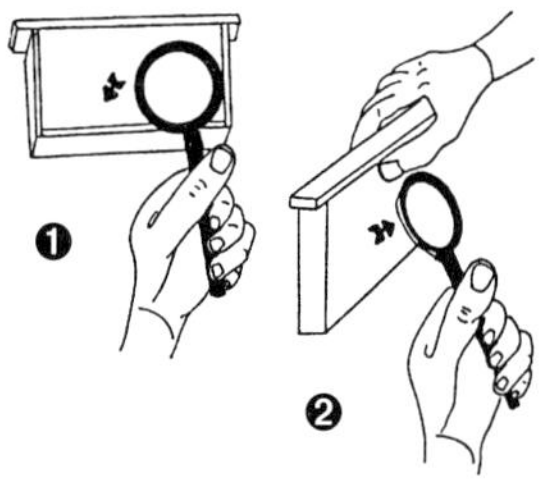

ABBILDUNG 2

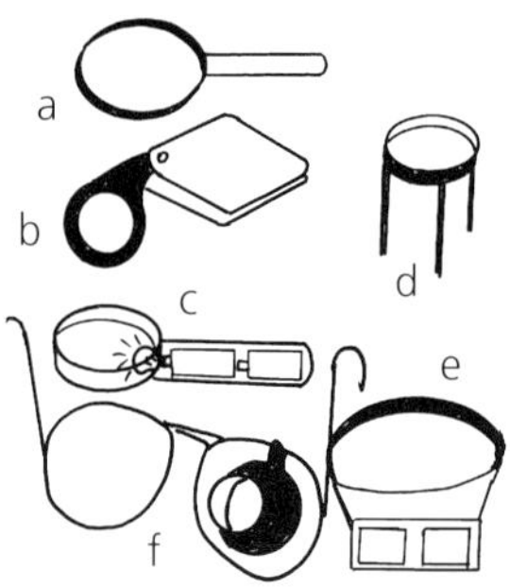

Lupe - ein einfaches Vergrößerungsgerät

Eine Lupe ist eine Sammellinse, die man zur Vergrößerung von Objekten benutzt. Die Handhabung der Lupe ist sehr einfach:

Benutzung einer Handlupe (**Abb. 1**):

❶ Halten Sie die Lupe dicht an das Auge und nähern Sie sich dem Objekt (hier: Wabe) oder:

❷ Halten Sie das Objekt in der Hand und nähern Sie es langsam an die Lupe an.

Das Lupenbild ist je nach Vergrößerungsfaktor (meist in die Lupe eingraviert) z. B. 3x, 5x, 10x größer als das Objekt in der Wirklichkeit. Nehmen Sie zum Lupenkauf ein Objekt (z. B. eine Varroa-Milbe) mit und entscheiden Sie dann, wie hoch die Vergrößerung sein soll.

Es gibt verschiedene Lupentypen, die je nach Verwendungszweck besonders gut einsetzbar sind (**Abb. 2** zeigt eine Auswahl): **a** Handlupe (mit Handgriff), **b** Klapp- oder Feldlupe (die Linse ist einklappbar), **c** Leuchtlupe (mit batteriegetriebener Glühbirne), **d** Standlupe (kann direkt über/auf das Objekt gestellt werden), **e** Kopfbandlupe (mit hochklappbarem Linsenteil) und **f** Brillenlupe (auf ein Brillenglas aufsetzbar).

Tips zum Umgang und Gebrauch von Lupen:

➤ Schützen Sie die Lupengläser (aus Glas oder Kunststoff) vor Kratzern, sonst wird das Bild schlechter (Vorteil vom Lupentyp b: Die Linse ist geschützt).

➤ Das Auge muß sich an das Sehen mit einer Lupe gewöhnen. Bei zu langer Betrachtung kann es zu Kopfschmerzen kommen.

➤ Je mehr Licht auf das Objekt fällt, desto besser können Sie es erkennen.

➤ Lassen Sie die Lupe nicht im Sonnenlicht liegen. Das gebündelte Licht kann z.B. Papier entzünden.

Stereolupe/Binokular »Bino«

Die Stereolupe ist für die Aufsicht-Betrachtung (im Gegensatz zum Mikroskop: Durchsicht) von Objekten, d.h. die Objekte können undurchsichtig sein (z.B. Wabenteile oder komplette Bienen) und brauchen nicht besonders vorbereitet werden. Die Stereolupe ist eine »Lupe« mit höherer Vergrößerung.

Stereolupe: Aufbau und Funktion

Eine einfache Stereolupe besteht aus folgenden Bauteilen (**Abb. 3**):

a Okulare zum Durchsehen (meist austauschbar).
b Im Tubus verläuft der Lichtstrahl; außen am Tubus ist häufig ein drehbarer Ring oder ein Hebel (**c**) zum Verstellen der Vergrößerung angebracht.
d Das Objektiv ist kaum von außen zu sehen; meist gibt es mehrere Objektive, die im Tubusinneren verstellbar sind (Wahl der Vergrößerungsstufen).
e Dreht man am Trieb (drehbares Rädchen), bewegt man den kompletten Tubus auf- oder abwärts und kann so das Objekt scharf stellen.
f Der Trägerarm/das Stativ verbindet die Stereolupe mit dem Fuß.
g Der Stativfuß/Fuß verhindert ein Wackeln oder Kippen der Stereolupe und dient als Objekttisch zum Ablegen des Objektes (z. B. eine Biene).

ABBILDUNG 3

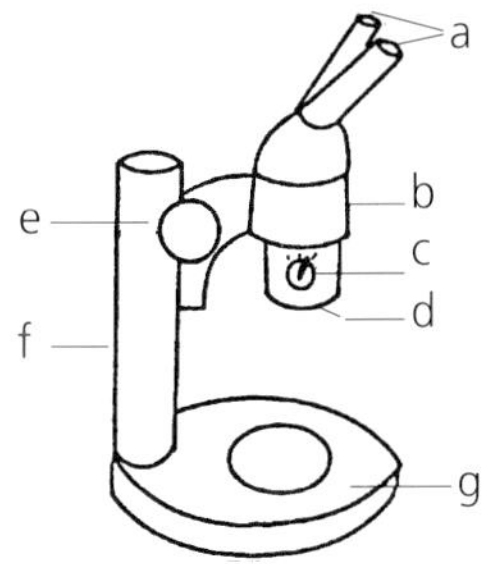

Betrachtung eines Objektes unter der Stereolupe

Das Arbeiten mit einer Stereolupe ist fast so einfach wie mit einer Handlupe. Zusätzlich benötigen Sie jedoch eine Lampe, um das Objekt anzustrahlen. Hierfür können Sie eine Schreibtischlampe/Strahlerlampe verwenden. Zur Vermeidung von Schattenbildung (besonders beim Präparieren/Arbeiten am Objekt) empfehlen sich zwei Lampen. Die Arbeitsschritte in Reihenfolge (**Abb. 4 ❶-❻**):

❶ Stellen Sie die Stereolupe (am Stativ anfassen!) auf einen Arbeitstisch.

❷ Drehen Sie mit dem Trieb den Tubus nach oben und stellen Sie die kleinste Vergrößerung ein.

ABBILDUNG 4

❶

❷

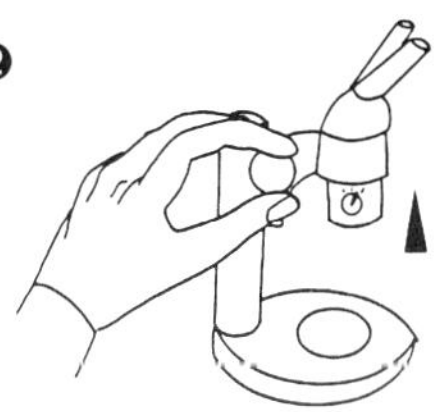

❸ Legen Sie das Objekt (hier: Biene mit Varroa) direkt auf den Objekttisch oder auf eine Unterlage (z.B. weißes Papier).
❹ Richten Sie die Lampe(n) so aus, daß das Objekt schattenfrei (»schräg von oben«) angestrahlt wird.
❺ Sehen Sie durch die Okulare (Pfeile: Augen dicht an die Okularlinsen halten) und drehen Sie gleichzeitig langsam am Trieb, damit der Tubus näher an das Objekt gefahren wird.
❻ Sobald Sie das Objekt scharf sehen, können Sie sich einen Überblick verschaffen. Evtl. sind die Lampen nachzuregulieren, falls Schatten die Betrachtung stört. Möchten Sie das Objekt stärker vergrößert sehen, drehen Sie an dem Verstellmechanismus/Hebel (siehe oben). Je höher Sie vergrößern, desto kleiner wird der Schärfebereich (Tiefenschärfe): Bei niedriger Vergrößerung sind fast alle Körperteile der Biene/Milbe scharf erkennbar, bei höherer Vergrößerung nur wenige.

❸

❹

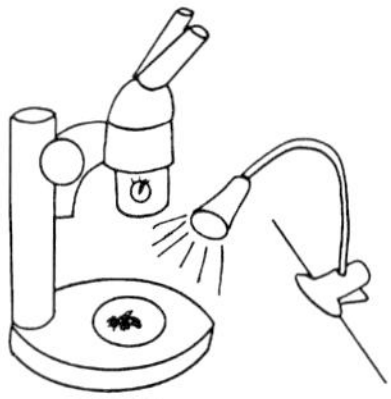

❺

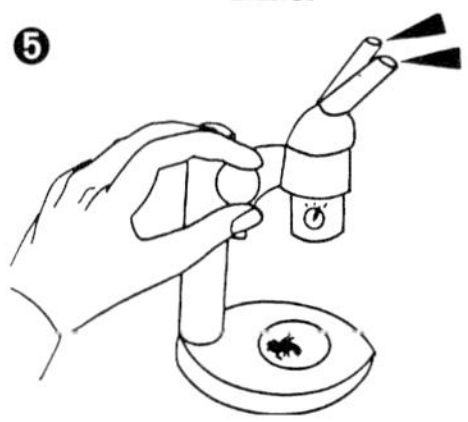

❻

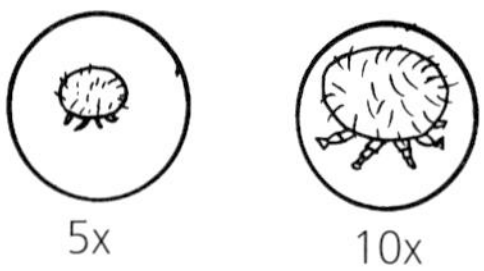

ABBILDUNG 5

a

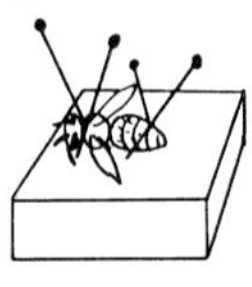

b

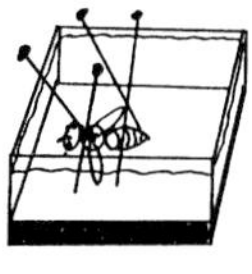

Tips für das Arbeiten mit der Stereolupe

➤ Die Vergrößerung der Stereolupe berechnen Sie wie beim Mikroskop (siehe unten: Okularvergrößerung x Objektivvergrößerung).
➤ Brillenträger: siehe bei Mikroskop
➤ Das Objekt können Sie direkt auf helles Papier oder in ein Schälchen legen.
Zum Präparieren/ Bearbeiten können Sie es auch mit Stecknadeln auf einen Styropor-Block stecken (**Abb. 5 a**).
➤ Innere Organe von Tieren (z. B. die Malpighischen Gefäße der Biene) trocknen sehr schnell an der Luft aus. Das Betrachten und Präparieren unter (Leitungs-)Wasser verhindert dies. Hierfür benötigen Sie ein kleines Schälchen mit Wachsboden (z. B. mit verflüssigtem Wachs selber herstellen; **Abb. 5 b**). Das Schälchen wird soweit mit Wasser gefüllt, bis das Objekt bedeckt ist. Das Objekt kann mit Stecknadeln im Wachs fixiert werden.
➤ Beim längeren und häufigen Arbeiten mit einer Stereolupe werden Sie vielleicht die Wärme der Lampe als störend empfinden. Es gibt Kaltlichtleuchten: Das Licht wird von einer (warmen) Glühbirne durch biegsame Glasfasern geleitet und trifft (kalt) auf das Objekt.
➤ Tips zum Kauf siehe auch Mikroskop. Die Vergrößerungsleistung von Stereolupen bewegt sich von ca. 10x bis 40x (bei einigen Geräten bis 500x) und ist teilweise stufenlos (Zoom) einstellbar.

Mikroskop – Aufbau und Funktion

Möchten Sie in den Mikrokosmos, z. B. das Innere von Geweben/Organen, die Bestandteile von (Bienen-)Kot oder einen Wassertropfen aus der Regentonne sehen, benötigen Sie ein Mikroskop. Ein einfaches Mikroskop besteht aus folgenden, grundlegenden Bestandteilen (**Abb. 6**):

a Das Okular ist zur Durchsicht: Ein Auge wird dicht an die Okular-Linse gehalten, während das andere Auge verschlossen (oder für Geübte: geöffnet) bleibt. Das Okular ist meist drehbar und mit »Schrägeinblick« (d.h. zur leichteren Betrachtung in einem Winkel zum Tubus). Probieren Sie aus, wie Sie am besten arbeiten können: vor dem Mikroskop, wie abgebildet, oder das Okular um 180 Grad gedreht (hinter dem Mikroskop).

b Im Tubus läuft der Lichtstrahl, ohne von äußeren Einflüssen behindert zu werden. Der Tubus verbindet das Okular mit dem übrigen Mikroskop und wird beim Mikroskopieren nicht verändert.

c Der Revolver trägt hier drei verschiedene Objektive (c). Der Revolver kann gedreht werden, um ein gewünschtes Objektiv in den Lichtstrahl zu stellen. Die Objektive sind unterschiedlich lang, je länger, desto höher ist die Vergrößerung der Objektiv-Linse.

d Auf den Objekttisch wird das Objekt (z. B. Bienenflügel) gelegt. Das Objekt soll hier nicht lose liegen – es ist auf einem Objektträger mit einem Tropfen Wasser unter dem Deckgläschen fixiert (siehe unten).

e Zwei Metallklammern halten das Objekt (den Objektträger) in der Position, damit es nicht bei der Arbeit verrutscht.

f Mit dem Drehen am Trieb verschiebt man den gesamten Objekttisch je nach Drehrichtung näher an das Objektiv oder weiter davon weg. Es gibt Mikroskope mit einem oder zwei Trieben (Grob- und Feintrieb).

g Der Fuß gibt dem Mikroskop seine Standfestigkeit.

h Im Fuß ist eine Lampe eingebaut (häufig eine Niedervolt-Glühbirne), die vom Stromnetz (**i**) oder seltener über Batterien gespeist wird. Ältere Mikroskope und Exkursionsmikroskope haben zur Beleuchtung anstelle einer Glühbirne einen Spiegel, der vom Tageslicht oder einer Lampe angestrahlt werden kann.

j Der Trägerarm verbindet die verschiedenen Mikroskopteile miteinander (zum Tragen hier anfassen).

ABBILDUNG 6

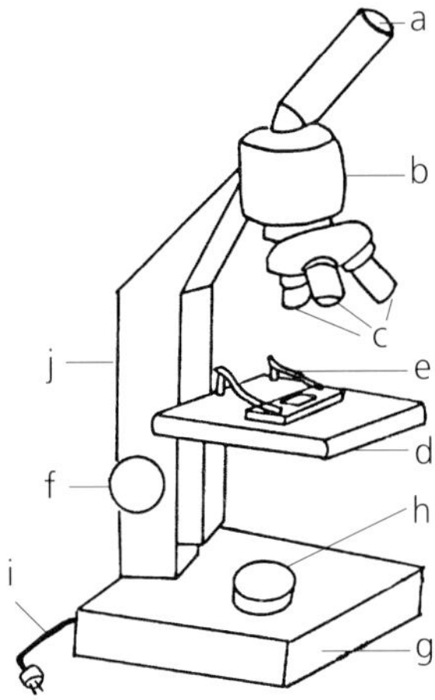

Welche Objekte/Präparate sind zur Betrachtung unter einem Mikroskop geeignet?

Die Objekte müssen (ziemlich) durchsichtig sein und dürfen deshalb nicht zu dick sein. Beispiele für geeignete Objekte: Bienenflügel, Bienenbein, Bienenkot, Bienendarm gequetscht (näheres siehe unten). Größere Objekte können nur tote Tiere oder Tierteile sein, kleine Einzeller z.B. im Wassertropfen sind so klein, daß sie durchsichtig und nicht zu dick sind (vgl. auch Tabelle unten).

Anfertigung eines Präparates – Umgang mit dem Objekt

Zum Anfertigen eines Präparates benötigen Sie folgendes Zubehör: Objektträger (spezielle Glasplatten, Objektträger im Format 76 mm x 26 mm und 1 mm dick; **Abb. 9 b**), Deckgläser (gibt es in verschiedenen Größen, empfehlenswerte Standardgröße 18 mm x 18mm, ca. 0,15 mm dick; **Abb. 9 a**). Außerdem benötigen Sie eine Pipette (z.B. von Nasentropfen, gut gereinigt oder neu aus der Apotheke), eine Pinzette und eine Nadel (Präparations-/Nähnadeln).
Ob ein Objekt zur Mikroskop-Untersuchung geeignet ist, läßt sich leicht durch Ausprobieren feststellen.

ABBILDUNG 7

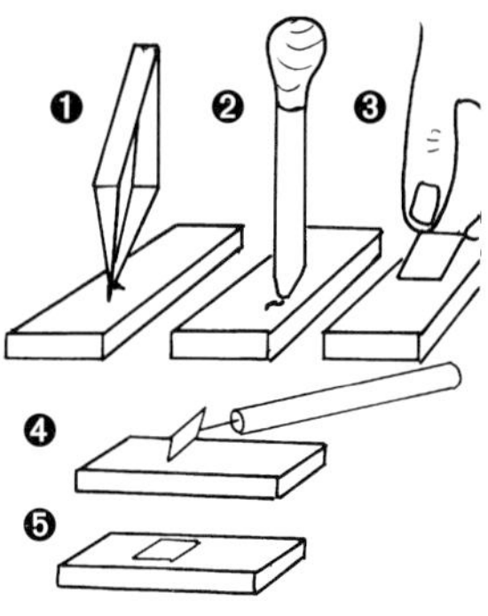

Arbeitsschritte Abb. 7, ❶-❺:

❶ Legen Sie das Objekt (z.B. ein Bienenbein) mit einer Pinzette auf einen sauberen Objektträger. (Packung Objektträger siehe auch Abb. 10 b)

❷ Geben Sie mit einer Pipette einen Tropfen Leitungswasser hinzu.

❸ Setzen Sie das Deckglas vorsichtig mit einer Kante auf den Objektträger und kippen Sie das übrige Deckglases bis es aufliegt. Lassen Sie das Deckglas nicht flach auf das Objekt fallen (Luftblasen!),
oder besser:

❹ Setzen Sie das Deckglas mit einer Kante auf den Objektträger und lassen Sie es mit Hilfe der Präpariernadel langsam auf den Objektträger herunter. (Packung Deckgläser siehe auch Abb. 10 a)

❺ Fertiges Präparat – überschüssiges Wasser sollten Sie mit Papier vom Objektträger seitlich und vom Deckglas von oben absaugen.

Betrachtung des Präparates unter dem Mikroskop

Nach den Vorarbeiten zur Erstellung des Präparates wenden Sie sich jetzt dem Mikroskop zu (**Abb. 8 ❶-⓫**):

❶ Stellen Sie das Mikroskop auf einen Tisch. Schalten Sie die Mikroskop-Lampe ein (Netzstecker, falls Helligkeitsstufen wählbar: die mittlere, oder richten Sie den Spiegel zum Licht oder zur Lampe aus.

❷ Fahren Sie den Objekttisch nach unten vom Objektiv weg, indem Sie den (Grob-)Trieb in die entsprechende Richtung drehen. Drehen Sie das Okular (falls drehbar !) zu Ihnen hin.

❸ Beginnen Sie immer mit der geringsten Vergrößerung: Wählen Sie am Revolver das kürzeste Objektiv - es hat die geringste Vergrößerung. Drehen Sie hierzu den Revolver, bis das gewünschte Objektiv senkrecht über dem Loch in dem Objektträger-Tisch steht und in dieser Position merkbar einrastet.

❹ Drehen Sie die Metallklammern nach außen weg.

❺ Setzen Sie den Objektträger (vorsichtig, waagerecht tragen) auf den Objektträgertisch; das Objekt sollte mittig über dem Loch sitzen.

❻ Schieben/heben Sie die Klammern auf den Objektträgerrand – nie auf das Deckglas!

❼ Stellen Sie das Objekt scharf indem Sie am Trieb drehen und gleichzeitig mit einem Auge durch das Okular sehen (Pfeil). Vergewissern Sie sich, daß Sie den Trieb in die richtige Richtung drehen und das Objektiv nicht auf das Deckglas aufsetzen (Beschädigung der Objektivlinse und des Objektes/Deckglases möglich).

❽ Stellen Sie das Objekt scharf – die Umrisse sollten scharf zu erkennen sein. Sobald Sie das Objekt erkennen, drehen Sie noch langsamer am Trieb oder am Feintrieb. Verschaffen Sie sich einen Überblick über das Objekt. Anfänger übersehen leicht das Objekt und drehen am Trieb über die Bildebene hinaus. Dann sollten Sie den Trieb wieder in die andere Richtung drehen und sich langsam an das Bild herantasten.

❾ Durch vorsichtiges Verschieben des Objektträgers während des Betrachtens können Sie »im Objekt herumfahren«, also andere Objektausschnitte betrachten. Da das Mikroskopbild seitenverkehrt erscheint, schieben Sie in die entgegengesetzte Richtung (z. B. nach rechts um das Bild nach links zu verschieben).

❿ Wenn Sie Ausschnitte des Objekts (oder bei kleinen Objekten das gesamte Objekt) bei höherer Vergrößerung betrachten wollen, lassen Sie das Bild scharf eingestellt. Dre-

ABBILDUNG 8

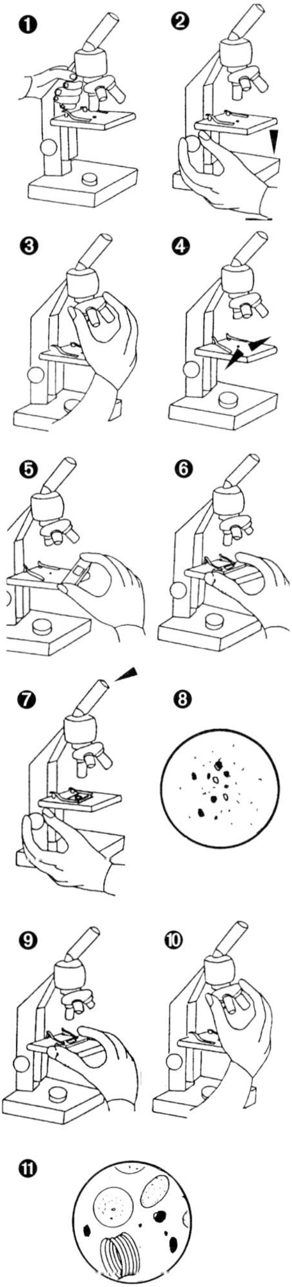

hen Sie am Revolver das nächstlängere Objektiv in die Position. Vergewissern Sie sich, daß das Objektiv nicht auf dem Deckglas aufsetzt, da es leicht zu Bruch geht.

⓫ Das Bild ist jetzt immer noch scharf eingestellt, das Objekt erscheint vergrößert im Okular. Regeln Sie die Schärfe mit dem (Fein-) Trieb nach.

⓬ Noch höhere Vergrößerung: Verfahren Sie wie bei ❿).

Berechnung der Vergrößerung

Wenn Sie wissen möchten, um wieviel das gesehene Bild größer ist als das »Original« (Objekt), brauchen Sie nur die eingravierten Vergrößerungszahlen im Okular und Objektiv miteinander malzunehmen. Beispiel: Okular 10x und Objektiv 40x ergibt eine Gesamtvergrößerung von 10 x 40 = 400.

Abwandlungen – Präparate

1. Das Quetschpräparat

Beim Quetschpräparat wird das Objekt (z. B. Abschnitt des Bienendarms) wie oben beschrieben mit einem Tropfen Wasser auf den Objektträger gelegt und ein Deckglas aufgelegt. Jedoch ist das Objekt zum Betrachten zu dick und undurchsichtig. Mit einem Fingernagel oder der Präpariernadel wird vorsichtig auf das Deckglas gedrückt und das Objekt so in die Breite gequetscht (**Abb. 9a**). Jetzt ist z. B. der Darminhalt gut erkennbar.

ABBILDUNG 9

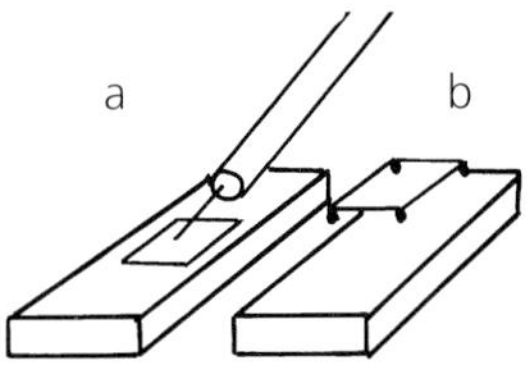

2. Knetefüßchen

Sehr dicke Objekte (z. B. Varroa-Milbe) können entweder ohne Deckglas oder mit höhergestelltem Deckglas betrachtet werden. Hierfür kratzt man mit allen vier Deckglas-Ecken kleine, gleichgroße Stückchen Knete aus einem Kneteklumpen. Das Deckglas wird vorsichtig über das Objekt gesetzt (**Abb. 9 b**). Achtung: Bei hohen Vergrößerungen (langes Objektiv) besteht beim Scharfstellen die Gefahr, daß das Objektiv auf dem Deckglas aufsetzt und dieses zerkratzt (Kontrollblick!).

3. Dauerpräparate

Es gibt verschiedene Einbettungsmittel, um trockene Objekte dauerhaft auf dem Objektträger zu halten; nasse Objekte vertrocknen und schrumpfen. Die Arbeitsschritte können hier nicht im einzelnen erklärt werden (siehe Literatur).

4. Gefärbte Präparate
Sie erleichtern das Erkennen von Strukturen. Durchführung: siehe ausführlichere Literatur.

Tips

➤ Suchen Sie sich anfangs ein einfaches Präparat aus (z. B. Bienenflügel) und überfordern Sie nicht Ihr Auge - es muß sich an das Mikroskop genauso gewöhnen wie an eine neue Brille.
➤ Brillenträger sollten ausprobieren, ob sie besser mit oder ohne Brille durch das Okular sehen können.
➤ Gekaufte Objektträger müssen teilweise nachträglich (mit einem fusselfreiem Tuch) gereinigt werden.
➤ Zur Reinigung von Linsen (Objektiven) nur spezielle Pinsel oder Tücher (Fachhandel/Optiker) verwenden.
➤ Machen Sie sich Bleistift-Skizzen von interessanten Objekten. Das fördert das Erlernen des Sehens beim Mikroskopieren und man kann hinterher mit Dritten (z. B. Imkerkollegen/ Bienenseuchensachverständige) über das Gesehene reden.
➤ Beim Kauf eines Mikroskopes ist ein soldides Gerät einer Billigausführung vorzuziehen. Eine mittlere Vergrößerung mit hoher Bildqualität ist zum Mikroskopieren geeigneter als eine hohe Vergrößerung mit schlechter Bildqualität. Sie benötigen meist eine maximale Gesamtvergrößerung von 300x bis 400x.
Viele Firmen bieten ausbaufähige Mikroskope an, so daß Sie »klein« anfangen können und später noch das Mikroskop mit Zubehör vergrößern können. Die nebenstehende Tabelle gibt einen Überblick, welche optischen Geräte (Lupe, Binokular und Mikroskop) für welche Untersuchungen geeignet sind.
➤ Zum Aufbewahren von (Dauer-) Präparaten gibt es Objektträgerkästen (**Abb. 10 c**).

	Varroa-Milbe	Tracheenmilbe	Nosema Sporen	Malpighamöben Cysten	Pilzbefall der Brut (Kalk-/Steinbrut	Details der Pilze	Veränderungen der Zelldeckel und Brut durch Bakterien (AFB, EFB)	Veränderungen der Bienenbrut durch Viren (z. B. SBVirus, DWVirus)
bloßes Auge	●				●		●	●
Lupe	●				●		●	●
Stereolupe	●	●			●	●	●	●
Mikroskop	●	●	●	●		●		

ABBILDUNG 10

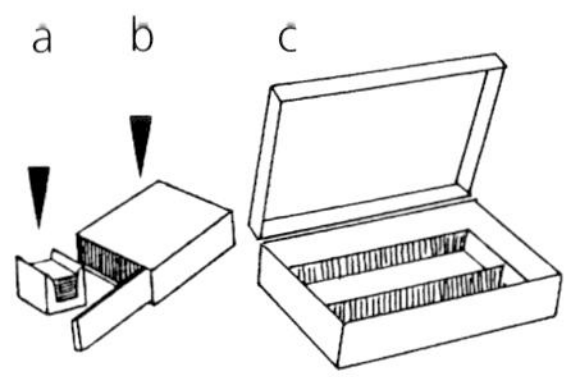

Mikroskop-Zubehör

(Auswahl; die Erklärung der Benutzung im Detail bitte in spezieller Literatur nachlesen, vgl. Literaturverzeichnis):
➤ Öl-Immersionsobjektive: Objektive mit einer Vergrößerung 100x fach (für eine Gesamtvergrößerung von z.B. 1000x) erfordern eine spezielle Technnik: Auf das Deckglas wird ein Tropfen Öl (Mikroskopbedarf !) pipettiert und das Objektiv wird in diesen Öltropfen eingetaucht. Das Objektiv muß hinterher gereinigt werden.
➤ Spezielle Blenden (Kondensorblende, Leuchtfeldblende),

Linsen (Kondensorlinse) und Filter verbessern noch deutlich die Bildqualität.

➤ Wer viel mikroskopiert, kann mit einem Binokular mit beiden Augen »bequemer« sehen.

➤ Ein spezieller Tubus ermöglicht den Anschluß einer (herkömmlichen) Kleinbildkamera.

➤ Mit einem Kreuztisch , den man über zwei Triebe bewegt, wird das »Rumfahren« im Objekt erleichtert.

➤ Mit dem Okular- und Objekt-Mikrometer (Glasplättchen mit eingravierten Größenskalen) lassen sich die Größen eines Objektes messen.

Diagnoseschema

Untersuchung der Bienenbeute von außen
Abb. 1

ABBILDUNG 1

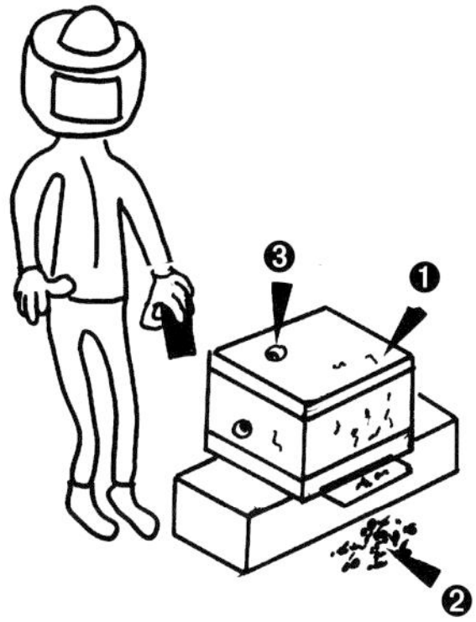

Das Erkennen von Erkrankungen im Bienenvolk erfordert genauso Übung wie das eigentliche Imkern. Das Diagnoseschema soll hierbei eine Hilfestellung sein – es ersetzt nicht »die Übung am Objekt« oder einen entsprechenden Kursus. Scheuen Sie sich nicht, einen Bienensachverständigen (BSV), Gesundheitswart oder ggf. einen Veterinär zu Rate zu ziehen, denn besonders bei Brutkrankheiten kann die Unterscheidung der verschiedenen Krankheiten je nach Krankheitsstadium sehr schwierig sein. Die einzelnen Krankheiten werden in den folgenden Kapiteln ausführlich besprochen.

❶ Kotflecken auf der Beute und dem Flugbrett

➤ Stehen die Bienen sehr windig (gestörter Reinigungsflug)?
➤ Gibt es ständige Störungen (Auslöser von Ruhr)? -> Störungen abstellen
➤ Untersuchung (Bienenproben) -> auf Nosema und Malpighamöbe

❷ Tote, bewegungsunfähige, kriechende oder hüpfende Bienen vor der Beute/auf dem Flugbrett

➤ Untersuchung des Volkes/der Bienen auf folgende Krankheiten: -> Varroatose, Nosematose, Amöbenruhr, Tracheenmilbenerkrankung
➤ Verdacht auf Vergiftung: Besondere Probennahme (siehe Kapitel Vergiftung)
➤ Ist das Volk verhungert (ausgeräubert)?
➤ Verdacht auf Frevel?

❸ Runde (konische) Löcher in der Beutenwand (besonders im Winter)

➤ Specht-Schäden -> Schutz der Beuten durch Draht/ grobmaschiges Netz

ABBILDUNG 2

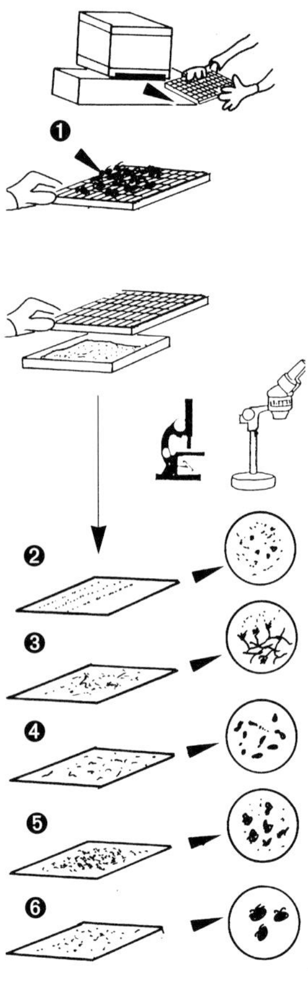

Untersuchung des Gemülls auf der Windel (meist: Frühjahr, Spätsommer, Herbst und Winter) Abb. 2

❶ Viele tote Bienen auf dem Gemüll

➤ Bei Wintertotenfall evtl. natürlicher Abgang der Bienen

➤ Möglicher Hinweis auf andere Erkrankungen -> Untersuchung auf Varroatose, Nosematose, Tracheenmilben-Erkrankung oder auf Weisellosigkeit, Futtermangel; war das Volk zu klein oder haben Störungen Unruhe/Ruhr verursacht?

❷ Fein zerbröselte Wachs- und Zuckerreste (normal)

➤ Hinweis auf den Sitz der Bienentraube (Kreis: Bild unter Mikroskop oder Stereolupe)

❸ Feuchtes, schimmelndes Gemüll (häufig)

➤ Die Bienen brüten bei niedrigen Außentemperaturen: Feuchtigkeit und Schimmelbildung. Teilweise findet man auch Eier und abgestorbene Rundmaden. -> Das Flugloch auf voller Breite öffnen, dabei Mäusegitter nicht vorzeitig im Winter entfernen und die Windel reinigen

❹ Viele Kotspritzer auf der Windel

➤ Verursachen Störungen: Ruhr? -> Störungen abstellen

➤ Untersuchung auf Krankheiten -> Nosematose, Amöbenruhr

➤ Ist das Volk viel zu klein für die Auswinterung?

❺ Viele grob zerstückelte/zerschrotete Wabenteile

➤ Eine Maus sitzt (meist im Winter/ Frühjahr) in der Beute. Häufig ist auch Mäusekot sichtbar! -> Die Beute öffnen, ggf. die Maus verjagen und das Mäusegitter befestigen.

➤ Andere Bienen haben geräubert -> Flugloch einengen, Räuberei vermeiden

❻ Im Gemüll sind viele Insekten und Milben

➤ viele Varroa-Milben (ohne vorangegangene Behandlung) -> führen Sie schnell eine Behandlung durch (z.B. mit Ameisensäure)

➤ viele kleine Milben (kleiner als 1 mm; häufig wenn Pollen auf der Windel liegt) -> säubern Sie die Windel und fegen Sie den Beutenboden aus

➤ »Halbe Bienen« (meist nur Hinterleiber) lassen auf Spitzmäuse schließen -> Mäusegitter

➤ andere »Mitbewohner« - ausgenommen Ameisen - sind kein Problem

Kontrolle der Waben – Allgemeiner Zustand

Abb. 3

❶ Verschimmelte Waben

➤ nichtbesetzte Waben können bei hoher Stockfeuchtigkeit schimmeln -> Schmelzen Sie die Waben ein (Kreis: Bild unter Mikroskop)

❷ Fraßgänge in den Waben

➤ besonders bebrütete Waben mit Kokonhüllen und Pollen werden von den Raupen der Großen und Kleinen Wachsmotte durchzogen -> gehen Sie konsequent gegen die Motten vor (kein Wachs frei liegen lassen), entfernen Sie in der Beute Wachsmottenkokons und entnehmen Sie befallene Waben (z.B. unter Essigsäure setzen).

❸ Kotspuren auf den Waben und in den Zellen

➤ Untersuchen Sie den Zustand des Volks -> zu klein zur Auswinterung?

➤ Untersuchen Sie Bienen auf folgende Krankheiten -> Nosematose, Amöbenruhr

➤ Gibt es Störungen, die die Ruhr auslösen? -> abstellen

ABBILDUNG 3

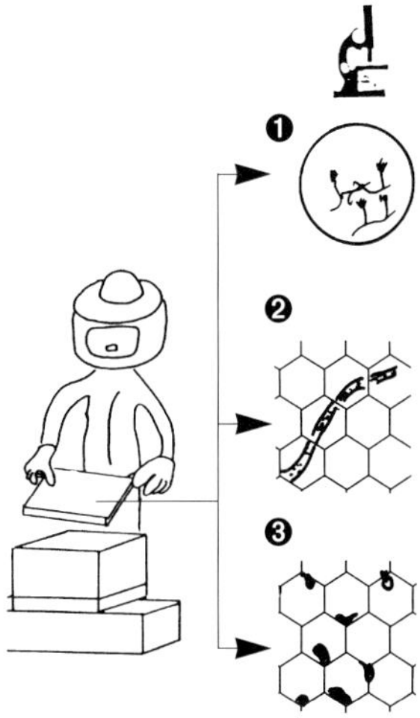

Kontrolle der Waben – Veränderungen der offenen Brut Abb. 4

❶ frische Stifte/Eier sind lückenhaft gelegt oder mehrere Stifte in einer Zelle

➤ Evtl. ist die Königin alt/krank -> weiseln Sie das Volk um (neue Königin)

➤ Junge, frischbegattete Königinnen legen in den ersten Tagen/Wochen unregelmäßig

➤ Vielleicht liegen andere Brutkrankheiten vor und die Bie-

ABBILDUNG 4

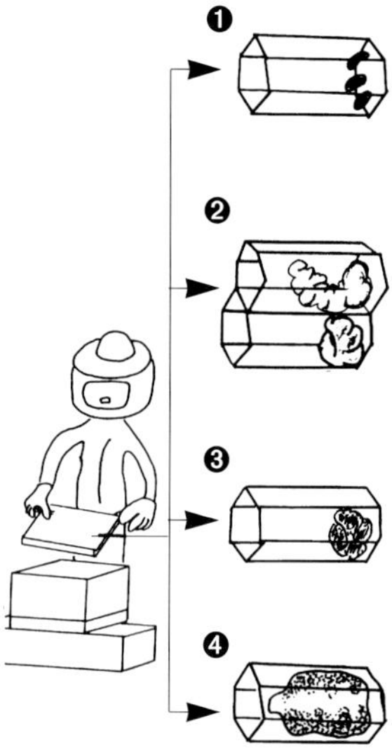

nen haben erkrankte Stifte bzw. Rundmaden aus den Zellen geputzt -> achten Sie auf Veränderungen der Brut

❷ Rundmaden sind gelblich verfärbt, evtl. liegen sie (und Streckmaden) verdreht in der Zelle
➤ Verdacht auf EFB (Europäische Faulbrut) -> Machen Sie den Streichholztest (Hinweis auf AFB: Amerikanische Faulbrut) und entnehmen Sie die Wabe zur Besprechung mit einem BSV oder Veterinär

❸ Rundmaden sind unverfärbt bis gräulich bis schwarz
➤ In kleinen und im Winter brütenden Völkern kann es zur Unterkühlung von Brut kommen (besonders am Rande des Brutnestes) -> ist ein Großteil der Brut betroffen, entnehmen Sie die Wabe
➤ Die Bienen haben die Brut im äußeren Brutnestbereich schlecht gepflegt (Unterkühlung oder Futtermangel).

❹ Weißliche bis dunkelgrün/gräuliche bis schwarze Mumien (feste Struktur) sitzen locker in der Zelle
➤ Kalkbrut (mikrokopische Untersuchung zur Unterscheidung von Steinbrut, in der Regel nicht nötig)

Kontrolle der Waben – Veränderungen der verdeckelten Brut **Abb. 5**

❶ Maden (Streckmaden) liegen verdreht in der Zelle und sind verfärbt (gelb bis bräunlich), Zelldeckel fehlt meist
➤ Verdacht auf EFB, machen Sie den Streichholztest (Probe auf AFB)

❷ Weißliche bis dunkelgrün/gräuliche bis schwarze Mumien (feste Struktur) sitzen locker in der Zelle
➤ Kalkbrut -> (mikroskopische Untersuchung zur Unterscheidung von Steinbrut)

❸ Weißliche/gräuliche und hellgrün/bräunliche Mumien sitzen fest in der Zelle
➤ Die Pilzfäden durchziehen sowohl die Mumie als auch die Zellwände: Steinbrut (selten!) Mikroskopische Unterscheidung zur Kalkbrut möglich) -> Ziehen Sie einen BSV zur Rate.

❹ Brut evtl. verkrüppelt/abgestorben evtl. Zelldeckel von Bienen geöffnet und Zellinhalt ausgeräumt, braune Milben sichtbar

➤ Varroa-Milbenbefall -> Kontrollieren Sie die Befallsstärke (evtl. sofort Behandlung durchführen, z.B. mit Ameisensäure)

❺ Streckmade gelb bis hellbräunlich verfärbt, sackförmig und Kopf nach vorne »genickt« und Zelldeckel häufig löchrig/entfernt

➤ Die Made enthält eine wässrige/breiige Flüssigkeit: Sackbrut

❻ Die Zelldeckel sind eingefallen, löchrig, rissig und evtl. farblich verändert:

➤ Hinweis auf Brutkrankheiten: AFB, EFB (selten verdeckelte Zellen), Sackbrut, Varroatose

➤ Evtl. Schädigung der Brut durch Unterkühlung

➤ Evtl. haben die Bienen den Zellinhalt teilweise oder ganz ausgeräumt: Kanibalismus oder Säuberung der Zelle (kranke Brut)

❼ Zelldeckel eingefallen, löchrig rissig, evt. dunkel verfärbt oder z.T. entfernt u. Made: breiig/zähe Masse

➤ Die Maden/Vorpuppen sind zu einer breiigen, zähen Masse verändert, Farbe: hell- bis dunkelbraun/schwarz. Verdacht auf AFB (meldepflichtig!) -> Streichholztest und Sicherheitsmaßnahmen!

❽ Zelldeckel eingesunken, löchrig, rissig oder z.T/ganz entfernt und dunkel verfärbte Brut

➤ Vorpuppen/Puppen sind in ihrer Struktur gut erkennbar oder schon bakteriell leicht zersetzt, dunkel bis schwarz verfärbte Brut: Unterkühlung

❾ Zelldeckel siehe ❻ und rauher, fester Schorf

➤ Der Schorf klebt fest auf der Zellwand, ist schwarz: AFB (hochinfektiöser Schorf; meldepflichtige Bienenseuche!) -> Sicherheitsmaßnahmen und informieren Sie einen BSV/Veterinär oder ggf. die Polizei

❿ Zelldeckel siehe ❻ und (meist nichtverdeckelte Zellen) und lockerer Schorf

➤ Der schwarze Schorf liegt locker auf der Zellwand/ in der Zellrinne: EFB -> (lassen Sie eine Brutprobe auf AFB untersuchen, um diese Seuche auszuschließen: BSV bzw. Veterinär)

ABBILDUNG 5

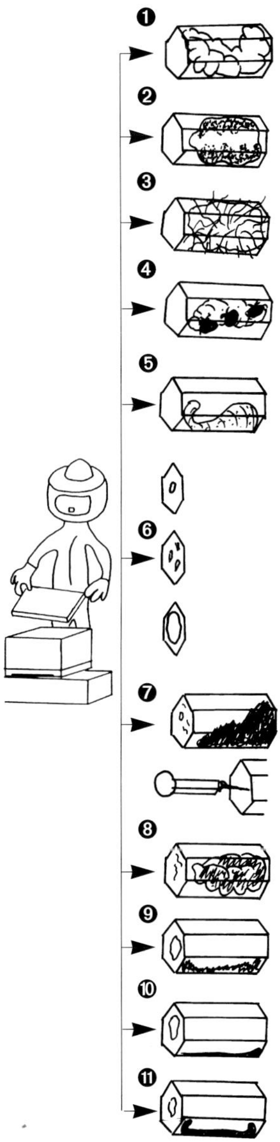

⓫ Zelldeckel siehe ❻ und lockerer Schorf mit hochgebogenen Ende

➤ Der schwarze Schorf liegt locker auf der Zellwand/ in der Zellrinne. Die Enden sind hochgebogen: Sackbrut

ABBILDUNG 6

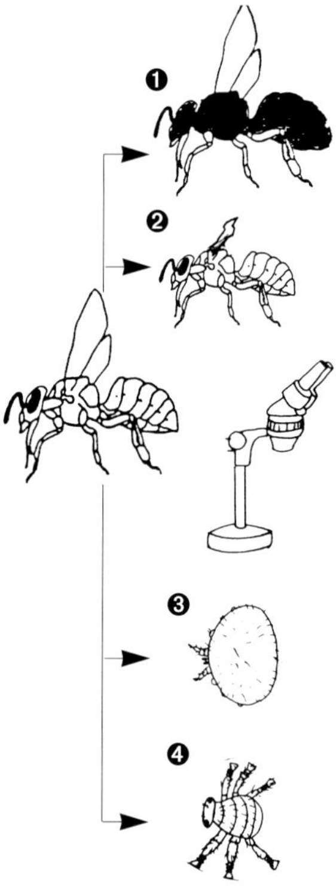

Untersuchung der Biene von außen Abb. 6

❶ Schwarze Biene (Haare fehlen)

➤ Vereinzelt: Bei alten Bienen brechen mit der Zeit die Haare ab.

➤ Häufiges Auftreten: Mögliche Hinweise auf Schwarzsucht oder Räuberei

❷ Flügel verkümmert/fehlen

➤ Entweder ist die Biene in der Brutzelle unterkühlt oder die Schädigung wurde von Varroa-Milben (und ggf. Bienenviren in der Brutzelle) hervorgerufen -> Untersuchen Sie die Stärke des Varroabefalls (Windel, Brut öffnen) und sind Varroa-Milben auf Bienen sichtbar?

❸ Varroa-Milben auf dem Rücken der Bienen/teilweise unter den Panzerringen (Lupe/Stereolupe)

➤ Varroa-Befall -> Untersuchen Sie die Stärke des Varroabefalls (Windel, Brutzellen öffnen), ggf. Varroabehandlung schnell durchführen (z.B. mit Ameisensäure)

❹ Bienenläuse (sehr selten!) auf Arbeiterinnen/Königin

➤ Kein Problem - freuen Sie sich, daß Sie eine Bienenlaus gesehen haben!

Untersuchung von Organen der Biene (Mikroskop/Stereolupe) Abb. 7

❶ Schwarze Flecken und Milben in den Brusttracheen (a) Stereolupe: Tracheen; mind. 30x Vergrößerung/ (b) Mikroskop: Milbe; mind. 100x Vergrößerung)

➤ Tracheenmilben-Erkrankung (meldepflichtig; die Untersuchung wird meist an Bienen aus dem Wintertotenfall durchgeführt) -> Informieren Sie den Veterinär/BSV

❷ Kleine, ovale Sporen im Mittel- und Enddarm (Mikroskop 400x Vergrößerung)

➤ Nosema-Befall -> Untersuchen Sie die Befallsstärke (BSV/Bieneninstitut), Abtöten kleiner Völker/ stark befallener Völker, Entnahme und Einschmelzen bekoteter Waben

❸ Kleine, rundliche Cysten (Dauerstadien) in den Malpighischen Gefäßen (Mikroskop 200-400x Vergrößerung)

➤ Malpighamöbenbefall -> Untersuchen Sie die Befallsstärke (siehe Nosema)

ABBILDUNG 7

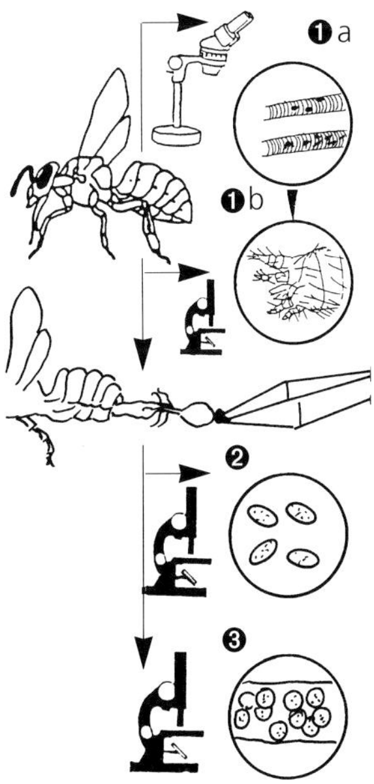

Krankheiten der Bienenbrut

Kalk- und Steinbrut

Erreger

Die Pilze bestehen aus dünnen Pilzfäden (Hyphen), die ein Geflecht (Mycel) bilden und verbreiten sich über Sporen. Die Pilzfäden sind häufig schon mit bloßem Auge erkennbar, wie z.B. der Schimmelpilz auf Nahrungsmitteln, die Pilzfüchte im Wald oder von Pilzfäden durchsetzte Bienenlarven (Kalk- und Steinbrut). Details von Pilzfäden und Sporen lassen sich allerdings nur mit einem Mikroskop betrachten.

Erreger der Kalkbrut: *Ascosphaera apis*; Größe der Sporen: 3/1000 mm, Größe des Sporenbehälters (enthält Sporenballen): 1/10 mm.

Erreger der Steinbrut: *Aspergillus flavus* (Schimmelpilz); Größe der Sporen 6/1000 mm

ABBILDUNG 1

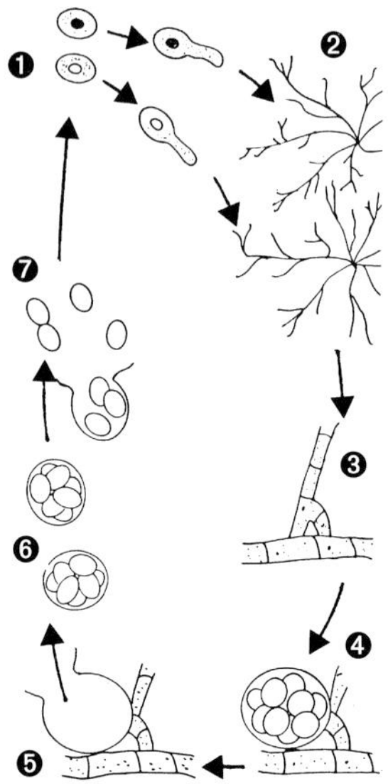

Infektion und Vermehrung

Die Infektion der Bienenlarven (Rundmaden) erfolgt bei beiden Pilzen (Kalk- und Steinbrut) gleich:
Pilzsporen werden mit dem Futtersaft aufgenommen und keimen im Bienendarm aus. Hier beginnt die Bildung von Pilzfäden, die alle Gewebe und Organe der Biene durchdringen und schließlich die Körperhülle der Biene überwuchern. Die Sporenbildung ist bei den Erregern der Kalk- und Steinbrut unterschiedlich:

Entwicklungszyklus des Kalkbrut-Erregers Abb. 1 ❶-❼
Infektion der Rundmade mit Sporen im Futtersaft ❶. *Ascosphaera apis* hat männliche und weibliche Sporen, die nach dem Auskeimen jeweils ein eigenes Mycel bilden ❷. Die Pilzfäden durchsetzen die Biene, die meist als Streckmade oder

Vorpuppe stirbt. Treffen männliche und weibliche Pilzgefäden ❸ auf der Bienenoberfläche zusammen, dann werden kugelige Sporenbehälter (Fruchtkörper = Sporangien) gebildet ❹. In diesen Sporenbehältern werden wiederum kugelige Sporenbehälter (Sporenballen = Asci) gebildet. Jeder Sporenballen enthält viele Sporen. Der reife Fruchtkörper platzt auf und entläßt die Sporenballen ❺,❻. Wenn die Hülle des Sporenballens platzt, werden die widerstandsfähigen und infektiösen Sporen frei ❼. Die Sporen werden entweder mit den Bienen, den Waben oder durch Luftzug verteilt und können wieder junge Rundmaden infizieren ❶.

Entwicklungszyklus des Steinbrut-Erregers Abb. 2 ❶-❻

Infektion der Biene (Rundmade oder erwachsene Biene) mit Sporen im Futter ❶. Im Bienendarm keimen die Sporen aus ❷ und bilden Mycelien ❸, die die Organe durchziehen und zerstören. Auf der Außenseite der Biene bildet der Pilz stengelförmige Sporenträger (Konidienträger), ❹-❻, an dem Sporen gebildet und abgeschnürt werden ❻. Die Sporen (Konidiosporen) sind widerstandsfähig und infektiös. *Aspergillus flavus* bildet selten auch noch einen Fruchtkörper mit Ascosporen, die hier beschriebene Sporenbildung ist jedoch viel häufiger. Wegen der Form der Sporenträger wird der Pilz auch Gießkannenschimmel genannt.

ABBILDUNG 2

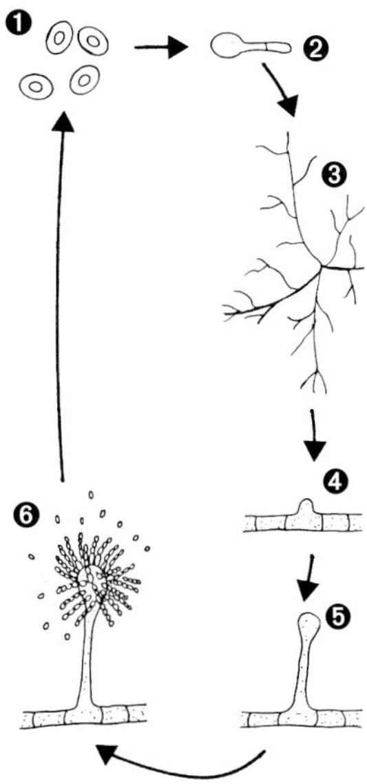

Schädigung

Schädigung der einzelnen Biene:

➤ Der Pilz zersetzt das Bienengewebes und zerstört die Organe.

➤ Die Bienenlarve stirbt meist als Streckmade oder Vorpuppe (z.T. auch eher).

Schädigung des Bienenvolkes:

➤ Das Volk kann leichten/mittleren Befall verkraften: Befallene Bienenlarven werden ausgeräumt. Es kann so ein »ausgeglichenes Verhältnis« zwischen dem Pilz und dem Bienenvolk geben, denn der Pilz stellt keine ernsthafte Gefahr für das Bienenvolk dar.

➤ Auch schon bei leichtem Befall geht die Sammel- und Honigleistung der Bienen zurück.

➤ Bei hohem Befall droht großer Brutausfall, was zum Ausfall von Pflege- und Sammelbienen führt. Schlimmstenfalls geht das Volk ein.

Zeitliches Auftreten

➤ während der Brutperiode im Bienenjahr
➤ es gibt »Kalkbrutjahre« (die evtl. witterungsbedingten Ursachen für ein gehäuftes Auftreten sind nicht eindeutig geklärt)

Krankheitsbild und Kennzeichen

Kalkbrut:
➤ Abgestorbene Mumien (Streckmaden/Vorpuppen) sitzen locker in den häufig schon verdeckelten Zellen. Die Biene kann auch vor der Verdeckelung sterben.
➤ Bienen räumen meist Kalkbrutmumien aus den Zellen. Die Mumien liegen auf der Bodeneinlage im Volk oder vor dem Flugloch .
➤ Farbe der Mumien: weiß/gelb, Bereiche mit Sporen: grünlich/grau (Bildteil ㊱, ㊲).

Steinbrut*:
➤ Die Mumien (Streckmaden/Vorpuppen) sitzen fest in den verdeckelten Zellen.
➤ Der Pilz befällt auch erwachsene Bienen.
➤ Die Bienen können die Bienenlarven schwer entfernen, nagen z.T. die Zellwände ringsherum ab und überziehen die Mumie mit Kittharz.
➤ Farbe der Mumien: weiß/grau bis hellgrün/bräunlich.

Auslösefaktoren

➤ Temperatur im Bienenstock: Kühle oder unterkühlte Brutflächen fördern das Pilzwachstum, daher wird Drohnenbrut bevorzugt befallen.
➤ Luftfeuchtigkeit: An einem feuchten Standort aufgestellte Völker (Tallage, Feuchtgebiet) haben häufiger erkrankte Bienenlarven.
➤ Großer Unterschied der Temperaturen im und außerhalb des Bienenstocks während der Brutphase: Schwitzwasser fördert das Pilzwachstum in der Beute/auf den Waben. Dies führt auch zum Verschimmeln von Wintergemüll auf der Windel/auf dem Beutenboden.

* *Aspergillus flavus* ist sehr selten in der Brut zu finden

➤ Inzucht fördert die Anfälligkeit der Bienen für Pilzerkrankungen.
➤ Nachlassen des Putztriebes: In Trachtlücken und bei Schwarmstimmung sinkt die Putzaktivität der Bienen, sodaß sich Krankheitserreger besser vermehren können. Der Putztrieb läßt auch bei Inzucht deutlich nach.

Verbreitung

➤ Bienenverflug (Sporen im »Bienenpelz«)
➤ Räuberei
➤ Die Bienen verteilen beim Reinigen und Ausräumen der befallenen Zellen die Sporen.
➤ Durch den Imker: Austausch von Waben, Verfütterung von sporenhaltigem Honig

Untersuchung

Makroskopisch (mit bloßem Auge)

Der Imker erkennt meist bei der regelmäßigen Durchsicht seiner Völker Hinweise auf befallene Brutzellen:
➤ Kalkbrut-Mumien liegen in oder vor der Bienenbeute.
➤ Verschimmelte Bienen liegen auf dem Bodenbrett.
➤ Die Brutflächen zeigen Lücken, da die Bienen befallene Zellen ausgeräumt haben.
➤ Die befallenen Mumien sind auf Brutwaben sichtbar (in unverdeckelten Zellen oder nach der Entdeckelung durch die Bienen)

Benötigte Geräte:
Pinzette oder Zahnstocher/Streichholz

Arbeitsschritte Abb. 3 ❶-❸
❶ Suchen Sie auf der Brutwabe eine verdeckelte (oder verdächtige, unverdeckelte) Brutzelle.
❷ a-c Öffnen Sie den Zelldeckel mit der Pinzette und ziehen Sie die Mumie (falls möglich) aus der Zelle.
❸ Die Steinbrutmumie können Sie nicht aus der Zelle ziehen, da der Pilz in die Zellenwand wächst.

locker in der Zelle sitzende Mumien -> Kalkbrut
fest in der Zelle sitzende Mumien -> Steinbrut

Mikroskopisch (mit dem Mikroskop)

Die Bestimmung der erkrankten Pilzmumien ist über das Merkmal locker oder fest in der Brut ziemlich eindeutig. Die

ABBILDUNG 3

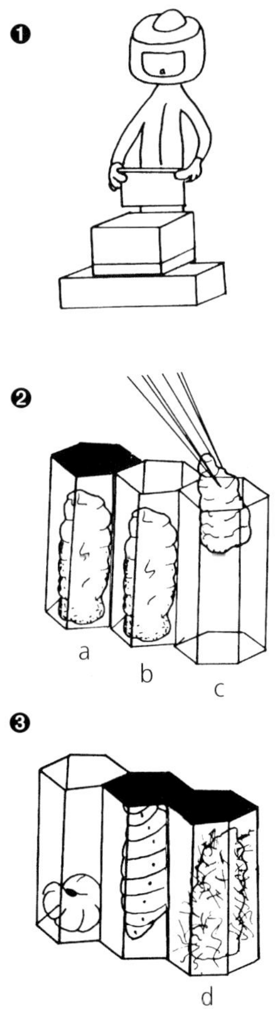

ABBILDUNG 4

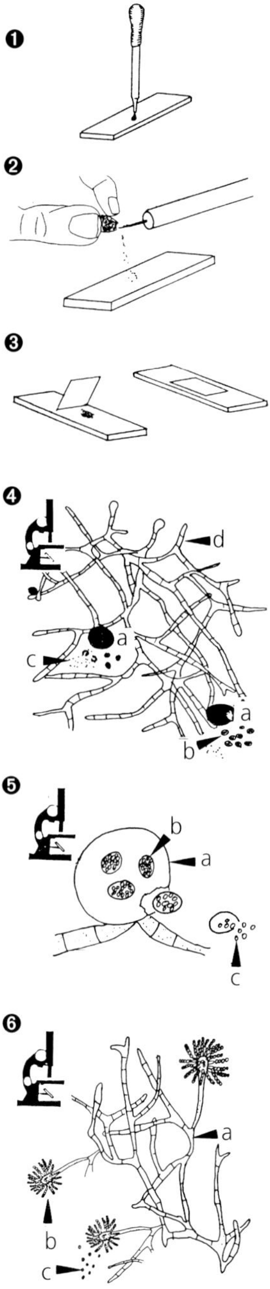

letzten Unsicherheiten lassen sich mit einer mikroskopischen Untersuchung ausräumen (bzw. die Neugier des Imkers läßt sich dadurch befriedigen).

Benötigte Geräte:
1 Mikroskop (Vergrößerung 100x und mehr)
Objektträger
Deckgläser
1 Pipette (oder Strohhalm)
1 Präpariernadel (oder Nähnadel)
1 Pinzette

Arbeitsschritte Abb. 4 ❶-❻

❶ Träufeln Sie einen Tropfen Leitungswasser mittig auf den Objektträger.
❷ Kratzen Sie mit der Präpariernadel etwas Pilzmaterial von einer pilzbefallenen Bienenmumie ab. Halten Sie diese direkt über den Objektträger, damit die Pilzteile in den Wassertropfen fallen (evtl. geben Sie noch etwas Wasser hinzu) oder zupfen Sie mit der Pinzette etwas Pilzmaterial von der Biene und legen dieses in den Wassertropen.
❸ Legen Sie das Deckglas vorsichtig schräg auf die Probe.
(a) Betrachten Sie das Präparat unter dem Mikroskop zuerst mit der kleinsten Vergrößerung und stellen Sie dann das Objekt scharf. Steigern Sie danach die Vergrößerung.
❹ Kalkbrutbefall: Das Pilzgeflecht (d) ist hell und verzweigt. Suchen Sie nach Sporenbehältern. Typisch sind die gefüllten, dunkel bis schwarzen Sporenbehälter (a), aus denen die Sporenballen (b) herausfallen. Reißen die Hüllen der Sporenballen, sehen Sie die glänzenden Sporen (c).
❺ Sporenbehälter bei höherer Vergrößerung (200x-400x): (a) Hülle des Sporenbehälters, (b) Sporenballen, (c) Sporen, (d) Pilzfaden. Sollten die Sporenbehälter noch nicht aufgerissen sein, drücken Sie vorsichtig mit der Präpariernadel auf das Deckglas. Unter dem Druck platzen die Hüllen auf und die Sporenballen sowie die Sporen werden frei.
❻ Steinbrutbefall: Das Pilzmycel ist durchsichtig, verzweigt (a). Die Sporen werden büschelartig gebildet; Konidien (b). Die Sporen werden an den äußeren Büschelenden abgeschnürt und sind so frei (c).

Hinweis für den Umgang mit Schimmelpilzen:

➤ Schimmelpilze *(Aspergillus flavus)* können fast überall wachsen - auch im Menschen (in Organen, myzetogenes Asthma, »Farmerlunge«, Gehörgangsekzem)- deshalb sollten Sie das Einatmen von Sporen vermeiden (Nase nicht direkt über Schimmel halten, Mund verschließen!). Geraten Sie jedoch nicht in Panik, wenn Sie Schimmelpilze im Bienenkasten/-volk erkennen. Halten Sie folgende Sicherheitsregeln ein:

➤ Waschen Sie Ihre Hände nach dem Pilzkontakt oder – besser – tragen Sie Handschuhe.

➤ Immungeschwächte Personen (schwer erkrankte Menschen, schwangere Frauen, Imker mit Erkrankungen am Immunsystem HIV+,AIDS) sollten den direkten Kontakt mit Schimmelpilzen vermeiden.

➤ In Zweifelsfällen oder bei Infektionsverdacht sollten Sie Ihren Arzt aufsuchen.

Diagnose

Die Unterscheidung von Kalk- und Steinbrut ist nach den o.g. Untersuchungsmethoden einfach und sicher durchzuführen. Da die Steinbrut sehr selten ist, werden Sie *Aspergillus flavus* meist nur im Wintergemüll finden.
Die Einschätzung des Befallsgrades für Kalkbrut ist nicht einfach, folgende Kategorien werden vorgeschlagen:

leichter Befall -> wenige Brutzellen eines Volkes
mittlerer Befall -> ungefähr jede Brutwabe enthält mehrere Kalkbrutmumien
starker Befall -> das Brutbild wird von Kalkbrutmumien dominiert

Verwechslungen/Mischinfektionen

➤ Pollenschimmel kann auf den ersten Blick mit der Steinbrut verwechselt werden. Der Pollenschimmelpilz wächst jedoch nur auf Pollen(!) und bildet teilweise einen Schimmelpilzrasen über mehrere Pollenzellen. Der Pollen sitzt dabei so fest, daß Sie ihn nicht aus der Zelle kratzen können (Bildteil ㊳).

➤ Ursachen für Brutlücken können auch andere Faktoren sein: Futtereintrag, Schädigung der Bienen durch andere Parasiten oder Inzucht.

➤ Eine Ursache für ein erhöhtes Auftreten der Brutpilze liegt in verringerter Putzaktivität der Bienen. Dieses »Verhalten« fördert auch noch andere Krankheiten, wie z.B. die Bösartige Faulbrut. Je schneller die Bienen erkrankte Larven entfernen, desto geringer ist die Ansteckungsgefahr für andere Bienen.

Medikamentöse Behandlung

Es gibt keine in Europa zugelassenen Medikamente, die wirksam und ohne Nebenwirkungen gegen Brutpilze eingesetzt werden können.
In der Regel reichen die Selbstheilung der Völker und Maßnahmen des Imkers zur Pilzbekämpfung aus.

Imkerische Vorbeugung und Bekämpfung

Steinbrut:
In der Literatur wird das Abtöten und Verbrennen befallener Völker empfohlen. Nichtbefallene Waben sollten eingeschmolzen werden.

Kalkbrut:
➤ Stark befallene, schwache Völker tötet man besser ab und schmilzt die Waben ein.
➤ Bei schwach- und mittelstark befallenen Bienenvölkern kann man auf die Selbstheilungskraft der Völker setzen. Die Bienen sollten von ihrem feuchten Standort an einem trockeneren Ort aufgestellt werden. Außerdem:
➤ Fördern Sie den Putztrieb: Die Völker einengen (auf weniger Zargen oder ggf. in eine kleinere Beute setzen) und 2-3 mal mit kleinen Mengen füttern.
➤ Mittelstark befallene Brutwaben schlüpfen lassen (evtl. über einem Absperrgitter) oder spätestens vor der Einfütterung aus dem Volk nehmen.
➤ In die Völker Qualitätsköniginnen einweiseln (über Zuchtstoff ggf. im Imkerverein beim Zuchtobmann informieren), denn Inzucht fördert den Krankheitsbefall.

Vermeidung

➤ Kleine und schwache Völker rechtzeitig vereinigen bzw. auflösen.
➤ Ableger und Begattungsvölkchen nicht zu klein bilden, Kästen gut isolieren (Schutzkasten).
➤ Erkrankte Völker nicht mit gesunden vereinigen, keine Waben mit kranken Bienen/-maden auf dem Bienenstand verteilen.
➤ Die Bienentränke häufiger reinigen.
➤ Für ganzjährige Tracht sorgen (wandern) oder in Trachtlücken füttern.

➤ Vorbeugend und regelmäßig (!) den Wabenbau erneuern (Mittelwände ausbauen lassen, Altwaben einschmelzen).

Reinigung/Desinfektion

Allgemein:
Steinbrut-befallene Völkern abtöten und verbrennen: Hitze tötet die Pilzsporen.
Der Kalkbruterreger braucht nicht so radikal unschädlich gemacht zu werden.

Waben
Unbedingt die befallenen Waben einschmelzen (Sonnenwachs-/Dampfwachsschmelzer). Die Kalkbrut-Sporen (und Pilzgewebe) werden beim Wachseinschmelzen zerstört.
Falls Sie Waben lagern möchten, zeigt die Essigsäurebegasung (gegen Nosema und Wachsmotten) auch eine Wirkung auf die Pilzsporen: Legen Sie auf das oberste Magazin eines Magazinstapels (oder in den Wabenschrank) ein Blatt saugfähiges Fließpapier (ggf. »Küchenrolle«). Gießen Sie vorsichtig die 60% ige Essigsäure auf das Papier. Dosierung: Pro Zarge (DNM) 60 ml oder (Zander) 70 ml Essigsäure. Verschließen Sie den Magazinstapel luftdicht, lüften Sie die Waben vor Gebrauch. Hinweis: Essigsäure ist ätzend und reizt die Luftwege. Tragen Sie Schutzkleidung, eine Schutzbrille und Handschuhe.

Honig
➤ Honigwaben aus Steinbrutvölkern einschmelzen.
➤ Stark befallene Kalkbrutvölker bringen keinen Honig. Honig aus schwach und mittelstark befallenen Völkern nicht an Bienen verfütttern, denn er könnte Kalkbrut-Sporen enthalten (für den Menschen ist er nicht gefährlich).

Rähmchen, Beuten und Werkzeug
Bei Steinbrutbefall: Alle Beutenteile, Rähmchen und Werkzeug intensiv mit heißem Wasser reinigen. Holzteile nach dem Trocknen mit einem Lötbrenner oder speziellem Heißluftföhn (600-1000° C) abflammen. Statt Abflammen reicht auch die Reinigung mit 1% Ätznatron oder Ätzkalilauge (Apotheke oder Chemikalienbedarf; Schutzbrille und Handschuhe tragen). Das Waschwasser nur neutralisiert wegschütten: Fangen Sie das Waschwasser auf und geben Sie nach dem Waschen unter Umrühren z.B. 98% Essigsäure hinzu. Mit »Universal Indikatorpapier« (ebentalls z.B. in Apo-

theke erhältlich) den pH-Wert des Waschwassers (»Säuregrad«) messen. Erst wenn ein neutraler Wert erreicht ist (siehe Anleitung zum Indikator; meist Farbumschlag zu grün) ist, können Sie das Wasser unbedenklich entsorgen. Bei Unklarheiten wenden Sie sich an einen Umwelt- oder Müllberater Ihrer Gemeinde.

Bienentränke
Mit heißem Wasser und Bürste sorgfältig reinigen.

Kleidung
Wenn möglich bei 60-900° C waschen – Herstellerangaben beachten!

Viruserkrankungen

Erreger

Viren sind extrem kleine Erreger (nur mit dem Elektronenmikroskop sichtbar zu machen), die viel einfacher als Einzeller - wie z.B. Bakterien - aufgebaut sind. Sie bestehen überwiegend nur aus einer Eiweißhülle, die die Erbsubstanz (DNA/RNA-Faden) umschließt (**Abb. 1**, Pfeil: Erbsubstanz im Inneren). Viren können sich nicht fortbewegen, denn sie haben weder Geißeln noch Härchen. Im Gegensatz zu anderen Lebewesen zeigen sie keine Aktivitäten, wie z. B. Nahrungsaufnahme, innerer Stoffwechsel, Atmung. Für die Vermehrung sind Viren auf Wirtszellen angewiesen (**Abb. 2 ❶-❸**): ❶ Das Virus wird von der Wirtszelle aufgenommen. ❷ Die Zelle wird vom Virus »umprogramiert«. Sie produziert Virus-Bauteile und setzt sie zusammen. ❸ Infektiöse Viren verlassen die Wirtszelle). Wegen ihrer völligen Abhängigkeit von Wirtsorganismen werden Viren auch als »geborgtes Leben« bezeichnet.

In den Bienen und der Bienenbrut sind 16 unterschiedliche Viren nachgewiesen worden (Ritter und Koch 1990), die jedoch nicht alle eine »praktische« Bedeutung als Krankheitserreger haben. Folgende Viren werden hier beschrieben: Sackbrut-Virus (SBV), Akutes-Paralyse-Virus (APV)*, Deformed-Wing-Virus (DWV; »Veränderte-Flügel-Virus«)*

ABBILDUNG 1

ABBILDUNG 2

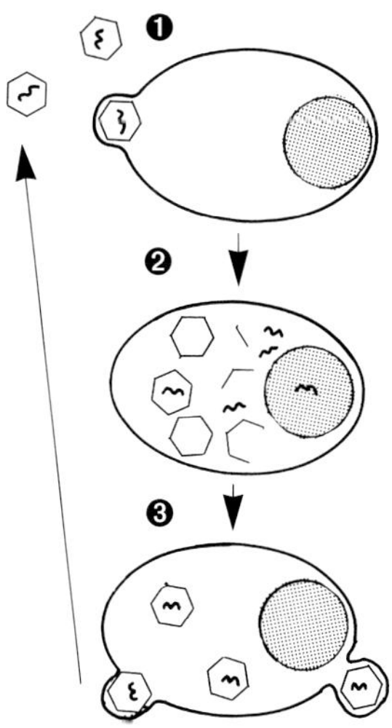

Infektion und Vermehrung

Bisher sind nur wenige Details über die Wege der Viren im Bienenvolk bzw. in den Bienen bekannt. Die hier beschriebenen Entwicklungszyklen sind stark vereinfacht. Die Viren können auf unterschiedlichen Wegen im Bienenvolk verteilt werden:

* Diese Viren treten im Zusammenhang mit hohem Varroa-Milbenbefall auf.

ABBILDUNG 3

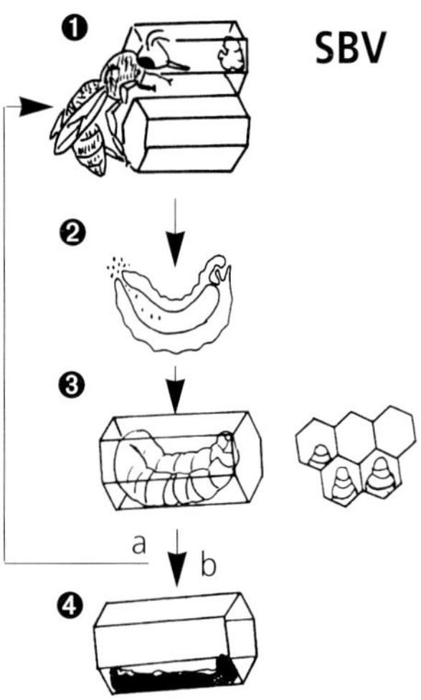

ABBILDUNG 4

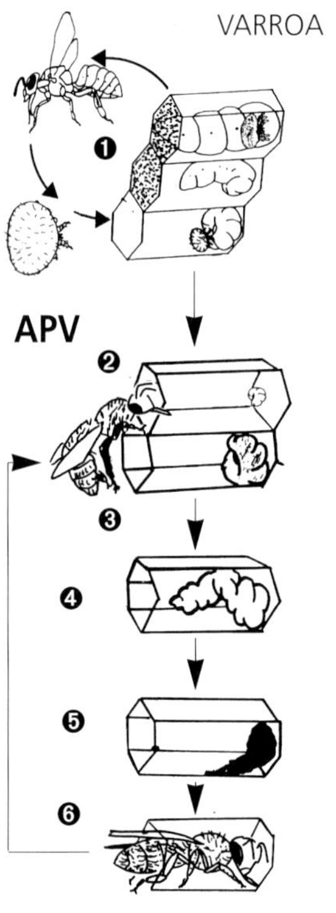

➤ Die Ammenbiene füttert die Bienenlarven mit virushaltigem Futtersaft.
➤ Die Viren werden über Körperkontakt (Wunden) weitergegeben.
➤ Einige Viren werden vermutlich mit der Luft in der Beute übertragen.
➤ Die Varroa-Milbe hat eine besondere Rolle bei den Viruserkrankungen. Sie schwächt nicht nur die Bienen durch das Saugen von Bienenblut (Hämolymphe), sondern sie kann dabei auch Viren auf die Biene übertragen. Alleine durch das Anstechen der Biene kann die Varroa-Milbe bereits vorhandene Viren im Bienenblut »aktivieren« und so die eigentliche Viruserkrankung auslösen. Man vermutet, daß viele Schäden an Bienenvölkern, die bisher der Varroa-Milbe zugeschrieben wurden, eigentlich durch (aktivierte) Viren verursacht werden. Das würde auch den plötzlichen Zusammenbruch von Völkern erklären, die eine längere Zeit auch mit vielen Varroa-Milben leben konnten. Eine rasche Virusvermehrung bedeutet dann das Ende des Volkes. Einzelheiten müssen noch erforscht werden.

1. Entwicklungszyklus des SBVirus

Die Sackbrut ist eine häufig auftretende Erkrankung (vgl. auch Extra-Kapitel).
Entwicklungszyklus (**Abb. 3 ❶-❹**):
❶ Die Ammenbiene überträgt SBViren mit dem Futtersaft in die Brutzelle.
❷ Die Made nimmt die SBViren mit dem Futter auf.
❸ Die Viren befallen wichtige Organe der Bienen und schädigen diese, so daß die Häutung der Biene verhindert wird. Meist stirbt die Biene. Rechts: Typisch abgeknickter Kopf der Maden.
❹ **a** Entfernen Bienen die sackförmig zusammengesunkene Made, können sie dabei Viren aufnehmen oder im Volk verteilen.
❹ **b** Wenn die Made in der Zelle zu Schorf eintrocknet, sind die Viren nicht mehr infektiös und für die Bienen ungefährlich.

2. Entwicklungszyklus des APVirus

Das APVirus kann auch als neuer Erreger der Europäischen Faulbrut angesehen werden (vgl. EFB-Kapitel).
Entwicklungszyklus **Abb. 4 ❶-❻**:
❶ Voraussetzung: Starker Varroa-Befall (siehe oben).
❷ Ammenbienen übertragen mit dem Futtersaft die APViren auf die Larve.

❸ Die Made nimmt die Viren mit dem Futter auf. Erste Anzeichen für die Virusinfektion- und Erkrankung: Verfärbung der Made.
❹ Später liegt die Made verdreht und tot in der Zelle.
❺ Viren und Bakterien sorgen für die Zersetzung der Bienenmade. Es entsteht eine breiige Masse, die zu Schorf eintrocknen kann.
❻ Beim Entfernen der Masse und Reinigen der Zellen verteilen die Bienen die Viren im Volk.

3. Entwicklungszyklus des DWVirus
Entwicklungszyklus **Abb. 5 ❶-❸**:
❶ Voraussetzung: Starker Varroa-Befall, siehe oben.
❷ Die Viren werden mit dem Futtersaft der Ammenbienen oder evtl. von den Milben auf die Larve übertragen.
❸ **a** Infizieren viele Viren die Biene, stirbt sie ggf. in der Zelle.
❸ **b** Überlebt die Biene die Virusinfektion, schlüpft sie mit starken Verkrüppelungen der Flügel (Pfeil: Vergrößerung). Die Biene hat außerdem eine sehr geringe Lebenserwartung bzw. wird wegen ihrer Verkrüppelungen aus dem Stock geworfen.

ABBILDUNG 5

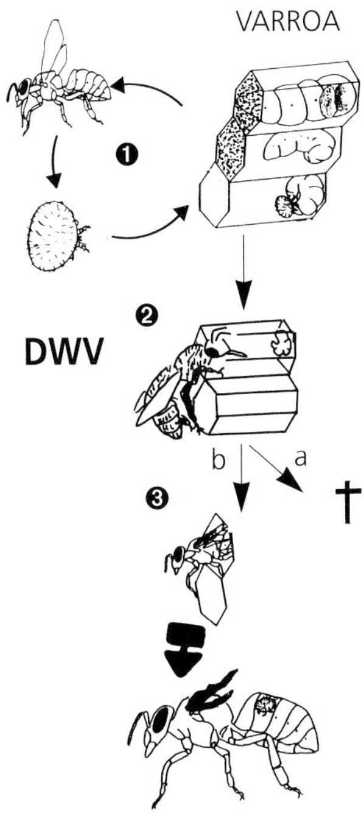

Schädigung

Schädigung der einzelnen Biene: Die Virusinfektion führt häufig zum Tod der Biene, je nach Virus in einem speziellen Entwicklungsstadium, als Made (SBVirus), als Puppe (APVirus) oder als Biene/vor oder nach Schlupf (DWVirus). Überlebt die Biene die Virusinfektion, ist sie stark geschwächt und hat eine geringe Lebenserwartung.
Schädigung des gesamten Volkes: Ein leichter Virusbefall kann für das Bienenvolk folgenlos bleiben, sofern das Volk ansonsten vital ist (genügend Futtereintrag, starke Putzaktivität, hoher Bienenumsatz).
Ein starker Virusbefall kann zum Zusammenbruch des Volkes führen. Die Viren, die zusammen mit der Varroa-Milbe auftreten, bleiben solange eine Gefahr für das Volk, wie die Varroa-Milbe unbehandelt bleibt (siehe unten).

Zeitliches Auftreten und Auslösefaktoren

Die Viren sind ganzjährig im Bienenvolk vorhanden. Die Varroa-bedingten Viren (APV und DWV) treten bei hohem Varroa-Befall, besonders im Spätsommer, auf. Über weitere

Auslösefaktoren ist wenig bekannt; geschwächte Bienen (z. B. wegen Pollenmangel oder hohem Varroa-Befall) sind anfälliger als gesunde Bienen. Faktoren wie die verzögerte Ablösung der Winterbienen (bei ungünstigen Wetterbedingungen) durch junge Bienen sind sicherlich ebenfalls an der Virusanfälligkeit beteiligt.

Krankheitsbild und Kennzeichen

Allgemein sind Bruterkrankungen an lückenhaften Brutflächen (unspezifisches Kennzeichen) und farb- und formveränderter Brut zu erkennen. Besonders typische Kennzeichen sind:
SBVirus-Erkrankung: Sackförmig zusammengesunkene Streckmade mit vorgebeugtem Kopf, Schorf locker, schiffchenförmig
APVirus-Erkrankung: Verfärbte Rundmade, Made liegt verdreht in der Zelle, Schorf liegt locker am Zellboden/in der Zellrinne, hoher Varroa-Befall!
DWVirus-Erkrankung: Flügel der Biene stark verkrüppelt oder fehlen, hoher Varroa-Befall!

Verbreitung

Durch die Biene: Bienenverflug, Räuberei
Durch den Imker: Vereinigung von Völkern, Austausch von Waben

Untersuchung und Diagnose

Der Nachweis von Viren ist sehr aufwendig und wird nur von sehr wenigen wissenschaftlichen Instituten durchgeführt. Der Imker kann die Bruterkrankung mit bloßem Auge bei der Wabenkontrolle erkennen und so auf möglichen Virusbefall schließen. Beim Auftreten der APV und DWViren ist der hohe Varroa-Befall auf den Bienen, in der Brut und auf der Bodenwindel sichtbar (Siehe auch Varroa-Kapitel).

Medikamentöse Behandlung

Es gibt prinzipiell keine Medikamente zur Virus-Bekämpfung. Ist der Mensch z. B. an Schnupfen-Viren erkrankt, können Medikamente auch hier nur die Begleiterscheinungen (Kopfschmerzen, hohe Schleimproduktion) lindern.

Die Varroa-bedingten Viren (APV und DWV) können durch eine sofortige Varroa-Behandlung ebenfalls beseitigt werden. Im Sommer kann schon eine Ameisensäure-Behandlung eine deutliche Verbesserung erzielen.

Imkerliche Bekämpfung und Vorbeugung

SBV-Erkrankung: Einschmelzen von Brutwaben mit hohem SBV-Befall, Einengen des Brutnestes, Kunstschwarm oder Abtöten (siehe SBV-Kapitel).
APV & DWV-Erkrankung: Sofortige Varroa-Behandlung (APV siehe EFB/AFB-Kapitel).

Vorbeugung
➤ Starke Bienenvölker halten, Schwächlinge vermeiden
➤ Trachtwanderung oder Fütterung bei Trachtmangel
➤ Gesicherte Pollenversorgung, ggf. wandern
➤ Die Varroa-Milbe gezielt bekämpfen, z.B. nach der letzten Honigentnahme mit Ameisensäure (siehe Varroa-Kapitel).

Reinigung und Desinfektion

Die Viren sind generell sehr empfindlich, so daß die Hitze im Sonnen- und Dampfwachsschmelzer sie tötet. Eine spezielle Reinigung von Rähmchen und Beuten ist nur beim APVirus nötig (siehe AFB-Kapitel).

SACKBRUT (Schiffchen- oder Hakenbrut)

ABBILDUNG 1

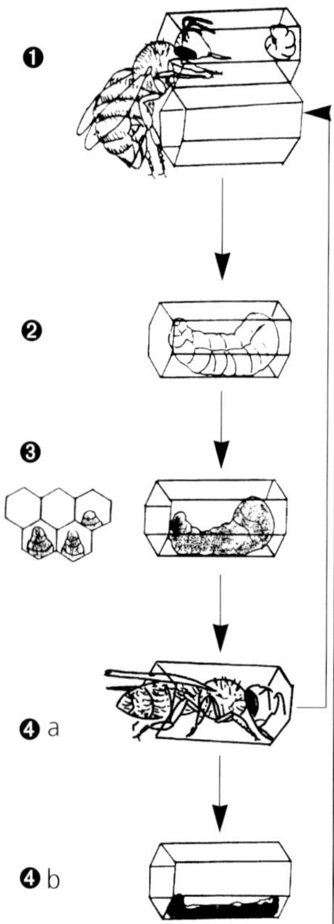

Erreger

Sackbrut Virus (SBVirus), auch *Morator aetatulae* genannt. Viren sind so klein, daß sie nicht mit einem einfachen Lichtmikroskop erkennbar sind. Man benötigt ein Elektronenmikroskop (Universitäten, Institute). Größe: 28 Nanometer (= 0,000028 Millimeter).

Infektion und Vermehrung

Die SBViren vermehren sich in jungen Bienenmaden.

Entwicklungszyklus Abb. 1 ❶-❹:

❶ Die SBViren gelangen mit dem Futtersaft der Ammenbienen in die Brutzelle der jungen Made. Die Made erkrankt nach Aufnahme der Viren, meist erreicht sie noch das Streckmadenstadium.

❷ Sackförmige Form der Made durch angesammelte Häutungsflüssigkeit.

❸ Die abgestorbene, säckchenförmige Streckmade verfärbt sich dunkel und der Kopfabschnitt knickt nach vorne ab (typisch !).

❹ **a** Putzen die Bienen jetzt die erkrankte Made aus der Zelle, können sie SBViren beim Aufplatzen/Aufreißen der Larvenhaut aufnehmen. Die Putzbienen verteilen die Viren im Bienenvolk.

❹ **b** Trocknet die Bienenmade ein, bleibt ein locker in der Zelle sitzender, braun-schwarzer Schorf zurück. Das vordere Schorfende ist hakenförmig gebogen (Schiffchenform der Made). Die Bienen können sich jetzt nicht beim Putzen der Zelle und Entfernen der Schorfteile infizieren, denn der Schorf ist nicht ansteckend.

Schädigung

Die Bienenmade wird durch die SBViren stark geschädigt und stirbt, denn die Viren befallen wichtige Organe und Gewebe (Gehirn, Muskeln, Fettgewebe) und stören außerdem die Häutung der Made beim Übergang von der Streckmade zur Vorpuppe: Zwischen der alten Larvenhaut und der neuen Puppenhaut sammelt sich Häutungsflüssigkeit an.
Die erkrankten/abgestorbenen Bienenmaden werden von Putzbienen ausgeräumt und stellen dabei eine Ansteckungsquelle für das Volk dar (Schorf ist dagegen nicht anstekkend).
Die erwachsenen Bienen dienen den Viren als »Transporter« und »Zwischenwirt » (im Kopf bzw. in den Futtersaftdrüsen). Dabei erkranken die Bienen nicht sichtbar; sie haben jedoch eine verkürzte Lebenserwartung.

Zeitliches Auftreten

Die SBViren können sich nur in der Bienenbrut stark vermehren und sind deshalb auf die Brutperiode der Völker angewiesen: Frühjahr, Sommer und Herbst. In der brutlosen Zeit sind die SBViren in erwachsenen Bienen.

Krankheitsbild und Kennzeichen

Bei geringer Anzahl befallener Bienenmaden ist das Auffinden von Sackbrutmaden nur zufällig möglich. Erst wenn mehr Zellen befallen sind und die Bienen die Sackbrutmaden schlecht aus den Zellen putzen, findet der Imker erkrankte Maden. Das Brutnest erscheint dann unregelmäßig, lückenhaft.
Die Krankheit kann vereinzelt auf Bienenständen auftreten, befällt selten alle Völker eines Standes oder im größeren Umkreis. Die Sackbrut ist keine Bienenseuche, ihre Verbreitung ist nur schleppend.

Auslösefaktoren

Die Faktoren, die zum Ausbruch der Krankheit führen, sind noch nicht vollständig bekannt. Gesicherte bzw. wahrscheinliche Faktoren sind:

- Eintrag bzw. Einbringen von SBViren in das Bienenvolk (siehe Verbreitung)

ABBILDUNG 2

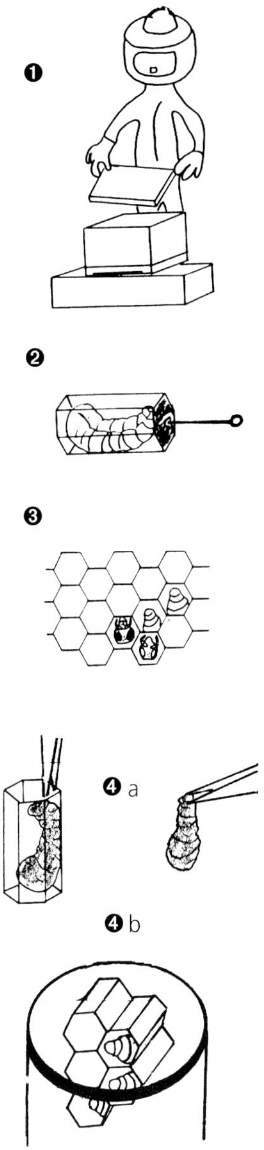

➤ Mangelndes oder schlechtes Putzverhalten (erkrankte Maden können schon vor der Virusvermehrung erkannt und ausgeräumt werden). Das Putzverhalten der Bienen nimmt während Trachtlücken und mit der Schwarmstimmung ab.
➤ Geschwächtes Bienenvolk: Viele Faktoren wie Trachtmangel, überalterte Königin oder starker Temperaturabfall während der Brutperiode im zeitigen Frühjahr können ein Bienenvolk schwächen.

Verbreitung
➤ Bienenverflug: Infizierte Bienen (»Virus-Träger«) geraten in ein gesundes Bienenvolk.
➤ Räuberei: Beim Ausräubern bringen Bienen die Viren mit in ihren Stock.
➤ Imker: Durch Umhängen infizierter Brutwaben und Vereinigung gesunder Völker mit erkrankten.

Untersuchung

Der Imker kann den Sackbrutbefall bei der regelmäßigen Kontrolle der Völker erkennen.
Benötigte Geräte: 1 spitze Pinzette, 1 Nadel oder 1 Zahnstocher, 1 Behälter (Schnappdeckelgläschen/Schraubglas), 1 Messer

Arbeitsschritte Abb. 2 ❶-❹
❶ Achten Sie bei der Kontrolle von Brutwaben auf: vereinzelt stehengebliebene, verdeckelte oder unverdeckelte Zellen, sowie löchrige, rissige oder aufgenagte Zelldeckel.
❷ Entfernen Sie mit der Nadel oder Pinzette den auffälligen Zelldeckel, um ins Zellinnere sehen zu können.
❸ Gesunde Streckmaden und Vorpuppen sind weiß gefärbt, Puppen sind entsprechend ihres Alters verschieden pigmentiert; auffällig ist besonders die Augenpigmentierung. Öffnen Sie verschiedene Zellen in einem intakten Brutnest, falls Sie Vergleichsmöglichkeiten benötigen (Bildteil ❷,❸). Sackbrutmaden sind auffallend anderes als gesunde Maden, siehe auch bei Diagnose.
❹ **a** Ziehen Sie die Sackbrutmade vorsichtig mit der Pinzette aus der Zelle und legen diese in das Behältnis. Halten Sie die Sackbrutmade bienendicht unter Verschluß. Sie kann zur eindeutigen Bestimmung z.B. mit Fotos nützlich sein.
❹ **b** Sie können auch ein Stück Brutwabe mit dem Messer ausschneiden und in den Behälter stecken.

Diagnose

Vergleichen Sie Ihren Befund mit den möglichen Verwechselungen (siehe unten). Zur Sicherheit können Sie auch einen Sachverständigen für Bienenkrankheiten (über Imkerverein zu erfragen) oder Tierarzt (kostet Geld, hat evtl. wenig Erfahrung im Umgang mit Bienen) zu Rate ziehen. Die Sackbrut ist jedoch eine ziemlich sicher zu bestimmende Krankheit. Typische Sackbrut-Kennzeichen:

Streckmade
Form: Säckchenförmig, Kopfende hakenförmig nach vorne gebogen. Das Madeninnere ist weich, breiig oder wässrig. Die Körperringe sind meist gut erkennbar.
Farbe: Frühe Stadien gelb-braun, späte Stadien braun-schwarz (Bildteil ㉓, ㉔).

Schorf
Form: locker in der Zelle sitzend, Vorderende nach vorne gebogen.
Farbe: schwarz (Bildteil ㉕, ㉖).

Einschätzung der Befallsstärke
Die Einteilung in Befallsstärken ist subjektiv.
leichter Befall -> nur wenige Brutzellen sind befallen
mittlerer Befall -> mehrere Brutwaben haben befallenen Zellen
starker Befall -> alle Brutwaben weisen großflächig befallene Zellen auf

Verwechslungen/Mischinfektionen
Eine Verwechselung der Sackbrut mit anderen Bienenkrankheiten (Amerikanische/Europäische Faulbrut) ist besonders beim Anfangsbefall möglich, wenn die typischen Krankheitssymptome der Sackbrut (Schiffchen- oder Sackform) noch nicht ausgebildet sind.
Bienenkrankheiten treten meist in geschwächten Völkern auf. Im nachhinein ist es schwierig nachzuweisen, ob die Krankheitserreger zur Schwächung geführt haben oder ob sie erst nachträglich aufgetreten sind (Sekundärinfektionen). Verschiedene Autoren erwarten, daß mit der Schwächung der Bienen durch die Varroa-Milbe andere Krankheitserreger – auch der SBVirus – häufiger auftreten können. Beim Auftreten der SBViren sollte der Imker die Stärke des Varroa-Befalls kontrollieren und ggf. eine Behandlung vornehmen.

Medikamentöse Behandlung

Es gibt prinzipiell keine wirksamen Medikamente gegen Viren - ganz im Gegensatz zu vielen anderen Krankheitserregern (z.B. Antibiotika gegen Bakterien). Daher gibt es auch keine wirksamen und zugelassenen Medikamente zur Bekämpfung der Sackbrut. Die imkerischen Maßnahmen reichen zur Bekämpfung aus.

Imkerische Bekämpfung und Vorbeugung

Leicht und mittel befallene Völker

➤ Die Brutwaben mit Sackbrut-Maden (einschmelzen) sind zu entnehmen.

➤ Falls das Brutnest stark auseinandergezogen ist, setzen Sie die Brutwaben nebeneinander, Pollen- und Honigwaben an den Rand.

➤ Nicht- oder schlecht besetzte Magazine eines Volkes besser abfegen und das Volk enger setzen.

➤ Außerhalb von Trachtzeiten füttern (kleine Gaben Zuckerwasser oder eigenen Honig, je nachdem, ob noch geschleudert werden soll).

Schwer befallene Völker

Dem Imker bleiben nur zwei Möglichkeiten:

➤ Bilden Sie einen Kunstschwarm, den Sie in eine saubere, desinfizierte Beute einlogieren und Mittelwände ausbauen lassen. Der Kunstschwarm bzw. das bauende Volk muß gefüttert werden (Ausnahme: nicht unbedingt während einer Massentracht) oder

➤ Töten Sie das Volk abends mit Schwefel ab, verbrennen Sie die Bienen und Waben (bzw. einschmelzen) und reinigen/desinfizieren Sie die Beuten und Rähmchen.

Vorbeugung

➤ Bemühen Sie sich, nur starke, vitale Völker auf dem Bienenstand zu halten. Schwache Völker sollten rechtzeitig verstärkt oder aufgelöst werden.

➤ Vereinigen Sie nur gesunde Völker miteinander.

➤ Tauschen Sie nur Waben von gesunden Völkern aus - wenn überhaupt nötig.

➤ Fördern Sie den Putzrieb:

– Vermeiden Sie die Schwarmstimmung durch rechtzeitige Erweiterung und schwarmverhindernde Maßnahmen. Bie-

nen in Schwarmstimmung putzen schlecht.
– Füttern Sie die Bienen während Trachtlücken (kleine Mengen reichen aus).
➤ Nutzen Sie den Bautrieb der Bienen, junger Wabenbau beugt Krankheiten vor. Die Bienen aus dunkelen Waben sind kleiner! Außerdem ist die Kontrolle der Waben auf Stifte, Rundmaden oder krankhafte Brutveränderungen auf hellen Waben deutlich einfacher als auf dunklen.
➤ Ein gesundes Bienenvolk hat eine junge, dynamische Königin. Weiseln Sie rechtzeitig junge Königinnen ein, vermeiden Sie Inzucht durch die Verwendung von gutem Zuchtstoff (vom Züchter/Umlarvtag des Imkervereins).

Reinigung/Desinfektion

Allgemein

Die SBViren sind nur in den flüssigkeitsgefüllten Bienenstadien ansteckungsfähig. Im eingetrockneten Zustand (Schorf) sind die Viren nicht infektiös.

Waben

Eingeschmolzene Waben (Dampf-/Sonnenwachsschmelzer) können zu Mittelwänden verarbeitet werden. Keine Infektionsgefahr.

Honig

Honigwaben stark befallener Völker einschmelzen. Geschleuderten Honig aus mittel- und leichtbefallenen Völkern nicht an Bienen verfüttern. Der Honig ist für den menschlichen Verzehr geeignet. Arbeitsgeräte zur Honiggewinnung sollten Sie mit heißem Wasser gründlich reinigen (ggf. erst mit kaltem Wasser das Wachs abspülen).

Rähmchen, Beuten und Werkzeug

Die Reinigung und Desinfektion von Rähmchen, Beuten und Werkzeugen zur Bekämpfung der Sackbrut erfordert keine so drastischen Maßnahmen wie bei der Amerikanischen Faulbrut. Meist reichen die üblichen Reinigungsverfahren zur Hygiene aus. Sie können jedoch durch entsprechenden Mehraufwand während einer Saison weitere Hygienemaßnahmen anwenden:

Rähmchen: Wenn Sie die Rähmchen komplett in den Dampfwachsreiniger stellen, brauchen Sie diese hinterher nur noch in heißem Wasser (ca. 80° C) mit Soda (ca. 50 g Soda pro Liter Waschwasser) abbursten. Anschließend die

Rähmchen mit klarem Wasser abwaschen (eintauchen), um das Soda zu entfernen.
Schneiden Sie die Waben aus, sollten Sie die Rähmchen in kochendem Wasser baden und wie oben beschrieben in Soda-haltigem Wassser abbürsten. Ein Abflammen der Rähmchen mit einem Lötbrenner oder Spezialföhn (400-600° C) ist nicht nötig.
Beuten: Besonders alte Beuten mit Ritzen oder mehrschichtigen Wänden (besonders mit Dämm-Material wie z. B. Stroh) sollten Sie zur Vermeidung anderer Krankheiten aus dem Verkehr ziehen und evtl. verbrennen. Erreger in den Ritzen werden kaum von den Reinigungsmittel oder der Flamme (beim Abflammen) erreicht, so daß diese Beuten für ein Wiederausbrechen der Krankheit sorgen können.
Intakte Beuten sollten Sie sorgfältig auskratzen (Wachs, Kittharz) und mit heißem Wasser (oder Soda-Lösung, siehe oben) auswaschen. Ein Abflammen ist nicht nötig.
Werkzeug: Den Stockmeißel, den Bienenbesen (Feder) und anderes Werkzeug, mit dem Sie an den Bienen arbeiten, sollten Sie ebenfalls in heißem Soda-Wasser gründlich reinigen (abbürsten).

Bienentränke

Ist keine typische Infektionsquelle für die Sackbrut. Regelmäßig auf tote Bienen oder Kotspuren kontrollieren, ggf. mit heißem Wasser reinigen.

Kleidung

Gemäß Herstellerangaben reinigen (Waschen bei 30-90° C).

Amerikanische Faulbrut (Bösartige Faulbrut)

Erreger

Das Bakterium *Bacillus larvae*, ein kleiner Einzeller, den man nur mit einem leistungsfähigen Mikroskop und speziellen Anfärbungen sichtbar machen kann (z.B. Bieneninstitut). Die »Freß- und Vermehrungsform« des Bakteriums (vegetative Form) ist länglich und trägt auf der Außenseite haarförmige Geißeln (begeißelte Stäbchenform).
Größe (*): 0,0025 mm lang und 0,0007 mm breit. Das Bakterium vermehrt sich durch Zweiteilung und bildet die Sporen (**): Die widerstandsfähige Spore ist oval/rund und kleiner als die vegetative Form.
Schon der bloße Verdacht einer Faulbruterkrankung ist anzeigepflichtig, denn die Amerikanische Faulbrut (AFB) breitet sich seuchenmäßig aus. Informieren Sie sich über die aktuellen gesetzlichen Bestimmungen beim Veterinäramt oder im Imkerverein (Gesundheitswart/BSV).

(*) **Größenvergleich Abb. 1**
a Nosema-Spore,
b *Bacillus larvae* Stäbchen,
c *Bacillus larvae* Spore.

(**) **Sporenbildung Abb. 2**
a begeißelte Stäbchenform,
b Sporenmutterzelle (verändert nach einem Foto aus ZANDER & BÖTTCHER 1984) und
c Spore.

ABBILDUNG 1

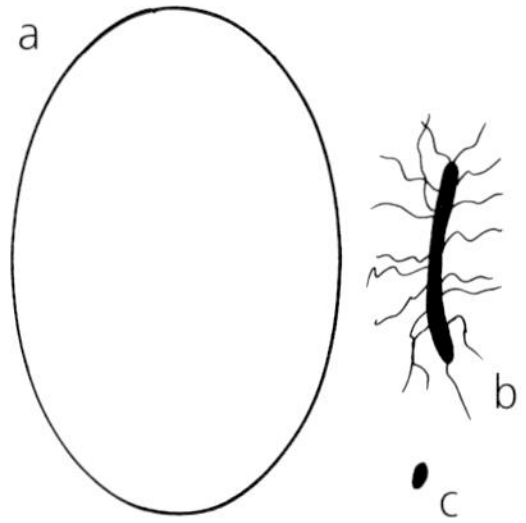

ABBILDUNG 2

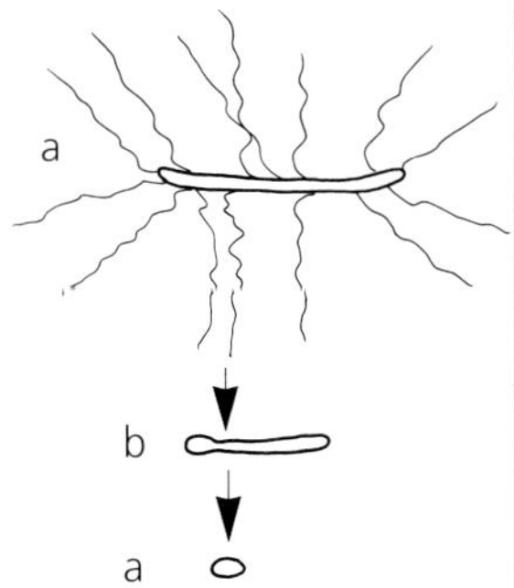

Infektion und Vermehrung

Das AFB-Bakterium wird von den Bienen auf die Bienenbrut übertragen und kann sich nur in der Brut vermehren. Die erwachsene Biene wird nicht vom Bakterium angegriffen, da sie hierfür nicht empfänglich (resistent) ist. Die Ubertra-

ABBILDUNG 3

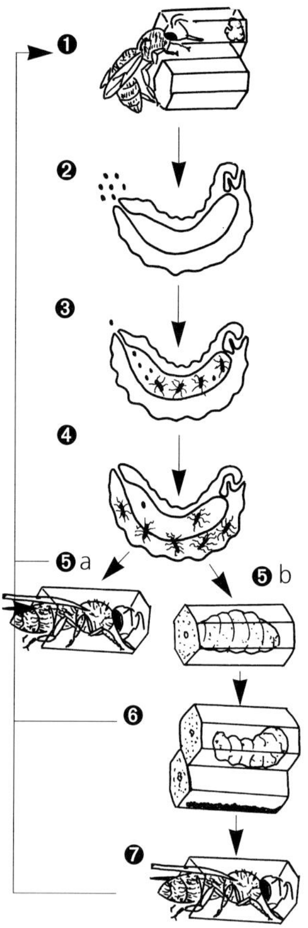

gungsform sind die widerstandsfähigen Sporen, die sowohl im Futter der Ammenbienen, im Honig und überall in der Beute sein können.

Entwicklungszyklus des AFB-Erregers *Bacillus larvae* Abb. 3 ❶-❼:

❶ Eine Ammenbiene füttert eine junge Rundmade. Mit dem Futtersaft oder aus den Haaren der Ammenbiene kommen Sporen direkt an die Rundmade.

❷ Rundmade im Schnitt: Die Made nimmt die Sporen über den Mund mit dem Futter auf (sehr schematisch und nicht maßstabsgetreu).

❸ Im Darm der Made keimen die Sporen und verwandeln sich in die begeißelte Stäbchenform.

❹ Die Bakterien durchdringen die Darmwand und gelangen in das Bienenblut (Hämolymphe). Je jünger die Rundmade ist, desto weniger Sporen sind für eine Infektion nötig.

❺a Die Rundmade stirbt recht schnell (Blutvergiftung) und wird von Putzbienen aus der Zelle und dem Bienenkasten entfernt. Solange keine neuen, infektiösen Sporenformen gebildet wurden, wird mit der toten Made auch die Gefahr des Krankheitsausbruchs beseitigt. Oder:

❺b Die Rundmade entwickelt sich je nach physiologischen Bedingungen weiter zur Streckmade oder Puppe. In der Larve vermehren sich die AFB-Bakterien und zersetzen das Bienengewebe zu einer zähen, dunklen Masse (Streichholzprobe: fadenziehende Masse). Die Bakterien können sich entwickeln und durch Teilung vervielfachen, solange Bienenmaterial vorhanden ist. Zum Teil sind schon Sporen gebildet. Daher ist die Masse hochinfektiös. Der Zelldeckel ist eingefallen, evtl. löchrig.

❻ Die dunkle Masse trocknet aus und wird zu einem festen, rauhen Schorf (untere Zelle), der an den unteren Zellwänden klebt. Der Schorf enthält Milliarden von AFB-Sporen und ist hochinfektiös.

❼ Räumen Putzbienen die dunkele, zähe Masse oder den Schorf aus, verteilen sie die Sporen im Bienenstock. Auf den Bienen, im Honig und auf den Zelldeckeln sind infektiöse AFB-Sporen.

Schädigung

Die AFB-Bakterien führen anfangs zum Tod einzelner Maden (Blutvergiftung und Zersetzung durch die AFB-Bakterien), mit zunehmender Dauer der Krankheit ist ein Großteil der

Brut befallen bzw. tot. Das Bienenvolk bricht zusammen und stirbt. Bis spätestens zu diesem Zusammenbruch ist das Volk ein leichtes Opfer räubernder Bienen und beschleunigt eine Ausbreitung der Seuche (Verteilung der hochinfektiösen Sporen).

Zeitliches Auftreten

Die aktive Vermehrung der AFB-Bakterien findet nur während der Brutzeit in den Bienenmaden statt. Zu jedem Zeitpunkt ist bei Bienenflug die Weiterverbreitung der AFB möglich: Räubernde Bienen nehmen mit dem geräuberten Honig und in ihrem Haarkleid (infektiöse) Sporen mit in ihren Bienenstock.

Krankheitsbild und Kennzeichen

Der Imker kann leicht einzelne, befallene Brutzellen (besonders auf dunklen Waben) übersehen. Spätestens im Herbst, nach Beendigung der Brutperiode oder bei starker Einschränkung der Brutaktivität sind folgende Symptome gut sichtbar:

➤ Stehengebliebene Brutzellen (verdeckelt/unverdeckelt) auf einer ansonsten leeren Brutwabe sollten auf ihren Inhalt überprüft werden (Streichholztest) (Bildteil ❺-❾).

➤ Die Zelldeckel von Brutzellen sind eingefallen, rissig oder löchrig (Bildteil ❻).

➤ Das Brutnest ist unregelmäßig, lückenhaft. Die Lücken sind möglicherweise durch herausgeputzte, befallene Brut entstanden (siehe auch Verwechslung).

Auslösefaktoren

Die Faulbrut tritt meist nur lokal auf und kann durch Bekämpfungsmaßnahmen zurückgedrängt werden. Es gibt Jahre, in denen die Faulbrut stärker auftritt, ohne daß die genauen Ursachen hierfür geklärt sind (OTTEN 1993). Auch sind im einzelnen nicht alle Gründe für einen Krankheitsausbruch festzustellen. Gesichert sind folgende Faktoren:

➤ Räuberei in AFB-erkrankten Völkern: Die räubernden Bienen tragen in großen Mengen AFB-Sporen in ihren Stock ein.

➤ Die Bienen vernachlässigen ihre Putzaktivität und entfernen erkrankte Maden nicht oder zu spät. Der Putztrieb nimmt ab bei: Trachtmangel, Schwarmtrieb, extrem hohem Varroamilben-Befall, Weisellosigkeit.
➤ Der Imker verfüttert AFB-sporenhaltiges Futter (z.B. Honig von erkrankten Völkern, Auslandshonig mit AFB-Sporen).

Verbreitung

Durch die Biene:
➤ Verflug von Bienen aus AFB-erkrankten Völkern, die Sporen in der Honigblase oder im Haarkleid haben.
➤ Räuberei in AFB-erkrankten Völkern (wie bei Verflug)

Durch den Imker:
➤ Zu alte (dunkle) Brutwaben, Wabenbau nicht oft genug erneuert: Veränderungen an der Brut werden nicht erkannt.
➤ Verfütterung Sporen-haltigen Futters (eigener oder fremder Honig, Futterwaben, selbstgemachter Futterteig mit kontaminiertem Honig).
➤ Vereinigung von gesunden und befallenen Völkern.
➤ Aufstellung von Bienen (Wanderung) an einem »Infektionsort«, wo ein Kontakt der Bienen mit AFB-Sporen möglich ist:
– auf einer Mülldeponie können größere Honiggefäße (Fässer) liegen
– nahe einem honig- oder wachsverarbeitenden Betrieb (widerrechtliche Honiglagerung)
– infizierte Bienenstände (der dortige Imker hat die AFB noch nicht erkannt oder Sie sind in ein Sperrgebiet eingewandert !)
➤ Ein Imker versucht selber die Krankheit zu beseitigen, ohne die Veterinärbehörde zu informieren, und schafft so eine Infektionsmöglichkeit für fremde Bienen.
➤ Kauf eines erkrankten Volkes; verlangen Sie daher ein gültiges Gesundheitszeugnis - vom Amtstierarzt/Veterinärbehörde nicht vor dem 1. März des Jahres ausgestellt und nicht älter als 6 Monate.
➤ Kauf von Waben (ausgebaute oder Futterwaben), die AFB-Sporen enthalten.

Untersuchung

Die Untersuchung auf AFB kann bei der regelmäßigen Bienendurchsicht oder auch bei der amtlichen Untersuchung (durch den Amtstierarzt/Bienensachverständigen) durchgeführt werden.
Falls der Streichholztest positiv ist, müssen unbedingt besondere Maßnahmen getroffen werden (siehe Diagnose/Sofortmaßnahmen). Ist das Testergebnis nicht eindeutig, sollte mindestens ein Bienensachverständiger (über den Imkerverein erfragen, sonst den Amtstierarzt informieren) zu Rate gezogen werden. Faulbrut an einem Bienenstand ist keine Schande, wohl aber eine entdeckte und trotzdem nicht bekämpfte!

1. Streichholz-Test

Mit dieser Untersuchung versucht man, die von den AFB-Bakterien zersetzte, fadenziehende Masse in Brutzellen festzustellen.

Benötigte Geräte:
Streichhölzer oder Zahnstocher, 1 Stecknadel (Präpariernadel) und farbige Reißzwecken

Arbeitsschritte Abb. 4 ❶-❹

❶ Achten Sie bei der Kontrolle von Brutwaben auf:
a stehengebliebene, verdeckelte Brutzellen auf einer Wabe, deren Brut schon überwiegend geschlüpft ist oder die schon wieder bestiftet wurde;
b eingefallene, rissige oder löchrige Zelldeckel;
c Zellen mit Zelldeckelresten und
d fast leere Zellen mit Schorf in der Zellrinne.
❷ Die unter ❶ genannten, verdächtigen Zellen öffnen Sie mit der Stecknadel oder einem Zahnstocher (a). Schieben Sie den Zelldeckel vorsichtig zur Seite, ohne tief in die Zelle einzustechen. Jetzt erhalten Sie Einblick in das Zellinnere (b) (Punktierung: Zelldeckel). Gesunde Streckmaden und junge Puppen sehen weißlich aus, ältere Puppen färben sich bräunlich. Zum Vergleich können Sie Zellen in einem geschlossenen Brutnest öffnen. Kritisch sind schwärzlich, gelb-graue oder braun-schwarz verfärbte Puppen/Streckmaden. Hier muß der Test weiter geführt werden:
❸ **a** Tauchen Sie das Streichholz mit dem Ende (nicht mit dem Zündkopf) in den Zelleninhalt der verdächtigen Zelle ein.
❸ **b** Ziehen Sie das Streichholz vorsichtig aus der Zelle. Bil-

ABBILDUNG 4

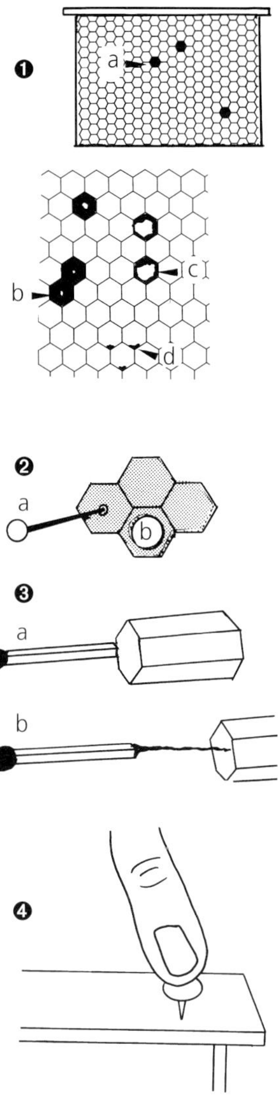

ABBILDUNG 5

❶

❷

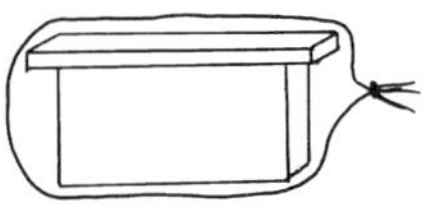

❸

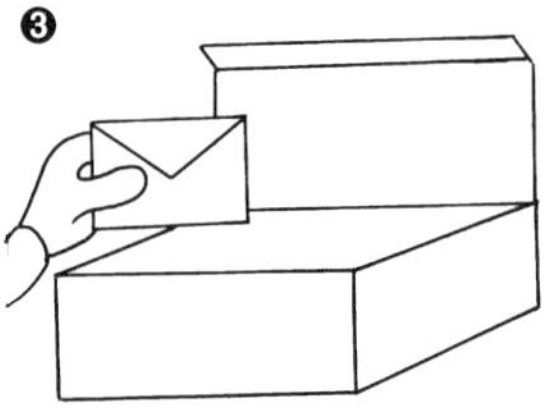

det sich hierbei ein zäher Faden, dann sollten Sie das Streichholz vorsichtig in die Zelle zurückstecken. Evtl. handelt es sich hier um AFB (dann klebt hier hochinfektiöses Material: Sporen).

❹ Entfällt, wenn Sie keine verfärbte Brut oder fadenziehende Masse feststellen. Stellen Sie die Wabe zurück in das Volk und markieren Sie den Rähmchenoberträger und die Beute mit den farbigen Reißzwecken. Alles weitere siehe »Sofortmaßnahmen« (unten).

2. Bakteriologische Untersuchung – vom Amtstierarzt angeordnet

Den mikroskopischen Nachweis des AFB-Erregers kann und darf niemand selber durchführen. Hierfür wird im Beisein des Amtstierarztes oder eines von diesem verpflichteten Bienensachverständigen eine Brutwabe an eine Untersuchungsstelle verschickt. Warten Sie auf diese angeordnete Maßnahme und handeln Sie nicht selbstständig.

Benötigte Geräte: feste Plastiktüten (Wabenformat) mit Verschlüssen/Tesa-Band, Aufkleber, Versandkarton, Zeitungspapier

Arbeitsschritte (Probennahme) Abb. 5 ❶-❸:

❶ Die verdächtige Wabe wird abgeschlagen (möglichst nicht den Bienenbesen verwenden, sonst werden AFB-Sporen verteilt) und so bienenfrei gemacht.

❷ Die komplette Wabe wird in eine Plastiktüte gesteckt und diese verschlossen. Das Streichholz (Streichholztest) verbleibt in der Wabe! Sicherheitshalber wird die Tüte in eine zweite Tüte gesteckt und wieder verschlossen.

Auf die Tüte wird ein Aufkleber mit folgenden Daten geklebt: Name und Anschrift des Imkers, Stocknummer, Datum der Probennahme.

❸ Die eingetütete Wabe wird in Zeitungspapier eingepackt und in einen Karton gegeben. Ein Begleitbrief wird zugefügt. Er enthält folgende Daten: Name und Anschrift des Imkers, Anschrift des Bienenstandes, Stocknummer, Datum der Probennahme, Name des Amtstierarztes oder Bienensachverständigen und dessen (Dienst-)Anschrift mit Telefon/Fax-Nummer. Nach dem Verschließen erhält der Karton die Aufschrift: Wabenprobe zur Untersuchung auf Amerikanische Faulbrut, Anschrift des Absenders (Amtstierarzt/Bienensachverständiger) und Zielort (Untersuchungsstelle). Der Karton sollte möglichst per Boten (oder per Post) zugestellt werden.

Im Labor werden Proben zum Nachweis des AFB-Erregers

genommen und auf speziellen Nährböden kultiviert. Die Bakterien werden speziell gefärbt und mikroskopisch untersucht (u.a. werden Geißelzöpfe = abgerissene, zusammengelagerte Geißeln von AFB-Bakterien nachgewiesen; vgl. **Abb. 6: a** Bakterium mit Geißeln, **b** Geißelzopf) (Bildteil ❿).
Das Untersuchungsinstitut informiert den Amtstierarzt über das Untersuchungsergebnis. Der Amtstierarzt entscheidet (ggf. in Zusammenarbeit mit dem Bienensachverständigen) weitere Maßnahmen (siehe unten).

3. Untersuchung von Futterkranzproben
Diese Laboruntersuchung gibt Aufschluß über eine Sporenbelastung bzw. Faulbrutgefahr:
❶ Ziehen Sie eine Brutwabe mit Futterkranz. Mit einem Esslöffel kratzen Sie 2 Löffel Futter (bis auf die Mittelwand) aus der Wabe **(Abb. 6c)**. ❷ Geben Sie den Honig in einen 3 l-Gefrierbeutel. Mit dem Löffel entnehmen Sie aus bis zu 6 (Probengröße: Fragen Sie im Labor nach) weiteren Völkern die Futterproben, die Sie in denselben Beutel (Sammelprobe) geben. Die Proben von anderen Bienenständen geben Sie in separate Beutel. ❸ Verknoten Sie den Beutel und ❹ statten Sie ihn mit einem Aufkleber (Name, Stand, Völker) aus. Schicken Sie die Probe an das Labor (gebührenpflichtige Untersuchung).

Diagnose

1. Streichholzprobe: Es besteht ein akuter Verdacht auf AFB, wenn Sie einen zähen Faden bei der Probe bekommen (siehe dann: Sofortmaßnahmen). Sie sollten die Probe eine Woche später wiederholen, wenn Sie keine fadenziehende Masse, sondern nur dunkle Brut finden (vgl. auch Verwechslungen).

2. Das Ergebnis der **bakteriologischen Untersuchung** wird Ihnen direkt vom Untersuchungslabor oder über den Amtstierarzt (oder Bienensachverständigen) zugestellt. Ist das Ergebnis »positiv«, konnten AFB-Erreger nachgewiesen werden. Der Amtstierarzt wird Ihnen mitteilen, was weiter passieren wird. Bei einem »negativen« Ergebnis wurden keine AFB-Erreger gefunden. Eine Faulbruterkrankung liegt nicht vor. Falls weiterhin der Verdacht auf Faulbrut besteht oder zwischenzeitlich die Streichholzprobe »positiv« ausfiel, sollten neue Wabenproben in Absprache mit dem Amtstierarzt zur Untersuchung eingeschickt werden.

ABBILDUNG 6

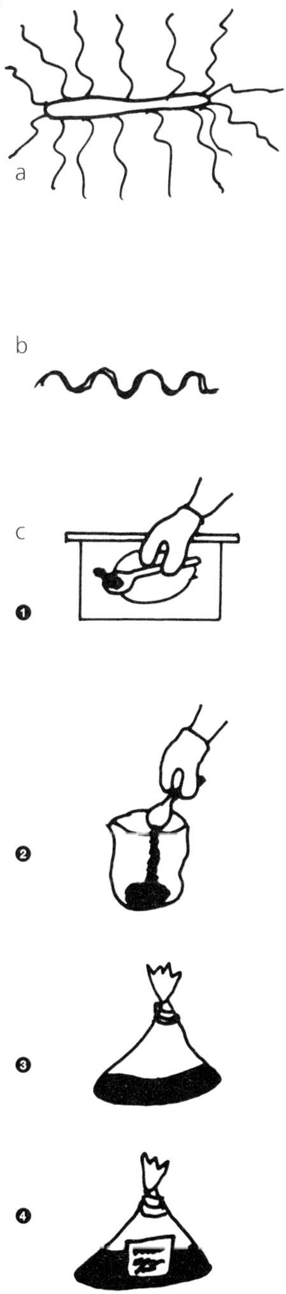

ABBILDUNG 7

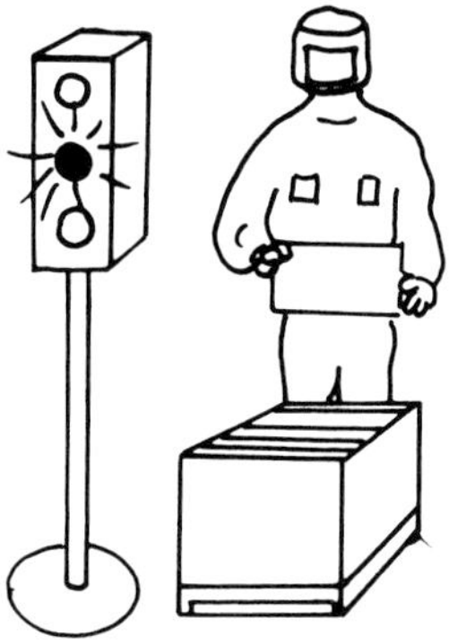

Futterkranzprobe »niedrig«
- Faulbrutgefahr in der Zukunft

Maßnahmen des Imkers:
- Keinen eigenen Honig und Pollen verfüttern
- 100% Bauerneuerung anstreben
- Hygieneverhalten der Bienen fördern
- Das Veterinäramt einschalten

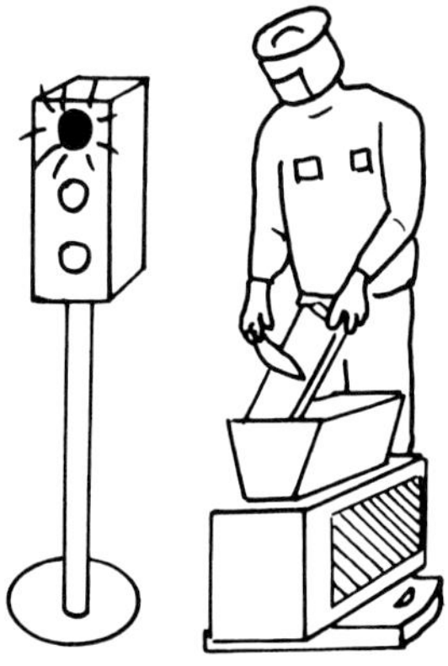

Futterkranzprobe »hoch«
- Faulbrut ist ausgebrochen!
- Das Veterinäramt einschalten!
- Der Amtstierarzt entscheidet über die Maßnahmen, z.B.: Kunstschwarmsanierung, alle Waben einschmelzen, Reinigung und Desinfektion

3. In dem Untersuchungsbericht zur **Honiguntersuchung** sind zwei Ergebnisse möglich: »negativ« – es wurden keine AFB-Erreger nachgewiesen oder »positiv« – es wurden AFB-Sporen nachgewiesen, »gering« bedeutet es sind Sporen im Volk und es besteht unter ungünstigen Bedingungen die Gefahr des Krankheitsausbruches und »hoch« zeigt einen Krankheitsausbruch an.
Bei »Null« sollte zur Sicherheit kein fremder Honig oder Pollen verfüttert und mind. 30% Bauerneuerung und somit eine Verdünnung potentiell auftauchender Sporen durchgeführt werden. Bei »niedrig« und »hoch« sollte das Veterinäramt eingeschaltet werden, da zum einen ein Verdacht der AFB besteht und die Sporenquelle gesucht werden muß. Der Amtstierarzt entscheidet über weitere Maßnahmen (vgl. auch **Abb. 7**).
Der Gesundheistsobmann im Imkerverein, die Bieneninstitute und die Veterinärämter können Ihnen weitere Informationen zum Thema AFB vermitteln. Sollten Sie freiwillig Futterkranzproben untersuchen lassen, empfiehlt sich die Probennahme vor der ersten Massentracht im Frühjahr oder im Herbst, nah am Ende der Räuberei-Zeit.

Verwechslung/Mischinfektionen

Verwechslungen: Die Brutveränderungen des AFB-Erregers sind besonders im frühen Stadium der Krankheit nicht immer eindeutig, da evtl. die fadenziehende Masse noch nicht gebildet ist oder durch die unerlaubte Gabe von Antibiotika unterdrückt worden ist. Folgende Erkrankungen (ausführliche Beschreibung siehe bei entsprechenden Krankheiten und Tab., S. 89) sollten ausgeschlossen werden, wobei die sicherste Methode der bakterielle Nachweis ist:

➤ **EFB-Erkrankung** (Europäische Faulbrut = Gutartige Faulbrut)
typisch: Meist sterben junge Maden (4–5 Tage alt) vor der Verdecklung; der Schorf ist glatt und locker, meist am Zellgrund; keine fadenziehende Masse.

➤ **APV-Erkrankungen** (Acute Paralyse Virus)
typisch: Geht meist mit extrem hohen Varroa-Befall einher; keine fadenziehende Masse.

➤ **SBV-Erkrankung** (Sackbrut-Virus)
typisch: Die Streckmade ist sackförmig; der Streckmadenschorf ist am Kopfende hakenförmig gebogen. Keine fadenziehende Masse. Die Außenhülle (Cuticula) ist erhalten (nicht bei AFB).

➤ **Verkühlen der Brut:** Meist am Rande des Brutnestes/der Waben; keine fadenziehende Masse.

Mischinfektionen: Sehr selten treten andere Krankheitserreger gleichzeitig mit der AFB zusammen auf. Verschiedene Untersuchungen haben gezeigt, daß das AFB-Bakterium Hemmstoffe abgibt, die andere Erreger (Bakterien) am Wachstum hindern.
Es gilt als wahrscheinlich, daß extrem stark Varroa-geschädigte Völker (kurz vor dem Zusammenbruch) soweit geschwächt sind, daß Bakterien- und Viruserkrankungen leicht zum Ausbruch kommen (z.B. Europäische Faulbrut).

Medikamentöse Behandlung

Es gibt in Deutschland keine speziell zur AFB-Bekämpfung zugelassenen Medikamente. Nur in Ausnahmefällen werden von Amtstierärzten Antibiotika (Sulfathiazol, Tetracycline) zur Verfütterung an Kunstschwärme verschrieben. Es gab früher eine kontroverse Diskussion zum Einsatz von Medikamenten bei der AFB-Bekämpfung. Der Nichteinsatz der Medikamente hat sich durchgesetzt, denn eine erfolgreiche Bekämpfung ist auch ohne Medikamente möglich. Außerdem kann so eine Naturbelassenheit des Honigs (keine Rückstände) eher garantiert werden. Argumente gegen den Medikamenteneinsatz:

➤ Die langlebigen Sporen werden von den Medikamenten nicht angegriffen. Solange sie anwesend sind, kann die Krankheit immer wieder neu ausbrechen.

➤ Die Bekämpfung und Prophylaxe mit Medikamenten führt zu einem Imkern mit der AFB (Etablierung der Erreger): Solange die Medikamente wirken, bricht die Krankheit nicht aus. Nach dem Absetzen der Medikamente ist ein Krankheitsausbruch wahrscheinlich.

➤ Die Bakterienstämme können eine Resistenz ausbilden, so daß die Medikamente bald an Wirkung verlieren.

➤ Ein Medikamenteneinsatz führt zu Rückständen in Wachs/Honig (Lebensmittel!)

➤ Die AFB ist ohne Medikamenteneinsatz in den Griff zu bekommen: Die Vernichtung stark erkrankter Bienenvölker führt zu einer positiven Auslese (anfällige Völker werden beseitigt), denn die weniger anfälligen, nichterkrankten Völker bleiben erhalten.

➤Mit dem Abtöten der erkrankten Völker (Symptome in der Brut) und der Kunstschwarmbildung stehen zwei gleichrangige Methoden zur AFB-Bekämpfung zur Verfügung (VORWOHL 1993).

Sofortmaßnahmen bei Verdacht auf AFB:

1. Verschließen Sie das verdächtige Volk. Kontrollieren Sie keine weiteren Völker. Falls Sie den Streichholztest gemacht haben: Lassen Sie das Streichholz in der Wabe stecken, setzen Sie die Wabe zurück in das Volk. Verstellen Sie keine Bienen, wandern Sie nicht, verstellen Sie keine Begattungskästchen, transportieren Sie kein Wabenmaterial.
2. Informiern Sie den Amtstierarzt (Veterinäramt/Kreisveterinärbehörde in dem Gebiet des Bienenstandes) oder einen Bienensachverständigen (über Imkerverein zu erfragen) über den Verdacht.
Alternative: Bei geringem AFB-Befall besteht die Gefahr, daß die Bienen die Zellen putzen und das Krankheitsbild so verschleiert wird bzw. nicht erkennbar ist. Sie können die Wabe deshalb auch sofort aus dem Volk nehmen und wie oben beschrieben (**Abb. 5** und Text) sicher verpackt dem Amtstierarzt übergeben. Sprechen Sie sich mit dem Amtstierarzt ab.

Maßnahmen des Amtstierarztes (nach Brenner 1994):

ABBILDUNG 7

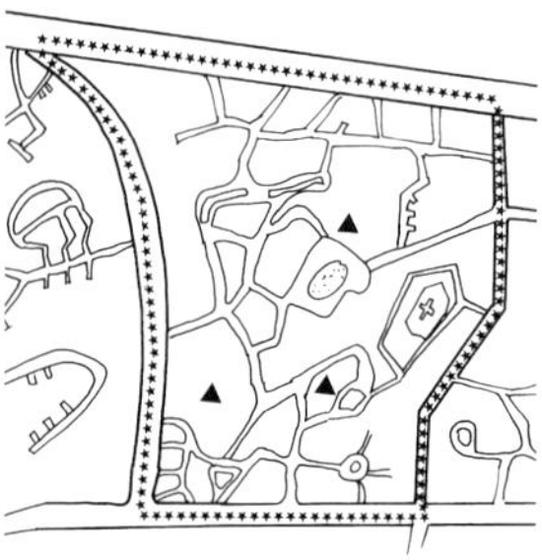

➤ Vorläufige Sperrung des Bienenstandes aufgrund des Verdachtes auf AFB.
➤ Diagnose auf AFB: Aus dem Volk mit klinischen Symptomen wird eine Brutwabe mit Krankheitsanzeichen zur bakteriologischen Untersuchung eingeschickt. Nach »positivem« Ergebnis (sichtbares klinisches Krankheitsbild und eindeutiges Laborergebnis) wird amtliche die Seuche festgestellt und bekanntgemacht sowie ein Sperrbezirks eingerichtet (**Abb. 7**: Sternchen = Grenze des Sperrgebiets mit mindestens 1 km Umkreis um den befallenen Stand, Dreiecke = Bienenstände).
➤ Untersuchung aller Bienenvölker im Sperrbezirk.
➤ Entscheidung über die Bekämpfungsmaßnahmen:
(a) Abtöten von Völkern und/oder (b) Sanierung der Völker über Kunstschwarmbildung.

Empfehlenswerte, freiwillige Maßnahmen des Imkes (im umliegenden Gebiet – innerhalb und außerhalb des Sperrgebiets): Regelmäßige Kontrolle auf AFB, vorsorgliche Sanierung (Kunstschwarm), Honiguntersuchung auf AFB-Sporen, setzten Sie die Völker enger (Putztrieb fördern), verkleinern Sie die Fluglöcher (besonders bei Ablegern) und vermeiden Sie Räuberei (!).

Imkerische Bekämpfung

Die imkerische Bekämpfung beinhaltet die oben genannten zwei Strategien, (a) Abtöten und/oder (b) Sanierung über Kunstschwarm, die sehr unterschiedlich miteinander kombiniert werden können. Folgende fünf gängige Bekämpfungswege werden von Amtstierärzten angeordnet (Entscheidung jeweils im Einzelfall):

1. Abtöten aller Völker eines Standes (überwiegend nur erkrankte Völker).
2. Abtöten aller erkrankten Völker und Beobachtung der bisher gesunden Völker.
3. Abtöten aller stark erkrankten Völker und Sanierung der schwach/mittelstark erkrankten Völker über Kunstschwarm.
4. Auf dem Stand sind Völker nur schwach erkrankt. Diese werden über Kunstschwarm saniert und die bisher gesunden Völker werden beobachtet.
5. Sanierung aller Völker (schwach erkrankte und gesunde) über Kunstschwarm.

Anmerkung: Stark erkrankte Völker werden meist abgetötet. Viele Veterinäre erlauben die Kunstschwarm-Sanierung leicht- und mittelstark erkrankter Völker.

Abtöten von Bienenvölkern

Das Abtöten von Bienenvölkern ist leider zur Faulbrutbekämpfung unumgänglich und der unangenehmste Teil der Bekämpfungsmethode (vom Amtstierarzt angeordnet).
Benötigte Geräte: (pro Volk) 1 Leerrähmchen und 1 Unterteller (oder ein Schwefeltopf: 1 Blechdose mit 1 Unterteller), 1 Schwefelstreifen, dicker, fester Draht (nicht Wabendraht) evtl. Paketklebeband, evtl. feuchtes Zeitungspapier

Arbeitsschritte (Abtöten) Abb. 8 ❶-❺

❶ Vor dem Abtöten wird am Tage in der obersten Zarge Platz geschaffen, indem 2-3 Randwaben entnommen werden. Die Bienen werden in das Volk zurückgestoßen. Die Lücke wird in der Zarge mittig gerückt. Die entnommenen Waben kommen in einen festen Plastiksack und müssen später mitentseucht/mit verbrannt werden (oder: Abgabe bei der Tierkörperbeseitigung oder Müllverbrennungsanlage; ggf. ermöglicht der Amtstierarzt den Zugang). Verkleben Sie Ritzen oder Löcher der Beuten mit Paketklebeband. Falls der Beutenboden nur aus einem Gitter besteht, muß dieses luftdicht verschlossen werden (z.B. mit Pappe).

❷ Nach Beendigung des Bienenfluges (alle Bienen sind in

ABBILDUNG 8

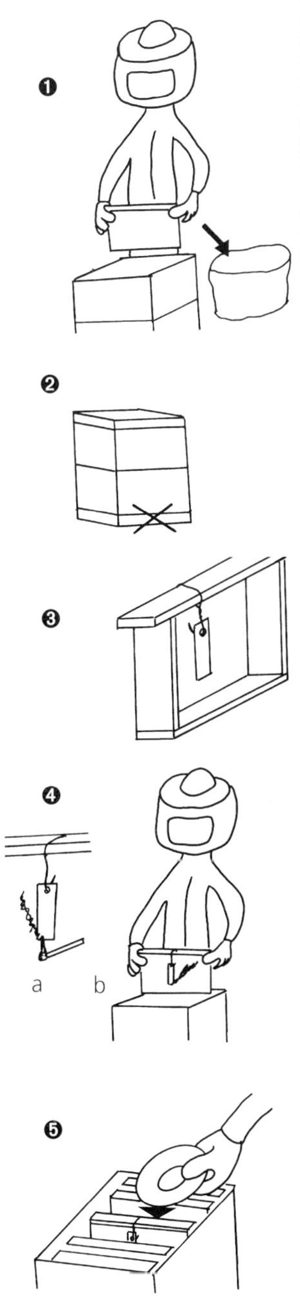

der Beute) verschließen Sie das Flugloch dicht (ggf. mit feuchtem Zeitungspapier/Paketklebeband).

❸ Befestigen Sie in dem Leerrähmchen den Schwefelstreifen mit Draht - zum Oberträger lassen Sie Platz (Hitzeentwicklung: Feuergefahr).

❹a Zünden Sie den Schwefelstreifen am unteren Ende an - halten Sie nicht den Kopf direkt über den Streifen, denn Schwefeldampf wirkt beißend auf die Nasenschleimhäute; oder

❹b Stellen Sie das Rähmchen in das Volk – lassen Sie Abstand zu den Randwaben und der Beutenwand (Feuergefahr).

❺ Schieben Sie schnell den Unterteller unter den Schwefelstreifen, um heruntertropfenden Schwefel aufzufangen. Legen Sie den Deckel dicht auf.

ABBILDUNG 9

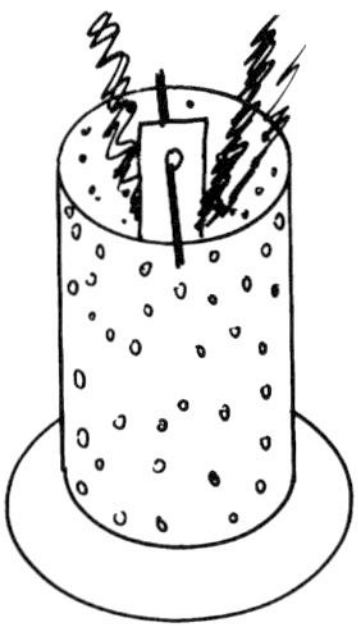

Alternative (Abb.9): Anstelle des Leerrähmchens stellen Sie den angezündeten Schwefelstreifen in die leere Blechdose (Schwefeltopf). Die Blechdose wird auf dem Unterteller in das Volk gestellt.

Abtöten ohne Verbrennung: Neuerdings ist im Imkerbedarfshandel Flüssigschwefel in einer Spraydose (»Sulfospray«) für die Wachsmottenbekämpfung erhältlich, das auch zum Abtöten verwendet werden kann. In die luftdicht verschlossene Beute wird in jede Zarge (durch ein Loch) gesprüht. Die Bienen sterben ohne den Einsatz von Feuer (besonders bei Kunstoffbeuten sinnvoll).

Dem Abtöten der Völker folgen **weitere Arbeitsschritte:** Entweder das Verbrennen der nicht sanierungsfähigen Beuten und Vorratswaben (siehe unten) oder das Desinfizieren der sanierungsfähigen Beuten und ausgeschnittenen Leerrähmchen, das Entsorgen von Wachs/Honig und das Kunstschwarmverfahren (einzelne Beschreibung s.u.).

Sanierung von Völkern über Kunstschwarm

Hier werden zwei Methoden zur Sanierung über Kunstschwarm beschrieben.

Methode 1 – Kunstschwarmsanierung ohne Kellerhaft:
Die Völker bleiben nach der Entnahme aller Waben in ihren leeren Beuten am Stand und werden 2-6 Tage später in desinfizierte Beuten auf Mittelwände gesetzt und bekommen Flüssigfutter.

Methode 2 – Kunstschwarmsanierung mit Kellerhaft: Die Bienen werden zu Kunstschwärmen abgefegt und stehen 2-3 Tage in einem kühlen Raum (Kellerhaft). Sie werden

anschließend in desinfizierte Beuten mit Mittelwänden eingeschlagen und sofort flüssig gefüttert.
Folgende Punkte sind generell zu berücksichtigen:

➤ Die Sanierung sollte erst durchgeführt werden, wenn die erkrankten Völker schon abgetötet und beseitigt worden sind.

➤ Das Verfahren wird bei allen Völkern eines Standes gleichzeitig angewendet.

➤ Kunstschwärme können nicht zu jedem Zeitpunkt gebildet werden bzw. es bleibt in der späteren Jahreszeit nicht genügend Zeit zum Aufbau eines neuen Volkes. Geeignet sind die Monate Mai bis September. (Erfahrene Imkermeister können auch im Herbst oder Winter Kunstschwärme bilden).

➤ Alle Arbeiten lassen sich mit Helfern am besten ausführen (Nachbarschaftshilfe).

➤ Für die Sanierungsmethode 2 sind übliche Kunstschwarmkästen zu klein. Je nach Größe der zu bildenen Kunstschwärme werden desinfizierte Beuten mit 1-2 Zargen und Lüftungsdeckel und Lüftungsboden (Gaze/ Lüftungsgitter) verwendet (**Abb. 11**). Wenn die Kunstschwärme ausnahmsweise nicht in einem kühlen Raum gelagert werden, sind möglichst zwei Zargen (größeres Kastenvolumen: Trommelraum) zu wählen.

Methode 1: Kunstschwarmsanierung ohne Kellerhaft

Benötigte Geräte: große Kunstofftüten für die Entsorgung/den Transport der kontaminierten Waben, evtl. eine Personen- oder Stockwaage, (pro Volk/Kunstschwarm, alles desinfiziert:) 1 Boden, 1 Leerzarge, 1 Zarge mit eingelöteten Mittelwänden

Arbeitsschritte Abb. 10 ❶-❻:

❶ Im Beispiel wird von einem zweizargigen Volk ausgegangen. Stoßen Sie die Bienen von den Waben in ihre jetzt leere Beute. Die Waben kommen in die Kunstofftüten (Transport & Desinfektion/Entsorgung).
Die Bienenmasse sollte 2,5-3,0 kg betragen (Waage !); ggf. müssen Nachbarvölker miteinander vereinigt werden.

❷ Das »nackte« Volk (Kunstschwarm) bleibt 2-6 Tage auf dem Stand mit geöffnetem Fluloch stehen.

❸ Setzen Sie das Volk zur Seite.

❹ Stellen Sie auf die gleiche Stelle die neue, desinfizierte Leerzarge mit Boden.

❺ Stoßen Sie nur die Bienen aus der alten Beute in die neue Leerzarge (besser: mit Helfer). Auf dem alten Boden liegen

ABBILDUNG 10

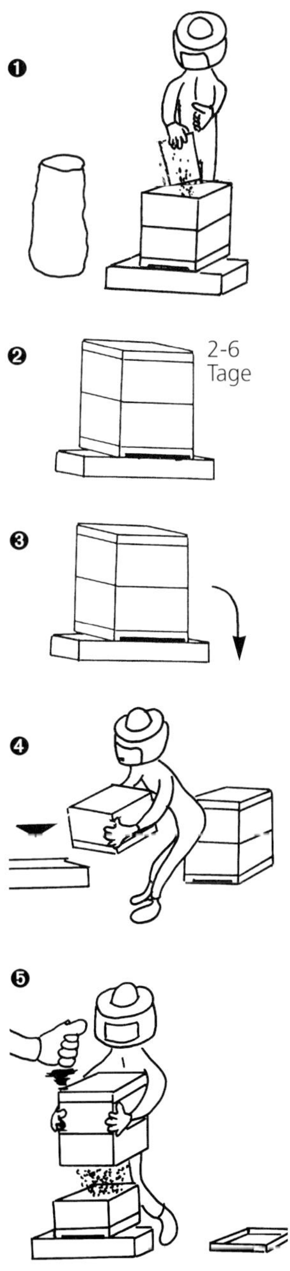

meist tote Bienen und Wachsteilchen (wie Seuchenmaterial entsorgen!).
❻ Setzen Sie auf die Bienen die Zarge mit Mittelwänden und Flüssigfuttter (die Bienen haben keine Reserven!). Entfernen und desinfizieren Sie die ehemalige Beute. Nehmen Sie nach einigen Tagen die Leerzarge ab bzw. füllen Sie diese mit Mittelwänden.
Halten Sie das Volk erst einmal engsitzend (fördert Putztrieb; die Bienenmasse nimmt etwas ab).

Methode 2: Kunstschwarmsanierung mit Kellerhaft

Benötigte Geräte: (pro Volk, alles desinfiziert): 1 Beute bestehend aus: Lüftungsboden und Lüftungsdeckel (Gaze/ Lüftungsgitter), 1-2 Zargen, evtl. Stockwaage oder Personenwaage, Sprühflasche mit Wasser, evtl. etwas (seuchenfreien!) Futterteig, **nach 2-3 Tagen:** 1 Beute: 1 Boden, 1 Zarge, 1 Deckel, 1 Zarge mit eingelöteten Mittelwänden, 1 Anflugbrett, Futtergeschirr und Flüssigfutter, gereinigte Imkerkleidung

Arbeitsschritte Abb.12 ❶-❼
❶ Möglichst nach Beendigung des Bienenfluges werden alle Bienen eines Standes bearbeitet, ansonsten sollte ein Volk/Kunstschwarm (oder alle Völker) bis zum Abend zum Einbetteln von Bienen verbleiben. Pro Kunstschwarm wird eine leere Beute (1-2 Zargen, Boden und Deckel mit großem Lüftungsgitter!) benötigt (Bildteil ⓫, ⓮).
❷ Die Waben werden aus der besetzten Beute genommen und die Bienen in die leere, desinfizierte Beute gestoßen. Die jetzt bienenfreien Waben kommen direkt in feste Kunststofftüten (Transport & Entsorgung). Der Kunstschwarm sollte 2,5-2,75 kg wiegen (Waage !) - evtl. müssen zwei benachbarte Völker vereinigt werden. Die Beute nicht überfüllen!
❸ Die Beute wird mit dem Lüftungsdeckel bienendicht verschlossen und kommt 2-3 Tage an eine möglichst kühle Stelle am Bienenstand (Kellerhaft). Die Bienen werden während der Kellerhaft nicht gefüttert, damit die Bienen sich abputzen und die Honigblasen (evtl. mit Futter und AFB-Sporen gefüllt) geleert werden. Nur in Ausnahmefällen bekommen Völker einen Klumpen Futterteig (ca. 3 cm Durchmesser) auf die Gaze gesteckt. Auf dem Beutenboden ist dann infektiöses Material, das später beim Einschlagen nicht in die Beute gekippt werden darf! Beobachten Sie die Bienen regelmäßig, um beim Verbrausen oder plötzlichen Verhungern

❻

ABBILDUNG 11

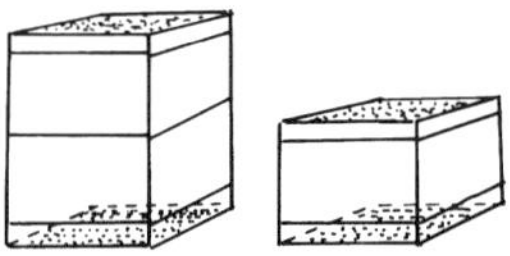

ABBILDUNG 12

❶
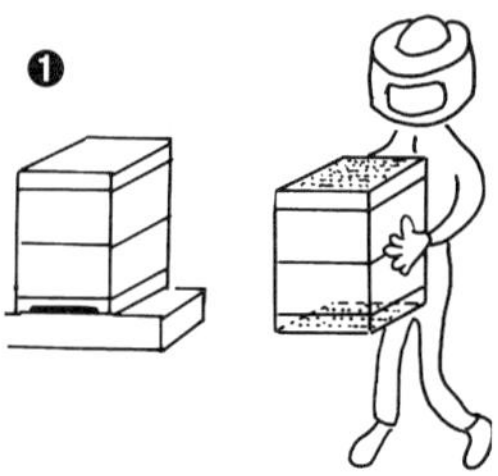

❷
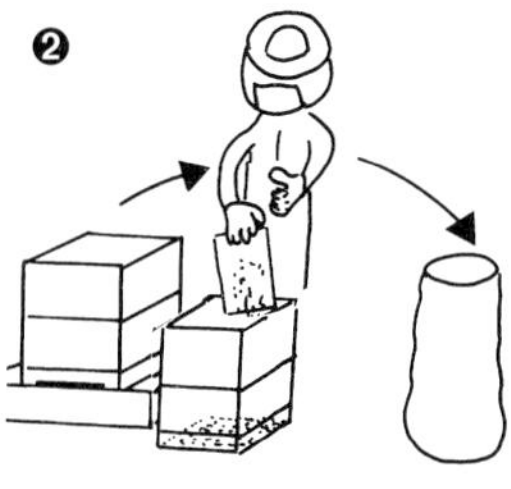

❸ Kellerhaft!
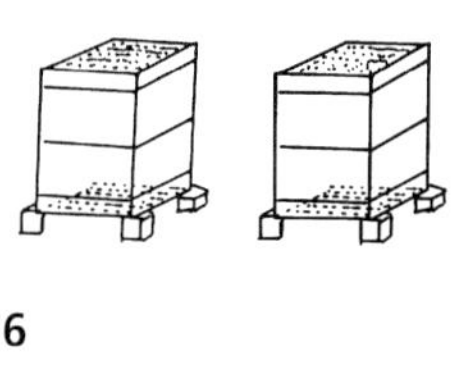

eingreifen zu können (Wasser sprühen bzw. notfalls füttern).

❹ Auf den alten Standort des Volkes wird eine komplette, desinfizierte Beute gestellt.

❺ **a** Schütten/stoßen Sie die Bienen gegen Abend des 2. oder 3. Tages der Kellerhaft auf das Anflugbrett der neue Beute mit Mittelwänden (lassen sie dann Schritt 6 aus !). Leichter für die ausgehungerten Bienen, besonders bei ungünstigem Wetter ist folgende Alternative:

❺ **b** Stoßen oder fegen Sie (unbenutzte, neue Gänsefeder) die Bienentraube unter dem Lüftungsdeckel in die leere, desinfizierte Beute. Achten Sie darauf, daß kein belastetes Material (Gemüll: entsorgen!) aus der Kunstschwarm-Beute in die desinfizierte Beute fällt.

❻ Setzen Sie über die Leerzarge die Zarge mit Mittelwänden. Die Leerzarge wird in den nächsten Tagen weggenommen.

❼ Verschließen Sie den Deckel; das Flugloch ist geöffnet. Geben Sie den Bienen auf jeden Fall Flüssigfutter (kleine Mengen, dünne Lösung 1:1), außerhalb einer Massentracht oder bei schlechter Witterung sollte kontinuierlich gefüttert werden. Die Bienen haben keinerlei Reserven: Der Honigmagen ist leer, im Volk sind keine Futterwaben. Verwenden Sie möglichst eine Futterzarge oder einen Futtereimer.

Der Kunstschwarmkasten muß nach der Benutzung desinfiziert werden (siehe unten; oder: Pappkarton-Kunstschwarmkästen werden nach der Benutzung verbrannt).

Hinweis: Sowohl in der Kellerhaft als auch nach dem Einlogieren kommt es zu Totenfall. Entsorgen Sie die toten Bienen. Ungefähr 2 Wochen nach Brutbeginn nimmt die Bienenmasse ab. Halten Sie daher die Bienen engsitzend und erweitern Sie nicht zu früh.

Eine Alternative: Pappkarton-Kunstschwarmkästen. Leider sind die käuflichen Pappkarton-Kunstschwarmkästen zu klein. Sie können sich die Kästen selber bauen (siehe Literaturverzeichnis: Böse 1992), jeoch sollte die Lüftung viel größer ausfallen. Nach einmaliger Verwendung werden die Kästen verbrand und die Lüftungsgitter desinfiziert.

❹

❺

a

b

❻

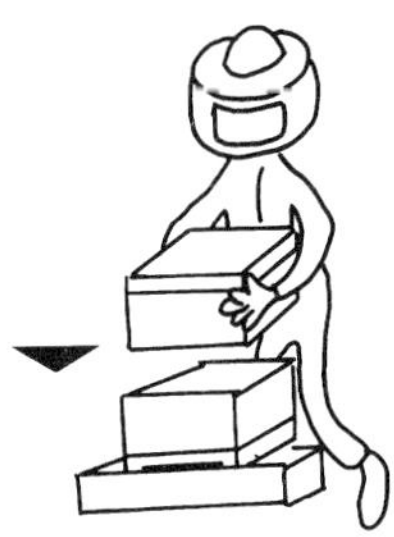

❼

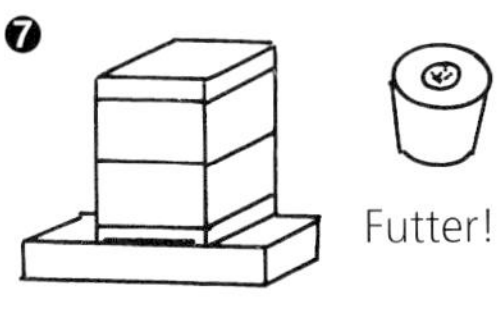

Imkerische Vorbeugung

Der Imker sollte mit vitalen Völkern arbeiten und so generell Krankheiten vorbeugen. Es gibt jedoch keinen 100%igen Schutz vor der AFB. Folgende Maßnahmen sind sinnvoll:

➤ Vermeiden Sie Räuberei – halten Sie Futterwaben usw.

immer bienendicht verschlossen. Beim Auftreten von Räuberei sollten Sie mit Ihrem Imkernachbarn sprechen und gemeinsam vorbeugen.

➤ Nutzen Sie Massentrachten (Wanderung) und füttern Sie ggf. in Trachtlücken zur Förderung des Putztriebes der Bienen.

➤ Sorgen Sie für junge, vitale Königinnen (evtl. Zuchtstoff vom Züchter) und vermeiden Sie Inzucht.

➤ Alte Brutwaben stellen ein Infektionsrisiko dar. Lassen Sie die Brutwaben nicht schwarz werden - nutzen Sie den Bautrieb zur Wabenerneuerung. Brutveränderungen sind auf hellen Waben viel leichter zu erkennen als auf dunklen.

➤ Wandern Sie nicht in die Nähe einer Mülldeponie oder in einen Faulbrut-Sperrbezirk (beim Amtstierarzt/bei der Veterinärbehörde oder dem Wanderobmann im Imkerverein erkundigen).

Reinigung/Desinfektion

Allgemein

Die Reinigung und Desinfektion der gesamten Gerätschaft, Beuten und Zubehör hat den höchsten Stellenwert - wenn die Ausrüstung nicht verbrannt wird. Die Arbeiten müssen »bienenfrei« am Stand durchgeführt werden (möglichst: Keller/Garage). Der Arbeitsplatz wird nach Abschluß der Arbeiten ebenfalls gereinigt und desinfiziert. Verwenden Sie pflegeleichte, möglichst heiß waschbare Kleidung und abwaschbare Stiefel. Beim Umgang mit Hitze (Verbrennungsgefahr), Säuren oder Laugen (Verätzungen; Handschuhe, Schutzbrille) ist Vorsicht geboten. Alle Arbeitsschritte in einem Sperrgebiet müssen mit dem Amtstierarzt abgesprochen sein. Desinfizierbare Ausrüstung (prinzipiell nur guterhaltenes Material) z.B.: Beuten (aus Holz/Kunstoff), Rähmchen, Stockmeißel, Wabenheber, Begattungs- und Ablegerkästen, Absperrgitter, Futtergeschirr (z. B. Eimer, Futterzargen), Honigsiebe, Schleuder, Entdecklungszubehör, Bannwabentaschen, Pollenfallen.

Nichtdesinfizierbare Ausrüstung z. B.: Bienenkörbe, Beuten aus Stroh oder mit gefüllten Wänden, Beuten (aus Holz/Kunststoff) mit vielen Rissen (rauhe, löchrige Oberfläche), alte (»gammlige«) Rähmchen, Bienenbesen, Gänseflügel (Feder).

Prinzipielle Arbeitsschritte: 1. Verbrennen von Material, 2. Entfernen von Wachs- und Kittharz, 3. Desinfektion (Beschreibung s. u.)

Waben

Die Waben und eingelöteten Mittelwände werden entweder komplett verbrannt oder ausgeschnitten und zum Einschmelzen weggegeben (in festen Kunstofftüten bienendicht verschlossen). Aufschrift auf den Tüten: »Seuchenwachs«. Das Einschmelzen mit gleichzeitiger Desinfektion ist nur in Spezialdampfwachsschmelzern mit Hochdruck möglich und kann nur von wachsverarbeitenden Betrieben vorgenommen werden. Vor Abgabe der Tüten sollte Rücksprache mit dem Betrieb gehalten werden (Anschrift über Imkerbedarfshandel). Honigwaben möglichst wie alle Waben behandeln (Ausschleudern verursacht noch weitere, aufwendige Desinfektionsarbeiten). Die Rähmchen werden von Wachs und Kittharz gereinigt und desinfiziert (siehe unten).

Honig

➤ Honig aus AFB-Völkern darf auf keinen Fall an Bienen verfüttert werden bzw. Bienen zugänglich sein.
➤ Honig aus AFB-Völkern kann vom Menschen ohne Bedenken verzehrt werden, es besteht für den Menschen keine Infektionsgefahr. Für Bienen stellt der Honig eine große Gefahr dar. Deshalb ist eine sichere »Entsorgung« nötig.
➤ Der Honig darf keiner Biene zugänglich sein, daher sollten kleinere Honigmengen selber verbraucht und größere Mengen an honigverarbeitende Betriebe (mit Sicherheitsauflagen) gegeben werden.
➤ Geräte zur Honiggewinnung können belastet sein, daher die Schleuder, das Entdecklungsgeschirr (Gabel, Messer), alle Siebe und Honigbehälter desinfizieren.

Kleidung

Falls möglich, sollte jegliche Kleidung, die bei der Kontrolle der Bienen oder während der Arbeiten zum Sanieren/ Desinfizieren getragen wurde, bei 90 (notfalls 60)° C gewaschen werden. Imkerhandschuhe aus Gummi sind zu desinfizieren, Lederhandschuhe werden verbrannt.

Beschreibung der einzelnen Arbeitsschritte:

1. Verbrennen von Material: Generell sollte man sich erkundigen, ob Material (Holz, Wachs, Bienen) verbrannt werden darf (beim Ordnungsamt, Bürger- oder Umwelttelefon erkundigen. Besser ist es, die Feuerwehr einzubeziehen. Das Verbrennen sollte möglichst abends/nachts erfolgen, damit keine Bienen dem Honiggeruch folgen und ins Feuer fliegen! Für die Feuerstelle ein 0,5 m tiefes Loch ausheben, um die Reste vergraben/zuschütten zu können. Erst ein Holzfeuer entzünden, dann die Teile nachlegen. Ein Schwelbrand tötet evtl. nicht die AFB-Sporen. Kunstoffteile dürfen nicht verbrannt werden! Falls eine Genehmigung zum Verbrennen nicht erteilt wird, sollte man mit dem Amtstierarzt die Entsorgung über eine Müllverbrennungsanlage absprechen. Außerdem sind mit den Betreibern der Verbrennungsanlage folgende Punkte zu klären: a) Die Form der Anlieferung (in Kunststoffbeutel, vor scharfkantige Gegenständen schützen), b) das Vorhandensein von Kunststoffbeuten aus Styropor und c) eine schnelle Verbrennung d. h. keine Zwischenlagerung des Brennmaterials (Bildteil ㉒).

2. Entfernen von Wachs und Kittharz: Vor der Desinfektion müssen alle Teile von Honig, Wachs und Kittharz befreit werden.
In diesen Materialien können Faulbrutsporen stärkere Hitze oder ätzende Flüssigkeiten leichter überdauern.
Alle Waben werden eingeschmolzen (oder verbrannt). Hierfür haben sich große Dampfwachsschmelzer (gasbeheizt) bewährt, in die die kompletten Rähmchen gestellt werden. Der Trester muß entsorgt und das Wachs (in Blöcke gießen) als »Seuchenwachs« deklariert werden. Die Wachsentseuchung kann nur mit Sezialgeräten durchgeführt werden (wachsverarbeitende Industrie).
Es gibt drei verschiedene Arbeitstechniken zum Entfernen von kleineren Wachs- und Kittharzresten: a) mechanisches Abkratzen aller Teile (**Abb.13** – häufigste Methode, die Voraussetzung für alle weitern Arbeitsschritte ist) oder b) die Verwendung eines Hochdruckdampfstrahlers (heißes Wasser, evtl. auch mit starken alkalischen Zusätzen zur Desinfektion; Abb. 14). Die Verwendung eines Dampfstrahlers ist nur sinnvoll, wenn das Wasser aufgesammelt und über die Kanalisation entsorgt wird (ggf, verwendete Desinfektionszusätze müssen neutralisiert werden). Die Arbeitsfläche muß mit einer dicken Folie ausgelegt werden, die an den Seiten wallartig hochgestellt wird (Bassin, **Abb. 14**). Die angestrahlten Teile dürfen nicht vom Wasserdruck wegfliegen (gestapelte Rähmchen mit Leisten oder großen Klemmen fest verbinden oder mit einer Steinplatte beschweren). Wasserdampftemperatur: 70° C, Dampfdruck für Kunstoffteile 20 bar, für Holzteile 75 bar (Bildteil ⑯).

3. Desinfektion: Das Abtöten der AFB-Sporen und anderer Erreger (z.B. Nosema- und Kalkbrutsporen) kann mit einer

ABBILDUNG 13

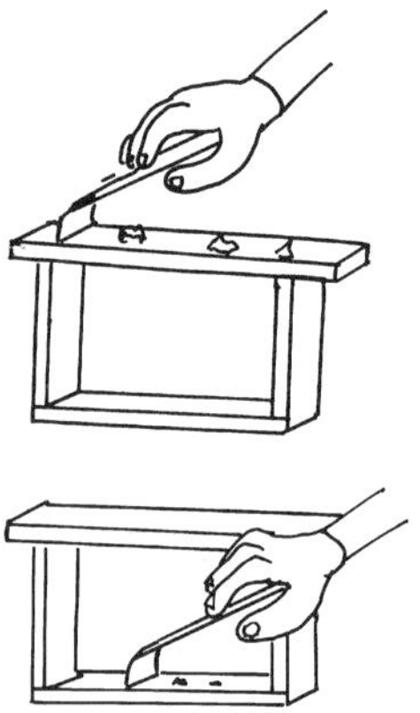

ABBILDUNG 14

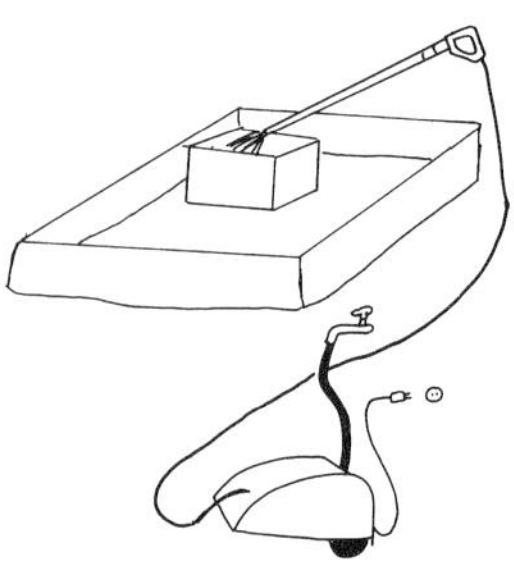

»flüssigen«, »ätzenden« und einer »heißen« Methode erfolgen:

Flüssige Desinfektion

➤ Voraussetzung: Alle Gegenstände (z. B. Geräte, Rähmchen und Beutenteile) müssen zuvor von Wachs und Kittharz gereinigt sein (s.o.). Zu desinfizierende Gegenstände können aus Holz ,Metall, Kunstoff oder Glas sein.
➤ Zur Desinfektion wird eine heiße 3%ige Ätznatronlösung (Natriumhydroxid-Lösung) verwendet.
➤ Die Ätznatronlösungen kann vor dem Weggießen in den Ausguß neutralisiert werden (mit z.B. Essigsäure; Kontrolle mit Lackmus-Papier).
➤ Zur Herstellung von 10 Liter 3%iger Natronlauge löst man ca. 0,3kg Ätznatron in 10 Liter heißem Wasser. Pro Volk werden ca. 0,5 kg Ätznatron benötigt. Achtung: Ätznatron in kleinen Mengen in das Wasser geben!

Benötigte Geräte: Keine Behälter/Geräte aus Aluminium und Emaille verwenden, sie werden angegriffen; großer Behälter (z. B. ein halbes Stahlfaß) mit Gasbeheizung, alter Einkochbehälter (mit Gasbeheizung/ Heizplatte), heiße Ätznatron-Desinfektionslösung (s. o.), Spülbürste, Gummihandschuhe, Schutzbrille, Behälter für Reste (Trester, Wachs usw.), Lackmuspapier, zur Neutralisation z. B. Essigsäure und eine Schöpfkelle
Hinweis: Bei den Vorarbeiten wurden die Waben ausgeschmolzen und alle Teile von Wachs/Kittharz (mechanisch) gereinigt.

Arbeitsschritte zur flüssigen Desinfektion Abb. 15

In einem großen Behälter mit heißer Desinfektionslösung (80-100° C) werden die Gegenstände abgebürstet und für 2-3 Minuten völlig untergetaucht. Bei Zargen die Flächen und Ecken abbürsten. Rähmchen können auch ohne Bürste in ständig kochender Ätznatron-Lösung 2-3 Minuten untergetaucht werden. Der Schaum im Behälter wird mit einer Schöpfkelle regelmäßig entfernt und die Ätznatron-Lösung mehrfach erneuert. Hinterher werden die Gegenstände mit Wasser nachgespült (Bildteil ⓯, ⓲-㉑).
Durch die flüssige Desinfektion werden evtl. nicht alle Erreger vernichtet, aber die Erreger-Dichte ist so gering, daß eine Neuinfektion nicht möglich ist (Verdünnungseffekt).

ABBILDUNG 15

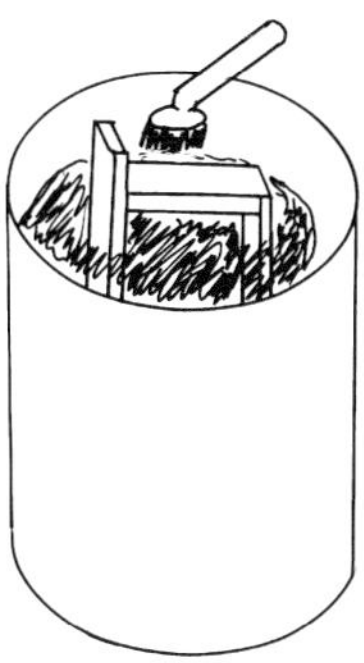

ABBILDUNG 16

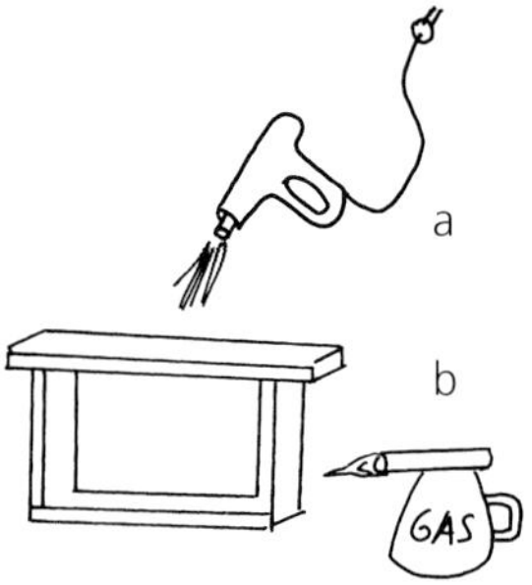

Heiße Desinfektion

➤ Der AFB-Erreger kann ziemlich hohe Temperaturen minutenlang aushalten (abkochen in normalem Wasser reicht nicht!). Höhere Temperaturen, wie die einer Gaslötlampe (ca. 1000° C; am besten ist ein großer Gasbrenner mit 11 kg Gasflasche) oder einer Heißluftpistole (je nach Bautyp werden 400-600° C erreicht, dauert länger als die Gaslötlampe), töten die Sporen sofort.

➤ Es können nur hitzefeste Materialien aus Holz oder Metall (kein Kunststoff/Glas) heiß desinfiziert werden.

Arbeitsschritte zur heißen Desinfektion Abb. 16:

Die Gegenstände werden flächendeckend bis zur leichten Dunkelfärbung des Holzes mit der Heißluftpistole (a) oder der Gaslötlampe (b) abgeflammt bzw. angestrahlt.

Im Fachhandel sind auch größere Gasbrenner zum Anschluß an große, nachfüllbare (Camping-) Gasflaschen erhältlich (Bildteil ⓱).

Europäische Faulbrut (Gutartige Faulbrut, Sauerbrut oder »Stinkbrut«)

Erreger

Die Europäische Faulbrut (abgekürzt: EFB) wird von verschiedenen Bakterien und Viren verursacht, die sich in der Brut vermehren und diese schädigen. Das Krankheitsbild ist wegen des Auftretens verschiedener Erreger teilweise uneinheitlich. Dies erschwert das Erkennen der EFB.

Der »klassiche« Haupterreger ist *Melissococcus pluton* (auch *Bacillus pluton* oder *Streptococcus pluton* genannt). Weitere bakterielle Erreger können gleichfalls auftreten (Mischinfektion), ihre Bedeutung für das Krankheitsbild ist noch nicht völlig geklärt: *Streptococcus faecalis*, *Bacillus alvei* und *Achromatobacter eurydice*. *Melissococcus pluton* ist der wichtigste Haupterreger der EFB. Wegen seiner geringen Größe ist dieser nur unter dem Mikroskop (für Spezialisten) erkennbar. Als widerstandsfähige Dauerform kann dieses Bakterium eine Kapsel bilden.

Bei sehr hohem Befall mit Varroa-Milben kann eine Bruterkrankung auftreten, die für den Betrachter (Imker, Bienensachverständiger) von der »klassischen« Form der EFB nicht zu unterscheiden ist. Die Krankheit wird durch das Akute Paralyse Virus (APV) ausgelöst; bei der Zersetzung der Brut sind auch Bakterien beteiligt (Mischinfektion). Dieses Krankheitsbild wird in diesem Buch aus praktischen Gründen der EFB zugeordnet und als »Varroa-bedingte« Form der EFB bezeichnet.

Der Name der Europäische Faulbrut ist irreführend, da diese Krankheit auch außerhalb Europas auftritt. Der ebenfalls geläufige Name Gutartige Faulbrut ist nicht sehr zutreffend, die Folgen für die einzelne Biene und das gesamte Bienenvolk sehr verheerend sein können. Das »gutartige« der EFB ist ihre geringere Ausbreitung (nicht seuchenmäßig) im Vergleich zur Amerikanischen Faulbrut (Bösartige Faulbrut; kurz AFB). Der Name »Sauerbrut« oder »Stinkbrut« ist auf den Geruch der zersetzten Brut zuruckzufuhren.

ABBILDUNG 1

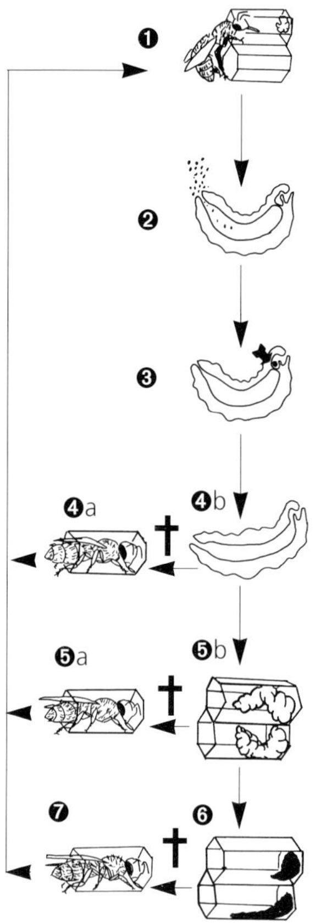

Infektion und Vermehrung

Der hier beschriebene Entwicklungszyklus und das Zusammenwirken zweier Bakterien stellt eine mögliche Krankheitsentwicklung der EFB dar. Abweichungen von diesem Schema und das Auftreten weitere Erreger (s.o.) sind möglich.

Entwicklungszyklus zweier EFB-Erreger Abb. 1 ❶-❼:
❶ Der Haupterreger *Melissococcus pluton* wird von der Ammenbiene mit dem Futter in die Brutzelle gebracht*. Je jünger die Larve ist, desto weniger Bakterien sind für eine Ansteckung (Infektion) nötig. Ältere Larven (ab ca. 48 Stunden) können nur mit größeren Bakterienmengen infiziert werden, denn die Larven sind dann widerstandsfähiger.
❷ Die Bienenlarve nimmt die Bakterien mit dem Futter über den Mund auf. Die Erreger gelangen so in den Mitteldarm.
❸ Obwohl der Mitteldarm und der Enddarm zu diesem Zeitpunkt getrennt sind, findet man später die Erreger im Enddarm. Sie bilden hier einen stecknadelkopfgroßen Klumpen (Pfeil).
❹a Stirbt die Larve in diesem Stadium und wird sie von Bienen entfernt, ist das Ansteckungsrisiko für andere Larven stark verringert. Bleibt sie unentdeckt längere Zeit in der Zelle, sackt sie zusammen und bietet anderen Bakterien die Möglichkeit zur Zersetzung (Geruchsentwicklung: »Sauerbrut, Stinkbrut« und Ausbreitung der Erreger). Oder:
❹b Überlebt die Larve die Bakterieninfektion, erreicht sie evtl. das Alter, in dem sie sich als Streckmade einspinnt und der Mitteldarm und der Enddarm sich verbinden (durchbrechen). Die Made kann jetzt abkoten. Mit dem Kot gelangen die Bakterien *(Melissococcus pluton)* in die Zelle und können sich an der Zellinnenwand vermehren. Typisch: lackähnliche, schwarze Stellen am Zelldeckel).
❺a Stirbt die Larve in diesem Stadium, wird sie von Putzbienen entfernt. Hierbei können Bakterien an der Putzbiene haften und weiter im Volk verteilt werden. Oder:
❺b Die Larve stirbt nicht und bietet dem nächsten Erreger *Bacillus alvei* gute Entwicklungsmöglichkeiten, denn die Biene hat sich nur sehr unvollständig eingespinnt und ist so nicht genug geschützt. Das Bakterium gelangt über die Darmwand in das Innere der Biene und zersetzt diese (Geruch). Hierbei kann es zu einer Verdrehung ihrer Lage kommen (typisch für EFB).

---

* Möglicherweise überträgt die Königin bei der Eiablage Bakterien, die von der späteren Larve aufgenommen werden.

❻ Die Überreste der Biene sacken am Zellboden/in der Zellrinne zusammen und vertrocknen zu Schorf (locker, glatt und glänzend).
❼ Beim Ausräumen und Putzen der Zelle verteilen die Bienen die Bakterien im Volk. Evtl. können sich die Bakterien auch in erwachsenen Bienen vermehren oder ansammeln.

Schädigung

Schädigung der einzelnen Biene: Die einzelne betroffene Bienenlarve wird von den Erregern meist tödlich geschädigt. In einigen Fällen überlebt die Biene die Infektion in ihrer Entwicklungszeit. Sie ist jedoch stark geschwächt und hat nur eine kurze Lebenserwartung.
Schädigung des gesamten Volkes: Ein hoher Befall der Bienenbrut führt zu einem großen Verlust von Bienen. Die Altbienen werden nicht von jüngeren Bienen abgelöst und sterben nach einigen Wochen. Die Bienenmasse schrumpft, wichtige Tätigkeiten (Futtersuche, Nest- und Brutpflege) können nicht mehr ausgeführt werden. Ohne Eingriffe des Imkers geht das Volk letztendlich zugrunde.
Gering befallene Völker können durch intensive Putz- und Reinigungsarbeiten die Krankheit beseitigen und den Bienenverlust ausgleichen (Selbstheilung; gilt nicht für die »Varroa-bedingte« Form der EFB, denn die Varroa-Milbe muß vom Imker bekämpft werden).

Zeitliches Auftreten

Die Vermehrung der Bakterien ist an die Brutperiode der Bienen gebunden. Schlechte Bedingungen, besonders im Frühjahr (siehe Auslösefaktoren), können den Krankheitsverlauf beschleunigen.
Die »Varroa-bedingte« Form der EFB tritt besonders im Spätsommer auf, wenn die Anzahl am Varroa-Milben extrem groß ist.

Krankheitsbild und Kennzeichen

Das Krankheitsbild der EFB ist nicht einheitlich, was - wie oben erwähnt - durch das Auftreten verschiedener Erreger verursacht wird. Daher ist auch die Abgrenzung zur Amerikanischen Faulbrut gar nicht einfach.

ABBILDUNG 2

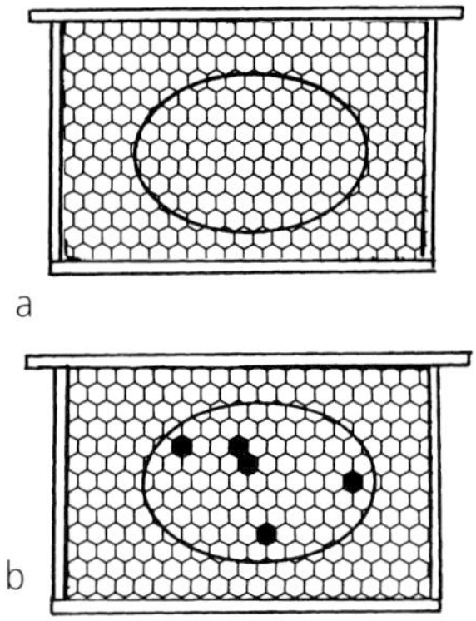

ABBILDUNG 3

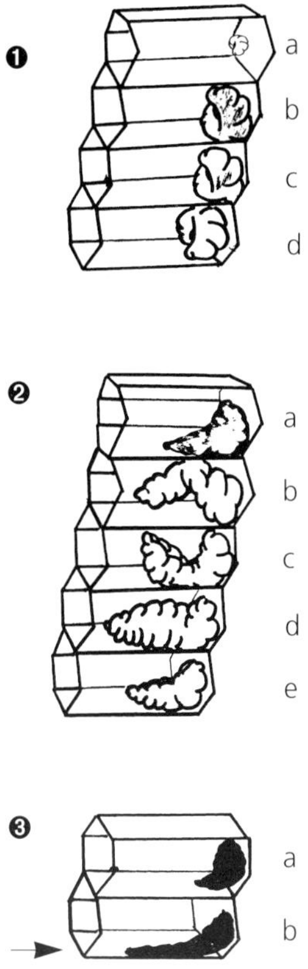

Ein schwacher EFB-Befall kann sehr leicht übersehen werden. Spätestens im Herbst, mit Abnahme der Brutaktivität, fallen stehengebliebene Brutzellen deutlicher auf.

Kennzeichen der EFB:

➤ Die Brutfläche ist lückenhaft (**Abb. 2** a: geschlossenes, ovales Brutnest; b: ehemaliges Brutnest; nach Schlupf bleiben Zellen stehen).

➤ Offene Brutzellen enthalten gelb bis bräunlich verfärbte Larven (**Abb. 3 ❶**: b, c. Nichtbefallen: a, d). Die Larven liegen teilweise verdreht in den Zellen (**Abb. 3 ❷**: b, c. Nichtbefallen: d, e)-(Bildteil ㉗).

➤ Verdeckelte Zellen haben einen eingefallenen, teilweise löchrigen Zelldeckel. Die Überreste der Bienenlarve sind gelb bis bräunlich verfärbt und zersetzt (**Abb. 3 ❷**: a). Die vertrockneten Überreste liegen als schwarzer Schorf locker am Zellboden oder in der Zellrinne (**Abb. 3 ❸**: a, b. Der Pfeil deutet auf die Zellrinne).

➤ Bei hohem Befall nimmt die Bienenmasse wegen Ausfall der Brutgeneration nach einigen Wochen stark ab.

➤ Die »Varroa-bedingte« Form der EFB tritt mit typischen Kennzeichen für hohen Varroa-Befall auf (z. B. Milben auf den Bienen, verkrüppelte Bienen; siehe Varroa-Kapitel).

Auslösefaktoren

»Klassische« Form der EFB: Nicht jedes Volk erkrankt an der EFB, wenn Bienen durch Räuberei infektiösen Honig mit in das Volk bringen. Weitere Faktoren sind an dem Krankheitsausbruch beteiligt, die jedoch nicht alle im einzelnen bekannt sind. Folgende Faktoren können einen Krankheitsausbruch fördern:

➤ Der Putztriebe der Bienen nimmt während der Schwarmstimmung und bei Trachtlosigkeit ab.

➤ Ungünstige Wetterbedingungen im Frühjahr führen zu einem schleppenden Austausch der Winterbienen durch neue Bienen. Die Winterbienen überaltern und sind gestreßt.

➤ Die Anfälligkeit für Bruterkrankungen ist möglicherweise auch erblich bedingt.

»Varroa-bedingte« Form der EFB: Der hohe Varroa-Befall ist der Hauptfaktor für die Entwicklung der EFB.

➤ Möglicherweise wurden Varroa-Behandlungen unterlassen oder wenig effektive Behandlungsverfahren angewendet.

➤ Nichtbehandelte Nachbarvölker können durch Bienenverflug und Räuberei zu einer ständigen Infektion mit Varroa-Milben führen.

Verbreitung

Durch die Biene:

➤ Räuberei, Bienenverflug

Durch den Imker:

➤ Vereinigung gesunder und erkrankter Völker

➤ Austausch von Waben

➤ Verfütterung von Honig oder Pollen, der EFB-Bakterien enthält.

➤ Eigentlicher Auslöser der Räuberei ist der Imker, z.B. durch Ausleckenlassen von Honiggefäßen/Schleuder - besonders in trachtlosen Zeiten.

Untersuchung und Diagnose

Es kommen drei Untersuchungsmethoden in folgender Reihenfolge in Frage: 1. Kontrolle der Brutwaben mit bloßem Augen, 2. Streichholztest und 3. bakteriologische Untersuchung im Labor.

1. Die Kontrolle der Brutwaben mit bloßem Auge

Diese Untersuchung auf Veränderungen kann während der normalen Völkerdurchsicht vorgenommen werden. Auf jeden Fall sollte der Imker zweimal im Jahr (im Frühjahr und Spätsommer/Herbst) eine intensive Durchsicht der Brutwaben vornehmen.

Benötigte Geräte: Reißzwecken, evtl. Lupe

Arbeitsschritte Abb. 4 ❶ -❷

❶ Achten Sie bei der Kontrolle der Völker auf die oben schon genannten Kennzeichen (vgl. auch Abb. ❸/1-3 und ❻): Lückenhafte Brut, verfärbte Larven, verdrehte Larven, eingefallene oder löchrige Zelldeckel, Schorf in den Zellen und evtl. ein säuerlicher oder stinkender (käsig, Fußschweiß) Geruch der Brut.

❶ Markieren Sie verdächtige Waben mit einer Reißzwecke am Oberträger und führen Sie die unten beschriebenen Untersuchungen durch.

2. Streichholz Test

In fraglichen Fällen sollten Sie zur Unterscheidung der EFB

ABBILDUNG 4

❶ ❷

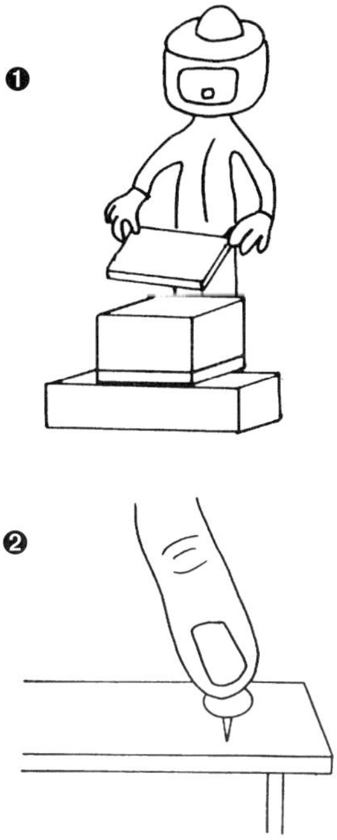

von der AFB den Streichholz-Test durchführen. Die Bildung eines zähen Fadens nach dem Eintauchen eines Streichholzes in milchkaffebraune Masse ist typisch für AFB. Selten kann auch bei der EFB dieser Test positiv ausfallen, so daß letztendlich erst eine bakteriologische Untersuchung von Wabenmaterial in einem Bieneninstitut oder Veterinäruntersuchungsamt für die Klärung der offenen Frage sorgen kann.

Benötigte Geräte: Streichhölzer oder Zahnstocher, Reißzwecken

ABBILDUNG 5

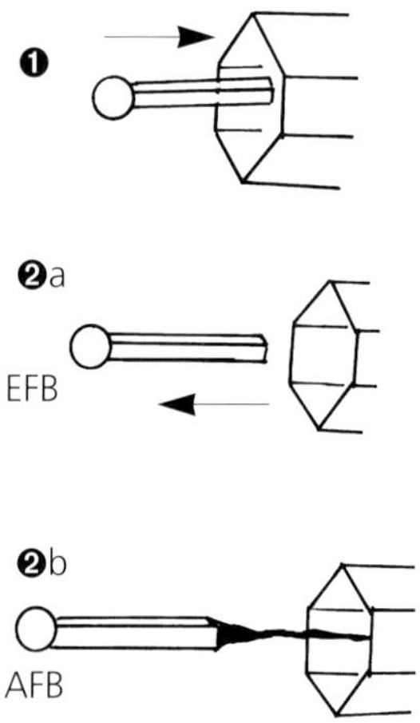

Arbeitsschritte Abb. 5 ❶-❷

❶ Tauchen Sie das Streichholz mit dem Ende (nicht mit dem Zündkopf) in die verdächtigte Zelle direkt in die zersetzte Bienenmasse. Verdeckelte Zellen müssen Sie vorher mit dem Streichholz/Zahnstocher öffnen.

❷ Ziehen Sie das Streichholz langsam aus der Zelle. **a**: Kein Faden – typisch für EFB; **b**: zäher, schleimiger Faden – typisch für AFB. (Tritt ein solcher Faden auf, sollten Sie das Streichholz in die Zelle zurückstecken, die Waben in das Volk stellen und mit einer Reißzwecke auf dem Oberträger sichtbar markieren. Bis zur näheren Klärung müssen Sie davon ausgehen, daß möglicherweise eine AFB-Erkrankung vorliegt. Berücksichtigen Sie daher die »Sofortmaßnahmen« im AFB-Kapitel, denn schon der Verdacht auf AFB ist meldepflichtig und sollte sehr ernst genommen werden.)

3. Bakteriologische Untersuchung

Die sicherste Unterscheidung der beiden Faulbruterkrankungen (EFB und AFB) ist nur im Labor möglich. Die Untersuchung kann nicht von einem Laien durchgeführt werden, denn sie muß unter sterilen Bedingungen vorgenommen werden, damit nur Bakterien aus dem Brutmaterial – nicht aus der Umgebung – gezüchtet und mikroskopisch untersucht werden können. Hinweis: Beim Verschicken der Brut-Probe zur Untersuchung an ein Institut sollten Sie die Hinweise im AFB-Kapitel berücksichtigen. In Kürze:
Möglichst eine komplette Wabe in zwei dichtverschlossenen Tüten geschützt und sicher in einem Karton verschicken. Die Wabe sollte kein Futter enthalten (verschmiert während des Transportes die gesamte Wabe). Der Begleitbrief sollte alle wichtigen Daten enthalten (Datum, Standort des Bienenstandes, Volksnummer, Anschrift des Imkers, Name und Anschrift des evtl. eingeschalteten Veterinärs).

Verwechslung

Die Unterscheidung von Brutkrankheiten ist schwierig. »Typische« Kennzeichen sind möglicherweise nicht zu jedem Zeitpunkt und Krankheitsstadium sichtbar. Trotzdem sollte der Imker die besonders typischen Kennzeichen kennen, die in den Abbildungen und in der Tabelle zusammengetragen wurden.

Vergleich verwechselbarer Erkrankungen:

Kennzeichen der EFB Abb. 6
a: verfärbte Rundmade, b: verdrehte Larve, c: lockerer, mit einer Nadel abhebbarer Schorf. Zusätzlich ist bei der »neuen« Form der EFB ein hoher Varroa-Befall auf den Bienen (Abb.9) und in der Bienenbrut festzustellen.

Kennzeichen der AFB Abb. 7
a: fester Schorf, b: Schorf vergrößert, c: zäher, schleimiger Faden beim Streichholztest

Kennzeichen der SBV-Erkrankung (Sackbrutvirus) Abb. 8
a: sackförmig zusammengesunkene Made mit vorgebeugtem Kopf, b: lockerer, schiffchenförmiger Schorf, der mit einer Nadel abgehoben werden kann, c: Made besteht nur noch aus einem flüssigkeitsgefüllten Sack

Tabellarische Übersicht wichtiger Kennzeichen:

Kennzeichen	EFB	AFB	SBV
sichtbare Schäden an:			
offener Brut	erkennbar	keine	keine
verdeckelter Brut	je nach Stadium	erkennbar	erkennbar
faden-ziehende Masse	selten	erkennbar	keine
Schorf fest	keine	erkennbar	keine

ABBILDUNG 6

ABBILDUNG 7

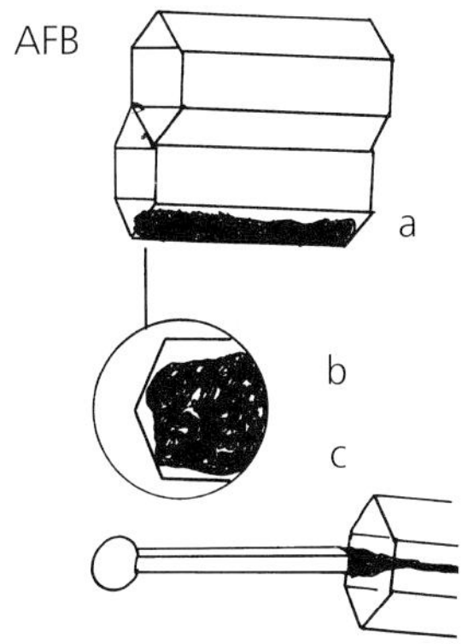

ABBILDUNG 8

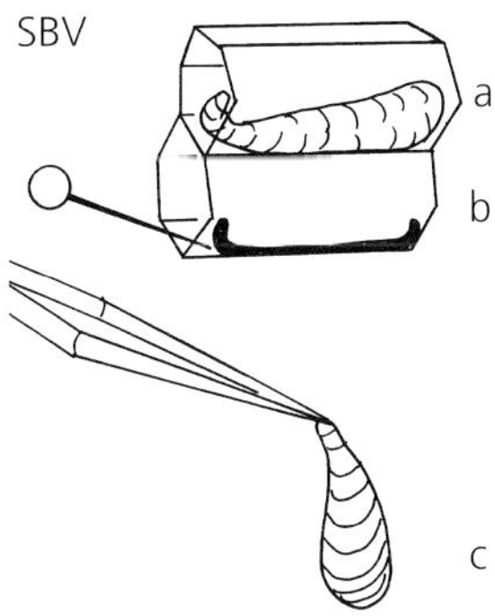

ABBILDUNG 9

VARROA
(APV)

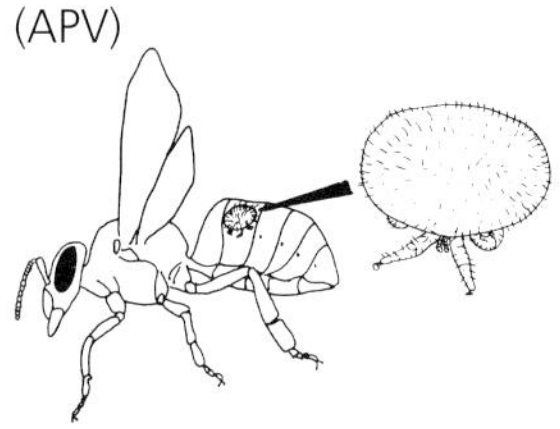

ABBILDUNG 10

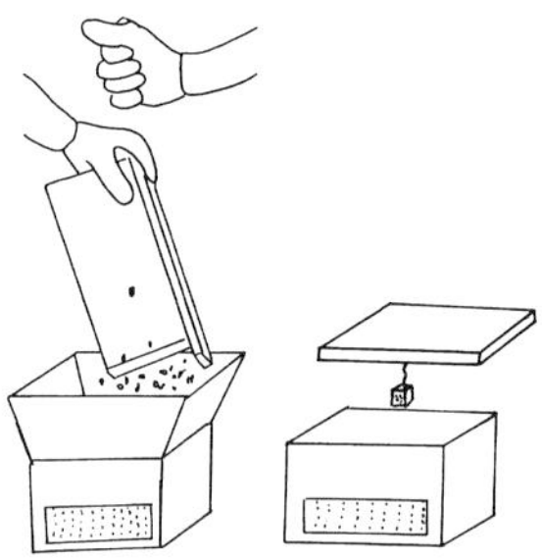

Medikamentöse Behandlung

Hier gilt das gleiche wie für die AFB: Es gibt keine zugelassenen Medikamente.
»Klassische« Form der EFB: Die imkerische Bekämpfung reicht völlig aus und verhindert Rückstände im Honig, die durch unerlaubte Medikamente entstehen würden.
»Varroa-bedingte« Form der EFB: Es sollte sofort eine Varroa-Behandlung vorgenommmen werden (im Sommer z. B. mit Ameisensäure – näheres siehe Varroa-Kapitel).

Imkerische Bekämpfung

Es können ähnliche Strategien zur Bekämpfung angewendet werden, wie sie für die AFB beschrieben wurden:
1. Abtöten stark erkrankter und schwacher Völker. Die nichterkrankten Völker werden beobachtet. *
2. Sanierung über Kunstschwarm mit allen erkrankten Völkern - Beobachtung der nichterkrankten Völker. *
3. Sanierung über Kunstschwarm mit allen Völkern. *
Die Beschreibung der Arbeitsschritte zum Abtöten, Desinfizieren und Kunstschwarmbildung bzw. Sanierung über Kunstschwarm ist im AFB-Kapitel, S. 73 zu finden.
Die Sanierung der Völker über Kunstschwarm wird bei der EFB leicht abgewandelt: Die alte Königin wird beim Abfegen der Bienen in den Kunstschwarmkasten abgedrückt und gegen eine gekäfigte, neue Königin ersetzt (**Abb. 10**). Hiermit verhindert man, daß die Königin bei der Eiablage die Brut mit EFB-Bakterien infizieren kann.

Imkerische Vorbeugung (siehe auch AFB-Kapitel)

Reinigung/Desinfektion

Die Arbeiten zur Reinigung und Desinfektion sollten bei der EFB-Bekämpfung genauso sorgfältig durchgeführt werden wie bei der AFB! Im AFB-Kapitel finden Sie Hinweise, welche Methoden zur Reinigung und Desinfektion von Beuten, Rähmchen, Waben, Honig, Kleidung und Arbeitsgeräten anwendbar sind.

* Desinfizierung der Beuten und Rähmchen der befallenen Völker.

Varroatose

Erreger

Varroa jacobsoni ist eine auf der Biene lebende Milbe (Aussenmilbe). Die Varroa-Milbe ist sehr flach gebaut (**Abb. 1**), von oben ähnelt sie einer umgedrehten, ovalen Schüssel, über deren Rand einige Beine hervorragen. Sie hat insgesamt 8 Beine, die mit ihren Haftlappen und der Behaarung das Klettern und Festhalten auf der Biene erleichtern. Das ovale Weibchen ist mit dem bloßen Auge erkennbar (Länge: 1,6-2,0 mm; **Abb.1 b**); das Milbenmännchen ist nie auf der Biene zu sehen (nur in der Bienenbrut) und ist kleiner und fast rundlich (Durchmesser: ca. 0,8 mm; **Abb. 1 a**).
Die erwachsenen Milben halten sich bevorzugt auf bestimmten Körperteilen der Arbeiterinnen (und Drohnen) auf (schwarze Markierung in **Abb.2 a**). Da die Milben sehr flach gebaut sind, können sie sich leicht unter die Hautfalten zwischen den Chitinringen schieben und sind vom Betrachter nur noch teilweise erkennbar (**Abb. 2 b,c**)-(Bildteil ㉘-㉚).
Alle Entwicklungsstadien der weiblichen Milben ernähren sich von Bienenblut (Hämolymphe). Mit ihren scharfen Mundwerkzeugen durchtrennen die Milben wie mit einer Rasierklinge die Haut der Bienen (zwischen den Chitinringen) und saugen Bienenblut. Die Mundwerkzeuge der Männchen dienen nur dem Übertragen von Samen (Sperma) bei der Begattung der Weibchen.
Die Varroatose ist eine Bienenkrankheit mit einer Behandlungspflicht: Jeder Imker muß die Milbe regelmäßig bekämpfen.

ABBILDUNG 1

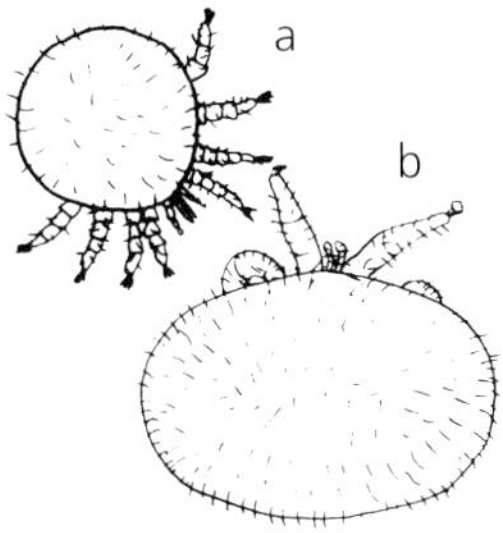

ABBILDUNG 2

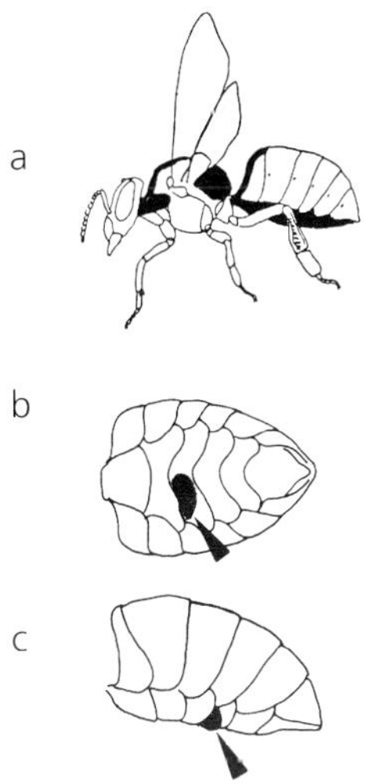

ABBILDUNG 3

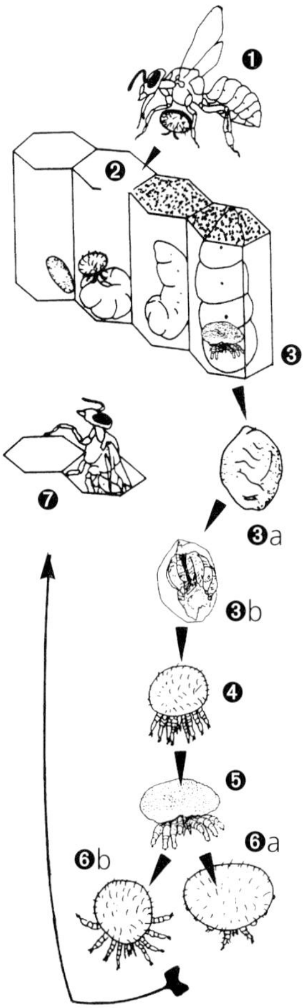

Infektion und Vermehrung

Nach dem Einschleppen der Varroa-Milbe in den siebziger Jahren nach Europa sind die Milben in jedem Bienenvolk vorhanden.

Der Entwicklungszyklus der Varroa-Milbe Abb. 3 ❶-❼:
❶ Ein Milbenweibchen (»Muttermilbe«) klettert von einer Arbeiterin oder einem Drohn und läuft über die Wabe.
❷ Die Milbe klettert in eine Brutzelle (bevorzugt in Drohnenbrut, aber auch in Arbeiterinnenbrut), die kurz vor der Verdecklung steht. Die Biene in der Brutzelle ist im Rundmadenstadium und wird bald zur Streckmade.
❸ Etwa drei Tage nach der Verdecklung der Brutzelle beginnt die Milbe mit dem Legen von bis zu 5 Eiern (ca. täglich 1 Ei). In dem Ei (Abb. ❸a: 0,5 mm lang) entwickelt sich eine Larve, die sich noch im Ei zu einer 8-beinigen Nymphe weiterentwickelt (❸b).
❹ Aus dem Ei schlüpft eine tropfenförmige Nymphe (Protonymphe; 0,7 mm groß).
❺ Nach einer Häutung erreicht sie das nächste Nymphenstadium (Deutonymphe; weibliche Nymphe: 1,3 mm lang, 1,0 mm breit; männliche Nymphe rundlich: 0,7 mm Durchmesser) und ist schon fast so groß wie die erwachsene Milbe. Ihre Körperhülle (Chitinpanzer) ist ziemlich weich und weißlich gefärbt. Alle Nymphen ernähren sich vom Blut der Biene.
❻ Noch in der Brutzelle begattet das Männchen (b) die jungen Weibchen (a). Nach der Begattung stirbt/verhungert das Männchen. Hier liegt der Grund dafür, daß auf den erwachsenen Bienen nur Milbenweibchen zu finden sind.
❼ Mit der schlüpfenden Biene verlassen die Milben (auch die Muttermilbe) die Brutzelle. Sie klettern auf Bienen (Drohnen, Arbeiterinnen) und bleiben dort bis zur nächsten Eiablage. Jedes Milbenweibchen kann mehrmals Eier legen. Die jungen Milben haben noch einen helleren Chitinpanzer als die Muttermilbe. Erst nach einigen Tagen ist ihr Panzer dunkel pigmentiert und läßt sich nicht mehr von der Muttermilbe unterscheiden.

Schädigung

Die Varroa-Milbe schädigt die erwachsene Biene und die Bienenbrut. Da die Milbe von der asiatischen Honigbiene auf die westliche Honigbiene durch menschliches Eingreifen übertragen wurde, gibt es kein natürliches Gleichgewicht zwischen dem Parasit (Milbe) und dem Wirt (Biene). Eine ungehinderte Vermehrung der Varroa-Milbe führt spätestens nach 2-5 Jahren zum Tod des Volkes. Hierdurch zerstört die Milbe ihre eigene Lebensgrundlage.

Schädigung der Einzelbiene

➤ Die Milben ernähren sich vom Bienenblut der Bienenlarve und der Puppe. Der Blutverlust führt zu einer geringeren Lebenserwartung der Biene.

➤ Die beim Saugen entstandenen Wunden ermöglichen Krankheitskeimen, in das Bienenblut zu gelangen. Dies kann zu weiteren Erkrankungen der Biene (Sekundärinfektionen, z.B. Blutvergiftung) führen.

➤ Darüber hinaus kann die Varroa-Milbe beim Saugen andere Erreger, die im Speichel der Milben sein können, auf die Biene übertragen (siehe auch Mischinfektion).

➤ Die Varroa-Milben verursachen das Absterben der Bienenbrut, wenn zuviele Milben an einer Biene saugen (ab ca. 5 Milben). Die Putzbienen müssen die Bienenleiche aus der Zelle entfernen. Falls die Milben noch nicht abgestorben sind, können sie nach dem Öffnen des Zelldeckels (durch Putzbienen) versuchen, aus der Zelle zu gelangen.

Schädigung des Gesamtvolkes

Der Verlust an Arbeitskraft des Volkes entsteht durch die verkürzte Lebenserwartung der einzelnen Bienen und abgestorbene Bienenbrut. Wichtige Arbeiten können ab einem höheren Schädigungsgrad durch die Milbe nicht mehr erledigt werden. Die Folgen sind z. B.: Die Vernachlässigung der Brutpflege, nachlassende Sammelflüge und geringe Reinigungsaktivität der Bienen (Waben und Beute).

Je mehr Milben im Volk sind (und unbehandelt bleiben), desto schneller bricht das Volk zusammen.

Zeitliches Auftreten

Die Varroa-Milben sind immer im Bienenvolk vorhanden. Während der Brutperiode der Bienen im Frühjahr und Sommer sind die Milben sowohl in der Bienenbrut als auch auf den erwachsenen Bienen (**Abb.4**). In der brutlosen Zeit im Winter befinden sich alle Milben auf den Bienen, eine Vermehrung der Milben ist nicht möglich (**Abb. 5**).

Der Zeitpunkt starker, sichtbarer Schäden und der Zusammenbruch des Volkes kann zeitlich sehr stark variieren. Das

ABBILDUNG 4

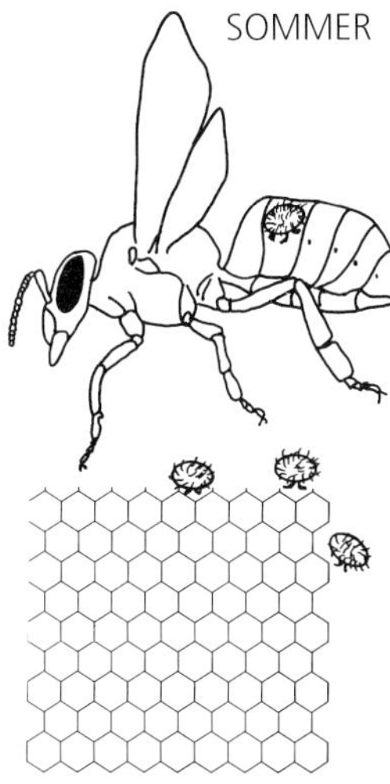

ABBILDUNG 5

ABBILDUNG 6

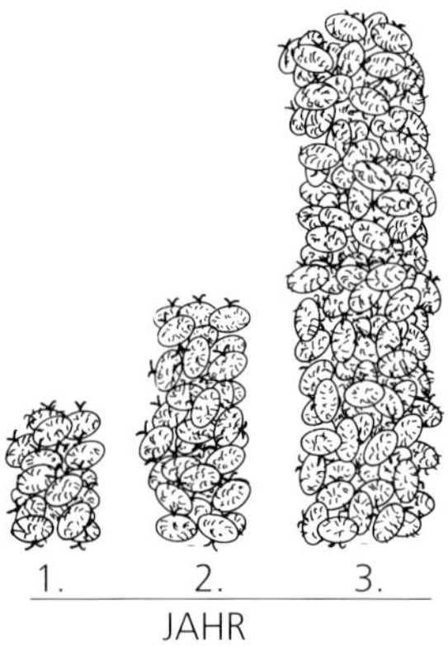

hängt auch vom Milbenzuwachs innerhalb eines Bienenjahres ab. Ist die Brutperiode der Bienen durch günstige Witterungs- und Trachtbedingungen länger, können sich mehr Milben entwickeln. Umgekehrt führt eine kürzere Brutperiode der Bienen zu einer geringeren Milbenvermehrung.
Bienenvölker brechen häufig direkt nach der Auswinterung (Streß) oder im Spätsommer/ Herbst nach der letzten Schleuderung und der Einfütterung zusammen (Streß bei der Einfütterung, die Bienenmasse nimmt ab, während die Varroa-Anzahl gleich bleibt).

Krankheitsbild und Kennzeichen

Der Verlauf einer für das Volk tödlichen Milbenvermehrung ist nicht nur von der Dauer der Brutperiode der Biene abhängig, sondern auch vom Anfangsbefall und der Reinvasion der Milben.
Ein Beispiel (**Abb. 6**): Überleben im ersten Jahr wenige Milben (»Anfangsbefall«), vermehren sie sich im nächsten Frühjahr/Sommer (zweites Jahr) beträchtlich. Im nächsten, dritten Jahr ist die Milbenzahl sehr schnell auf eine für das Bienenvolk tödliche Menge angestiegen. Mit dem Volk sterben auch die Milben.
Die Kennzeichen für eine große Milbenzahl im Bienenvolk sind teilweise nur bei größerer Aufmerksamkeit des Imkers erkennbar. Häufig werden die Kennzeichen eines kritschen Milbenbefalls zu spät bei der Kontrolle der Bienen sichtbar: Verkrüppelte Bienen und Varroa-Milben auf den Bienen sind ein Alarmsignal für den Imker! Nur ein sofortiges Eingreifen (Behandlung) kann die Bienen noch retten (Bildteil ㉞).

Verbreitung

Eine Verbreitung der Milben von einem Bienenstand zum nächsten kann dann kritische Folgen haben, wenn ein Imker die Varroa-Milbe kaum oder gar nicht bekämpft. Die zusätzlich in die Völker »eingetragenen« Varroa-Milben können zu einer sehr schnellen Milbenvermehrung führen und trotz Bekämpfungsmaßnahmen des Imkers die Völker bedrohen.

Verbreitung durch die Biene:
➤ Bienenverflug: Bienen mit Varroa-Milben gelangen in benachbarte Völker (Reihenaufstellung der Völker).

➤ Räuberei: Räubernde Bienen bringen Milben mit oder nehmen sie in ihren Stock mit.
➤ Schwarm: Ein Schwarm mit vielen Milben baut in der Nähe eines Bienenstandes. Die Milben werden durch Verflug oder Räuberei »verteilt«.

Verbreitung durch den Imker:
➤ Wanderung mit stark befallenen Völkern (weitere Verbreitung durch die Biene)
➤ Vereinigung unterschiedlich stark befallener Völker
➤ Austausch von Brutwaben, die Milben enthalten.

Untersuchung

Dem Imker stehen folgende Untersuchungsmethoden zur Verfügung, um den Befallsgrad seiner Völker festzustellen: 1. Gemülluntersuchung und 2. Untersuchung verdeckelter Drohnenbrutzellen.

1. Gemülluntersuchung

Benötigte Geräte: Varroa-Windel, evtl. eine Lupe, evtl. ein Blatt Papier
Hinweis: Alles, was von den Bienen und den Waben auf den Boden eines Bienenkastens fällt, wird als Gemüll bezeichnet. Hierzu zählen z.B. Bienenbeine, Wachsschuppen, Varroa-Milben, Zelldeckel und Pollen. Zum Auffangen des Gemülls wird eine spezielle Windel verwendet (**Abb.7 a, b**: Außenansicht und Schnittzeichnung): Ein Kunstoff- oder Metallgitter (Maschenweite ungefähr 3 mm) ist auf einem Rahmen gespannt. Unter dem Rahmen liegt eine Unterlage (z.B. Papier oder ein dünnes Kunstoffbrett). Die Maschenweite ist so klein gewählt, damit die Bienen das Gemüll nicht von der Unterlage putzen können. Windeln sollten möglichst den gesamten Beutenboden ausfüllen – sie sind im Handel erhältlich oder lassen sich leicht selber bauen.
Man kann das Gemüll zur Bestimmung des natürlichen Milbentotenfalls nehmen. Bei der Anwendung von Medikamenten gegen die Varroa-Milben kann der Imker anhand der herabgefallenen Milben grob abschätzen, wieviele Milben möglicherweise im Volk waren und ob das Medikament überhaupt gewirkt hat.
Der Milbenbefall kann im Juli/ August (keine Drohnenbrut mehr im Volk) am ehesten mit der Windel abgeschätzt werden.

ABBILDUNG 7

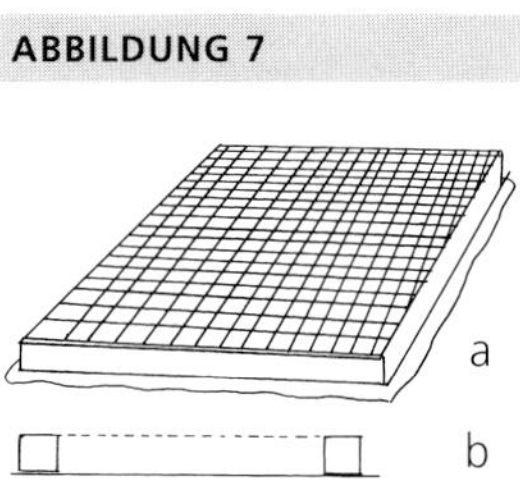

ABBILDUNG 8

❶a

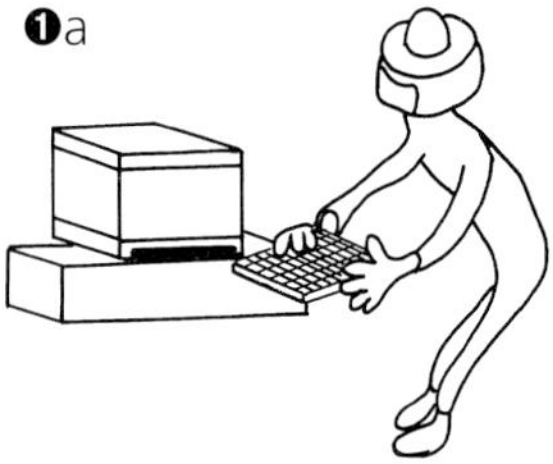

❶b

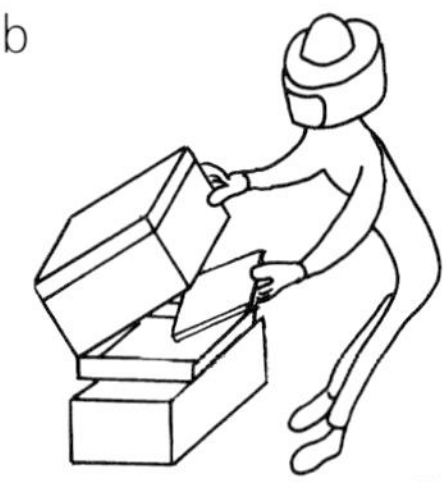

❷

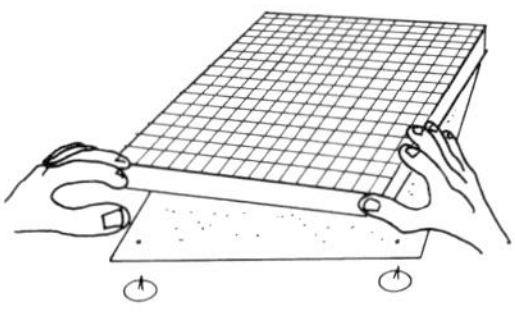

❸

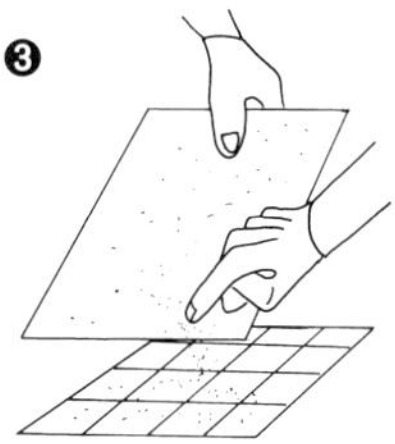

❹

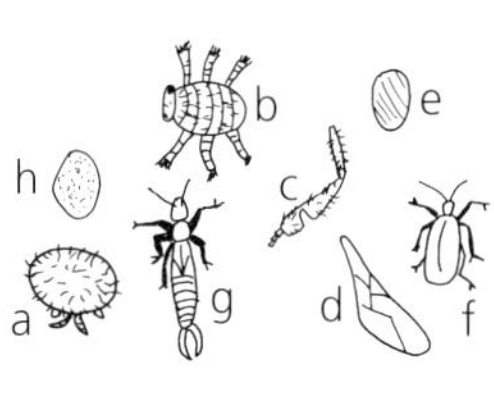

Arbeitsschritte Abb. 8 ❶-❹

❶a Schieben Sie die komplette Windel von vorne (vergrößertes Flugloch) oder von hinten durch eine Klappe in den Beutenboden. Die Windel darf das Flugloch nicht völlig zustellen; oder

❶b Können Sie die Windel nicht von außen in den Beutenboden schieben, sollten Sie vorsichtig die unterste Zarge vom Boden an-/abheben. Legen Sie die Windel in den Beutenboden.

❷ Nach zwei Wochen (Frühjahr/Sommer; im Winter frühestens nach einem Monat) oder mehrere Tage nach der Anwendung eines Varroa-Medikaments ziehen Sie die Windel aus der Beute. Legen Sie die Windel auf einen Tisch. Trennen Sie den Rahmen mit der Gaze von der Unterlage (hier mit Reißzwecken fixiert).

❸ Das Zählen vieler Varroa-Milben erleichtern Sie sich, wenn Sie das Gemüll auf ein Blatt mit einer Kästchenaufteilung (dient der Orientierung) dünn verteilen. Sie können dann in jedem Kästchen die Milbenmenge bestimmen.

❹ Neben den Varroa-Milben werden Sie sehr unterschiedliche »Objekte« finden können: a Varroa-Milbe, b Bienenlaus (selten), c Bienenbein, d Bienenflügel, e Wachsschuppe, f Käfer, g Ohrenkneifer, h Pollenhöschen (Abbildung nicht maßstabsgerecht)-(siehe auch Bildteil ㉛-㉝).

2. Untersuchung verdeckelter Drohnenbrutzellen

Benötigte Geräte: Entdecklungsgabel

Arbeitsschritte Abb. 9 ❶-❸

❶ Entnehmen Sie die Drohnenwabe und fegen Sie die Bienen ab.

❷ Entdeckeln Sie eine Fläche von etwa 5x5 cm Drohnenzellen mit der Entdecklungsgabel.

❸ Klopfen Sie die Drohnenbrut auf ein Blatt Papier und zählen Sie die Varroa-Milben.

Diagnose

Allgemein: Die Varroa-Milbe ist in jedem Bienenvolk vorhanden. Dies ist leicht mit Gemüll- oder Brutuntersuchungen nachzuweisen. Schwieriger ist die Einschätzung des Befallsgrades, der nicht nur vom Wirkungsgrad der letzten Behandlungsmaßnahme, sondern auch von der Brutdauer der Bienen und der Milbenreinvasion (durch Bienenverflug neu eingeschleppte Milben) abhängt. Diese Faktoren können zu sehr großen Milbenmengen führen, obwohl der Imker regelmäßig die Varroa-Milbe bekämpft.

Befallseinschätzung über den natürlichen Milbenfall im Juli/ August:
Die Milbenanzahl pro Tag berechnen Sie, indem sie die Anzahl der Milben durch die Tage (Windel im Volk) teilen.
Schwacher Befall: bis zu 5 Milben pro Tag
Starker/kritischer Befall: 10-15 pro Tag (Behandeln Sie möglichst bald das Volk, z. B. nach der letzten Honigschleuderung mit Ameisensäure).
Beispiel: 42 Milben sind in 14 Tagen gefallen, d. h. 3 Milben sind pro Tag gefallen -> schwacher Befall

Befallseinschätzung über die Milben in der Drohnenbrut:
➤ Vereinzelte Milben lassen auf einen geringen Varroa-Befall schließen.
➤ Mehr als 30 Varroa-Milben sind ein Hinweis auf einen hohen Varroa-Befall. Behalten Sie das Volk im Auge, achten Sie bei der Kontrolle auf Milben, die auf Bienen sitzen oder auf verkrüppelte Bienen/Brut.
➤ Mehr als 50 Milben: Behandeln Sie möglichst bald, z. B. nach der letzten Schleuderung (Ameisensäure).

Befallseinschätzung bei der regelmäßigen Bienenkontrolle:
Ein Alarmzeichen ist, wenn Sie bei der regelmäßigen Durchsicht der Bienen verkrüppelte Bienen, Bienen mit Milben auf dem Rücken oder verkrüppelte Brut sehen. Nehmen Sie bald eine Behandlung vor (nach der letzten Schleuderung, z. B. mit Ameisensäure), denn im Volk sind sehr viele Milben.

Verwechslungen
Verwechslung: Im Gemüll und auf der einzelnen, erwachsenen Biene kann die Varroa-Milbe mit der harmlosen Bienenlaus *(Braula coeca)* verwechselt werden. Bei näherer Betrachtung beider Tiere mit einer Lupe oder unter dem Mikroskop lassen sich folgende Merkmale zur Unterscheidung feststellen:

Varroa-Milbe (**Abb. 8 ❹**a; Spinnentier: Milbe)
Körperbau: flach-oval, schüsselförmig, Anzahl der Beine: 8

Bienenlaus (**Abb. 8 ❹**b; Insekt)
Körperbau: in Kopf, Brust und Hinterleib gegliedert
Anzahl der Beine: 6, sitzt häufig auf der Königin!

ABBILDUNG 9

❶

❷

❸

»Mischinfektionen«

Das Auftreten der Varroa-Milbe und anderer Krankheitserreger können einen ursächlichen Zusammenhang haben, den der Imker selten erkennt (erkennen kann). Wichtig ist, daß alle Krankheiten wahrgenommen werden. Die Varroa-Milbe kann beim Bienenblutsaugen auch andere Krankheitserreger mit ihrem Speichel auf die Biene übertragen (Bakterien, Viren). Ob die Anzahl der übertragenen Erreger zu einem Ausbruch der entsprechenden Krankheit führt, ist u.a. vom Gesundheitszustand der einzelnen Biene und des gesamten Volkes abhängig. Je stärker ein Bienenvolk mit Varroa-Milben befallen ist, desto größer ist auch die Anfälligkeit für andere Erreger. Bisher lassen sich keine exakten Angaben machen, ob seit dem Auftreten der Varroatose andere Krankheiten generell häufiger vorkommen, da alle Bienenkrankheiten von vielen äußeren Faktoren (u.a. Tracht, Bruttätigkeit und Witterung) abhängen. Diese Faktoren sind jedes Jahr sehr unterschiedlich. Wenn die Varroa-Milbe bekämpft wird, verschwinden die anderen Krankheitserreger meist von alleine! Bei folgenden Krankheitserregern wird ein Zusammenhang mit dem Auftreten der Varroa-Milbe besonders bei stark Varroa-geschädigten Völkern vermutet (bzw. wurden Zusammenhänge nachgewiesen):

Viruserkrankungen

DWVirus (Deformed wing virus), ruft Verkrüppelungen der Bienenflügel hervor

APVirus (Acute paralysis virus), führt zu Brutschäden, die der Europäischen (Gutartigen) Faulbrut ähneln.

SBVirus (Sackbrut Virus), verhindert die Weiterentwicklung der Brut (säckchenförmiges Aussehen)

Bakterienerkrankung

Bacillus larvae – Erreger der Amerikanische Faulbrut

Pilzerkrankung

Ascosphaera apis – Erreger der Kalkbrut

Medikamentöse und biotechnische Behandlung

Man kann die verschiedenen Varroa-Bekämpfungsmethoden grob in zwei Gruppen gliedern, in die medikamentöse und die biotechnische Bekämpfung:

Die **medikamentöse** Bekämpfung wird mit Chemikalien

durchgeführt, die in das Bienenvolk gegeben werden und die Milben abtöten oder stark verletzen. Die Medikamente verdunsten im Bienenvolk (z.B. Ameisensäure), oder sie werden von den Bienen aufgeleckt und wirken über das Bienenblut (Hämolymphe ist die Nahrung der Milben; z.B. die Medikamente: Perizin, Apitol) oder wirken über den Kontakt zwischen den Bienen und dem Medikament (Strips, auf denen die Bienen laufen: z. B. das Medikament Bayvarol).

Die **biotechnische** Bekämpfung erfolgt durch Eingriffe des Imkers (ohne die Anwendung von chemischen Substanzen) zur Reduzierung der Milben. Dies erreicht der Imker z.B. durch die Vernichtung bestimmter Waben mit verdeckelter Brut (Drohnenbrut oder Bannwabe: Arbeiterinnenbrut).

In der verdeckelten Brut sitzen Varroa-Milben, die somit auch vernichtet werden. Andere Methoden: Wärmebehandlung von Bannwaben oder aller Brutwaben, die vorsichtig auf eine Temperatur erwärmt werden, die für die Milben - nicht aber für die Bienen - schädlich ist (wirkungsvoll, aber aufwendig).

Das Ausschneiden der Drohnenbrut reicht als alleinige Varroa-Bekämpfung nicht aus. Die Kombination dieser Methode mit dem Einsatz der Bannwabe kann die Anzahl der Varroa-Milben auf einem unschädlichen Niveau halten.

Beide Methoden, die medikamentöse und die biotechnische Behandlung, können auch miteinander gekoppelt/angewandt werden. Hiermit können die Nachteile der einzelnen Methoden ausgeglichen werden: Verringerung der verwendeten Medikamenten-Mengen, Verringerung der Medikamentenrückstände in Wachs/Honig und die Reduzierung der Milben auf ein verträgliches Maß. Jeder Imker muß sich eine eigene Strategie zur regelmäßigen Bekämpfung der Milben erarbeiten, die zu seiner Beute, seiner Betriebsweise, den Trachtbedingungen und dem Klima paßt. Vgl. auch das Rotationsprinzip mit integrierter Varroabehandlung.

Hauptstrategie:

1. Wichtig ist die Reduzierung der Milbenzahl nach der letzten Honigschleuderung, damit die noch schlüpfenden Winterbienen möglichst ungeschädigt leben können (außerdem weniger Streß bei der Einfütterung für die Bienen).
2. Eine weitere, effektive Behandlung ist dann nach dem Ende der Brutperiode (Winter) sinnvoll.
3. Mit dem Ausschneiden der Drohnenbrut ist im Frühjahr die Milbenzahl reduzierbar.

INFO

Die Krankheit Varoatose wurde in Varoose umbenannt.

Varroa-Bekämpfungskonzept

Heute besteht Einigkeit unter den Fachleuten, daß eine einmalige Varroabekämpfung in der brutlosen Zeit im November/Dezember überhaupt nicht mehr ausreicht. Es bedarf in der gesamten Bienensaison milbenreduzierender Maßnahmen, die vor der letzten Honigernte keine (Null!!) Rückstände im Honig hinterlassen:

➤ Drohnenbrut ausschneiden von April bis Juli.

Bildung von Brutablegern, in denen eine Behandlung stattfinden kann

➤ Mindestens eine (Kurzzeit-)Behandlung nach der letzten Honigernte mit Ameisensäure.

➤ Eine (Langzeit-)Behandlung nach der Auffütterung mit Ameisensäure.

➤ Notfalls in der brutlosen Zeit eine Behandlung mit Milch- oder Oxalsäure (z. Zt. noch nicht zugelassen).

➤ Kontrolle des Milbentotenfalls innerhalb des Bienenjahrs als Barometer für die Milbenpopulation im Volk.

➤ Erkundigen Sie sich nach dem Behandlungskonzept Ihrer Region. Auskünfte geben die Bieneninstitute, Verbände und das Internet!

ABBILDUNG 10

Die Gemülldiagnose

Ohne Behandlung fallen ebenfalls Milben auf den Beutenboden – es handelt sich um den natürlichen Milbentotenfall. Nach einer Behandlung können mehrere Wochen noch vermehrt Milben fallen.

Durchführung der allgemeinen Gemüllkontrolle (ohne Behandlung; vgl. **Abb. 10**):

➤ Die Windel für mindestens 5 Tage unter das Bienenvolk schieben.

➤ Die Schublade muss sicher vor Ameisen und vor dem Belaufen durch Bienen sein. Denn sonst kommt es zu einem erheblichen Milbenaustrag.

➤ Aus der Zahl der abgefallenen Milben wird der tägliche Milbenabfall berechnet. (Faustzahl: täglicher Milbenbefall x 120 = Gesamtmilbenbefall)

➤ **Kontrolle bis Juli:**

Weniger als 5 Milben pro Tag: Es besteht keine unmittelbare Gefahr für die Völker. Es sollte aber nach Trachtende behandelt werden.

5–10 Milben pro Tag: Der Befall kann kritisch werden. Die Völker sollten besonders aufmerksam beobachtet werden. Mehr als 10 Milben pro Tag: Das Volk sollte bald behandelt werden. Eventuell muss auf eine weitere Tracht verzichtet werden. Mehr als 30 Milben pro Tag: Die Schadschwelle ist überschritten, das Volk ist nicht mehr zu retten.

Kontrolle im Herbst (Oktober/Dezember):
Mehr als 1 Milbe pro Tag: Es sollte eine Nachbehandlung im Winter im brutfreien Zustand der Völker erfolgen.

Drohnenbrut – Ausschneiden zur Varroabekämpfung

Der »einfache» Imker kann auf die Drohnen verzichten. Den Bienen reichen kleine Drohnenecken – Züchter hingegen sind auf die eigenen Drohnen angewiesen. Diese Problematik ist an dieser Stelle jedoch nicht relevant.

Bei diesem Verfahren wird ausgenutzt, daß die Milbe sich bevorzugt in der Drohnenbrut vermehrt. Zur Vermeidung von vielen Drohnenecken auf Brutwaben geben Sie einen Drohnenbaurahmen in jeden Brutraum – also 2 in einem großen Wirtschaftsvolk:

Der Drohnenbaurahmen ist entweder ein leeres Rähmchen mit einem Wachsstreifen am Oberträger – oder Sie schneiden eine (alte) Wabe aus und belassen einen 1 cm hohen Wabenstreifen am Oberträger.

Benötigtes Material: Drohnenbaurahmen, Messer

Arbeitsschritte (Abb. 11):

❶ Stellen Sie den Baurahmen in das Brutnest, z. B. als vorletzte Brutwabe.

❷ Wenn die Drohnenbrut überwiegend verdeckelt ist, fegen Sie die Wabe ab und schneiden die Drohnenbrut mit einem Messer aus.

❸ Kontrollieren Sie den Milbenfall in der Drohnenbrut.

❹ Frieren Sie die Brut ein (Abtöten) und entsorgen Sie das Wachs: Einschmelzen, im Restmüll (Müllverbrennungsanlage), im Kompost (bienenfern, tief vergraben) oder bei den eigenen Hühnern. Die Bienenseuchenverordnung und die gute imkerliche Praxis verbieten es, die Drohnenbrut für Vögel und andere Bienen in der Gegend zu plazieren: Räuberei und mögliche Verbreitung der AFB.

Behandlungsmethoden – rückstandsarm

Prinzipiell gibt es weltweit eine größere Anzahl von Medikamenten gegen die Varroa-Milbe. Die wenigsten hiervon sind in Deutschland bzw. Europa zugelassen. Darüber hinaus hinterlassen die meisten Mittel Rückstände im Bienenwachs, auf den Rähmchen und Beutenwänden, auf den Bienen und im Honig. Weiterhin gibt es bereits Resistenzen gegen einige Wirksubstanzen – nicht jedoch gegen die organischen Säuren.

ABBILDUNG 11

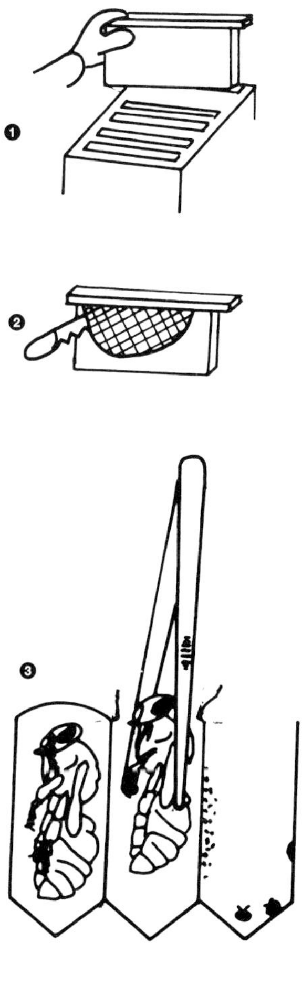

Den Weg aus der Sackgasse ermöglichen die organischen Säuren (Ameisensäure, Milchsäure und Oxalsäure). Sie haben den Vorteil, daß sie bei richtiger Anwendung keine Rückstände im Wachs und Honig hinterlassen. Es handelt sich hier auf jeden Fall auch um Medikamente. Sie sollten verantwortungsvoll mit diesen Medikamenten umgehen.

Die Anwendung von Ameisensäure zur Varroabekämpfung

Die Ameisensäure (kurz: AS) wird auf einen Trägerstoff gegeben und verdampft im Bienenvolk. Die Milben werden hierdurch geschädigt – als einziger Wirkstoff werden hierdurch auch Milben in der verdeckelten Brut erreicht. Die AS wird im Stock mit der Luft verteilt, so daß die Milben von den Bienen auf die Gemüllwindel fallen. Die abgetöteten oder geschädigten Milben in der Brut werden dagegen erst beim Schlupf der Biene und durch die Reinigung der Zelle von Stockbienen beseitigt.

➤ Vorsichtsmaßnahmen: Ameisensäure ist ätzend!

➤ Bei der Vorbereitung und während der Behandlung säurefeste Handschuhe, Schutzbrille und Atemschutzmaske tragen! Augenwaschflasche bereithalten.

➤ Immer Wasser bereithalten, Säurespritzer sofort mit Wasser ab- und auswaschen!

➤ Behältnisse genau beschriften. Wegen möglicher Verwechselungsgefahr keine Lebensmittelbehälter (Sprudelflaschen etc.) zur Aufbewahrung der Säure verwenden!

➤ Für Kinder unerreichbar unter Verschluss aufbewahren!

➤ Gebrauchsfertige Lösung kaufen und verwenden!

➤ Zur Anwendung zugelassen ist ausschließlich 60%ige Ameisensäure (DAC-Qualität)

Brutschäden lassen sich bei der Anwendung von Ameisensäure nie vollständig ausschließen. Insbesondere die gerade schlüpfenden Jungbienen können geschädigt werden und als erhöhter Totenfall vor dem Flugloch liegen.

Königinnenverluste lassen sich vermeiden; durch die Verwendung von gekühlter 60%iger Ameisensäure, so daß diese anfangs langsam verdunstet.

Allgemeine Anwendungshinweise

➤ Keine Anwendungen **vor** der Tracht: In Wirtschaftsvölkern sollte die erste Anwendung unmittelbar nach der letzten Honigernte erfolgen.

➤ Bei Kurzzeitbehandlungen sollte es trocken sein, damit

hohe Luftfeuchtigkeit sich nicht mit der AS verbinden und diese »schwächen« kann.

➤ Offene Gitterböden sind zu schließen, damit die AS nicht schnell »verpufft».

➤ 2–3 Tage vor der Behandlung sollte die Fütterung der Völker gestoppt werden, damit keine erhöhte Luftfeuchtigkeit in der Beute besteht.

➤ Die Außentemperatur sollte zwischen 10 – 25 °C liegen. Darunter ist der Behandlungserfolg zweifelhaft, da die Bienen sehr eng (in der Traube) sitzen. Bei höheren Temperaturen besteht die Gefahr des Auszugs der Bienen oder des Verbrausens.

➤ Zusätzliche Leerzargen sind zu entfernen, damit die Säure dort nicht unnötig verdünnt wird. Das Flugloch aber geöffnet lassen.

➤ Brutlose und weisellose Völker ziehen bei der Behandlung schneller als »normale« Völker aus. Diesen Zustand deshalb beenden bzw. die Bruttätigkeit abwarten.

➤ Alle Völker eines Standes sollten gleichzeitig behandelt werden. Wenn die Imker im Umkreis von 3 km einen gemeinsamen Behandlungszeitraum finden, ist die Re-Invasion mit Milben auf ein Minimum reduziert.

Sollte unmittelbar nach Beginn der Anwendung das Bienenvolk aus dem Flugloch quellen, dann wurde ein Anwendungsfehler gemacht. Dann sofort die Behandlung abbrechen und das Bienenvolk belüften!

Kurz- und Langzeitbehandlung mit Ameisensäure

Direkt nach der Entnahme des letzten Honigs wird eine Kurzbehandlung mit AS empfohlen. Die Spitze der Milbenzahl soll gebrochen werden – gleichzeitig dürfen die Nachteile der Anwendung wie Rückgang der Brutaktivität nicht die Produktion der Winterbienen stören. Dagegen können Langzeitbehandlungen nach dem Ende der Auffütterung diesen Effekt nicht bewirken.

Kurzbehandlungen bedeuten die Abgabe der AS innerhalb von 1 – 2 Tagen mit einer anfangs recht hohen AS-Konzentration in der Stockluft (einige Autoren sprechen auch von einer Stoßbehandlung).

Die Langzeitbehandlung erfolgt meist mit Verdunstern, die über einen längeren Zeitraum möglichst geringe Mengen an AS abgeben. Einige Imker setzen an Stelle einer Langzeitbehandlung mehrfach im Abstand von einer Woche eine Kurzzeitbehandlung ein oder warten auf die brutfreie Zeit im November/Dezember, sofern die Milbenzahl nicht kritisch ist, um dann Milch- oder Oxalsäure anzuwenden.

ABBILDUNG 12

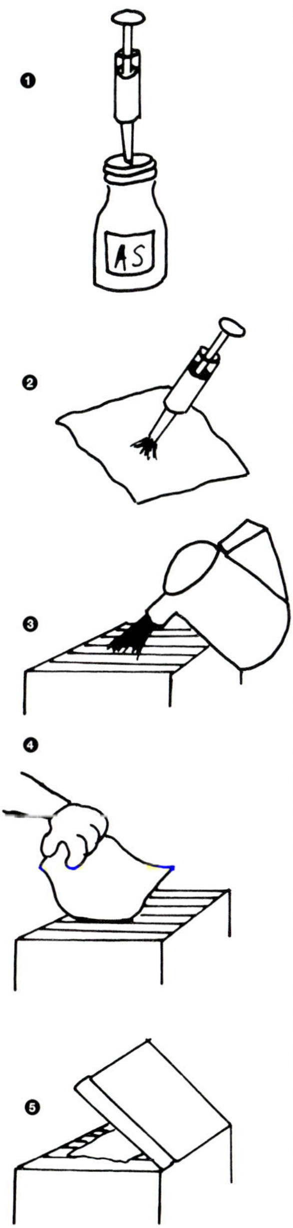

ABBILDUNG 13

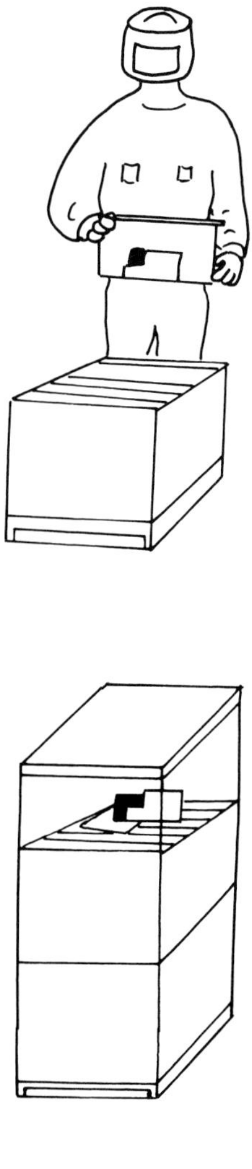

Im folgenden werden Ihnen auszugsweise einige Methoden zur AS-Anwendung beschrieben. Es gibt deutlich mehr Verfahren – machen Sie sich kundig und schauen Sie erfahrenen Imkern bei der Behandlung über die Schulter!

Schwammtuchmethode (Kurzzeitbehandlung)

Als Trägerstoff für die AS dienen Haushaltsschwammtücher (ca. 20 x 18 x 0,5 cm), die mit gekühlter 60 %iger AS beträufelt werden. Das Schwammtuch wird möglichst nah an den Bienensitz auf die obersten Rähmchen gelegt oder von unten in den Beutenboden geschoben. Empfohlen werden 2 – 4 Anwendungen im Abstand von 4 – 7 Tagen. Möglich sind auch Behandlungen 2-mal vor und 2-mal nach dem Auffüttern. Die Anzahl der Anwendungen sinkt auf 1-mal vor dem Auffüttern, wenn nach der Auffütterung eine Langzeitbehandlung vorgenommen wird.

Dosierung: Anwendung von oben: 2 ml 60 %ige AS je Wabe (Normalmaß oder Zander). Bei Golzbeuten (Kuntsch-Waben) 3 ml je Wabe. Anwendung von unten: 3 ml 60 %ige AS je Wabe, Liebig (1988) empfiehlt bei der Behandlung von unten bei Temperaturen von 12 – 15 °C alternativ die Verwendung von 85 %iger AS, dann jedoch 2 ml je (Zander-)Wabe.

Arbeitsschritte (Abb. 12): ❶ Abmessen der AS-Menge, ❷ Beträufeln des Tuchs auf einer Unterlage, ❸ Wachsbrücken entfernen und Rauch geben, ❹ Tuch auflegen. ❺ Beute schließen. Windel einlegen!

Der Nassenheider Verdunster (Kurz- und Langzeitbehandlung)

Dieser Verdunster erlaubt durch seine Konstruktion eine gleichmäßige Verdunstung über einen Papp-Docht, der je nach gewünschter Verdunstungsmenge eine unterschiedliche Höhe hat. Empfohlen werden je 2 Behandlungen vor und nach der Auffütterung; auch hier sind unterschiedliche Rhythmen möglich. In der ältesten Bauversion wird der Verdunster in einem Leerrähmchen befestigt (**Abb. 13, oben**). Je Zarge erhält das Volk einen Verdunster – bei 2-zargigen Völkern diagonal versetzt. Die neuere Version wird in eine Leerzarge auf ein Verdunstungstuch gesetzt (**Abb. 13, unten**).
Der Verdunster wird mit z.B. 80 ml 60 %iger AS befüllt und nahe an das Brutnest bzw. in die Leerzarge gestellt. Temperaturbereich minimal 5 °C, maximal 30 °C.

Medizinflasche (Kurz- und Langzeitbehandlung)

Die AS gelangt aus einer umgedrehten Medizinflasche mit

einem Tropfauslauf, gehalten von einem Holzklötzchen, auf eine Trägerfläche (Papier-Küchentuch oder Weichfaserplatte; vgl. **Abb. 14**) und verdunstet relativ langsam und »bienenschonend». Hohe Außentemperaturen stellen lt. Erfahrungsberichten kein Problem dar. Behandlung lässt sich jederzeit unterbrechen. Der Verdunster wird in eine Leerzarge gestellt Es wird z.B. eine Behandlung vor und eine nach der Auffütterung empfohlen. Es gibt verschiedene Varianten zur Anwendung der Medizinflasche:

Tellerverdunster für Langzeitbehandlung (TV lang): Der TV besitzt als Docht ein 2 x gefaltetes Papier-Küchentuch, das in einen Blumentopfuntersetzer gelegt wird – diesen sollte das Tuch jedoch nicht überragen! Dosierung: 2-Zargen-Völker erhalten eine Flasche mit 200 ml 85%iger AS, 1-Zargen-Völker mit 150 ml. Anwendungsdauer: 2 Wochen. Bei Kälteeinbruch ist die Flasche ggf. erst nach 3 Wochen leer.

Tellervariante für Kurzzeitbehandlung: Aufbau der Medizinflasche wie oben, Befüllung jedoch nur mit 100 ml für 2-zargige bzw. 50 ml für 1-zargige Völker. Die Flasche ist nach 3 – 4 Tagen geleert. Anwendungszeitpunkt: besonders vor der Auffütterung geeignet. Hinweis: Den Verdunster gibt es komplett im Imkerbedarfshandel.

Weitere Verdunstertypen (Kurzzeitbehandlung)

Es gibt eine große Vielzahl unterschiedlicher Verdunster und z. T. bauen Imker neue Varianten. Beurteilung: Gut ist, was (gut) hilft!

ABBILDUNG 14

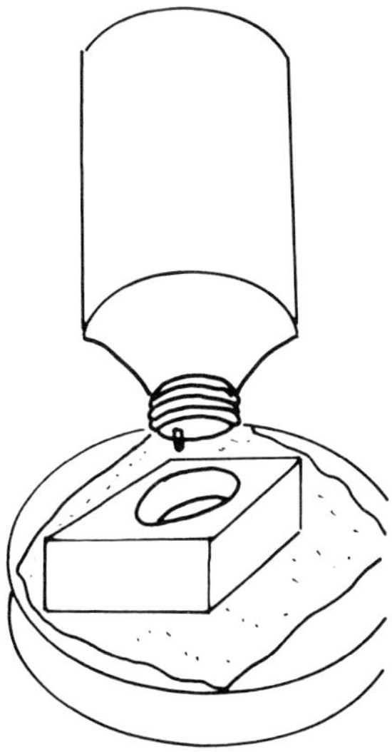

ABBILDUNG 15

Sprühbehandlung mit Milchsäure

Die Milchsäure ist im Imkerbedarfshandel schon in der richtigen Konzentration (15 Vol. %) erhältlich. Schutzkleidung wie bei der AS-Anwendung (Handschuhe, schützende Kleidung, Schutzbrille) sowie Atemschutz.

Dosierung und Anwendung: Die bienenbesetzten Wabenseiten werden maximal mit 8 ml Milchsäure fein eingesprüht (**Abb. 15**), ohne die Bienen jedoch zu durchnässen. Ein einfacher Handsprüher wird »geeicht», indem man in eine Spritze sprüht (Kolben herausgezogen) und die Anzahl von Spritzhüben zählt. In »Varroa unter Kontrolle« wird die Sommerbehandlung von brutlosen Jungvölkern zweimalig im Abstand von wenigen Tagen empfohlen.

Die Winterbehandlung aller Völker sollte bei Temperaturen über 0 °C ein- oder zweimalig im Abstand weniger Tage vorgenommen werden. Die Völker müssen brutlos sein.

ABBILDUNG 16

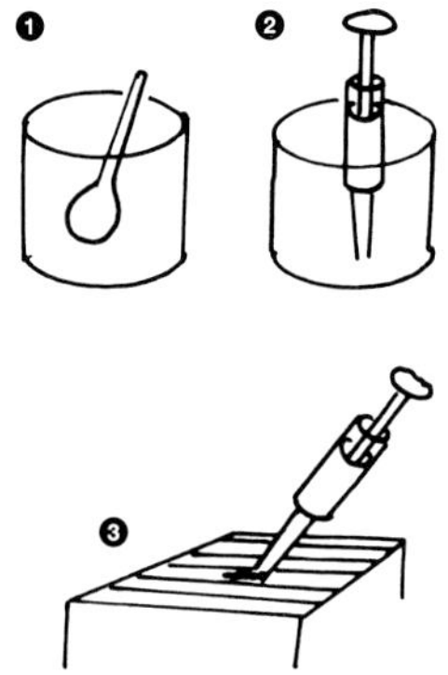

ABBILDUNG 17

ABBILDUNG 18

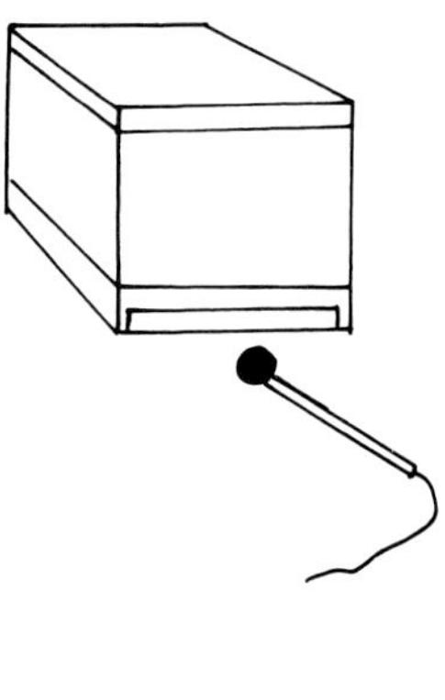

Oxalsäure-Anwendung

Das neueste Mitglied der organischen Säuren ist in Deutschland bisher nicht zugelassen, während in Österreich seit 2001 die Anwendung geregelt ist. Die dortigen Erfahrungen zeigen, daß die Oxalsäure als Medikament wirkungsvoll angewendet werden kann. In der Imkerpresse und im Internet wird eine Vielzahl von Daten und Rezepturen angeboten. Daher beschränkt sich der Autor auf eine Grobbeschreibung der Anwendungsarten.

Träufelbehandlung mit Oxalsäure (Zulassung für Dtschl. erwartet). Zeitpunkt: In der brutfreien Zeit Spätherbst/Winter und in brutfreien Völkern (z.B. in Kunstschwärmen). Die Erfahrung hat gezeigt, daß zwei- oder dreifache Anwendungen im Herbst/Winter zu starken Bienenverlusten führen!

Arbeitschritte Abb 16:
❶ Anmischen der OXS (z.B. 35g Oxalsäuredihydrat mit warmer 1:1 Zuckerwasserlösung). ❷-❸ Die Oxalsäure-Zuckerlösung wird mit einer Dosierspritze auf die Bienen in die Wabengassen geträufelt: schwaches Volk (kleiner als 1 Zarge) 30 ml, mittleres Volk (1 Zarge) 40 ml, starkes Volk (gr. als 1 Zarge) 50 ml.
Das Medikament ist nur wirksam, wenn die Bienen erreicht werden. Bienenfreie Bereiche im Volk nicht beträufeln. Bei der Anwendung der Lösung sind Handschuhe zu tragen, denn die Oxalsäuredihydrat-Kristalle und die daraus angefertigte Lösung sind für Menschen giftig!
Nur einmal im Jahr anwenden – wegen Bienenverträglichkeit!

Oxalsäure-Sprühverfahren:
Die bienenbesetzten Waben werden z.B. mit einer 3%igen Oxalsäurelösung in der brutfreien Zeit und in brutlosen Völkern besprüht (**Abb. 17**). Machen Sie sich kundig, welche Dosierungen üblich sind bzw. in Untersuchungen sich bewährt haben. Die feinen Oxalsäuretropfen können eingeatmet werden und stellen eine Gefahr für den Menschen dar (Atemschutzmaske und Handschuhe). Diese Methode ist bienenverträglicher als das Träufeln.

Oxalsäure-Verdampfungsverfahren:
Zum gleichen Zeitpunkt wie bei den beiden anderen Verfahren wird Oxalsäure in Tablettenform mit Hilfe eines Heizlöffels im Bienenvolk verdampft. Der Verdampfer wird durch das Flugloch in die Beute geschoben (**Abb. 18**). Das Flugloch

bleibt während der Anwendung verschlossen. Es ist unklar, inwieweit z. B. in Deutschland das zugelassen werden kann. Die Geräte sind bereits im Handel und werden überwiegend mit einer Autobatterie oder einem Trafo betrieben.

Thymolbehandlung

Es gibt z.Zt. ein zugelassenes und mehrere nicht zugelassene Medikamente mit dem Wirkstoff Thymol. Zur Anwendung nach der letzten Honigentnahme wird das geöffnete Medikament auf die Rähmchenoberträger in eine Leerzarge gestellt (**Abb. 19**). Eine gute Wirkung kann nur bei konstanten hohen und über mehrere Wochen anhaltenden Temperaturen erzielt werden. Großflächige Erfahrungen liegen z. Zt. in Deutschland noch nicht vor.
Bei der Anwendung dieses Wirkstoffes kann es zu Thymol-Rückständen im Honig kommen (verbotener Zusatz zum Honig!), teilweise duftet die gesamte Imkerei nach Thymol – möglicherweise nach unsachgemäßer Anwendung.

Perizin®-Behandlung

Das apothekenpflichtige Medikament wird nur in brutlosen Völkern, in der Winterzeit angewendet. Um weitere Zunahmen von Rückständen im Bienenwachs zu vermeiden, wird von vielen Stellen der Verzicht auf das Präparat empfohlen. Das konzentrierte Präparat wird mit Wasser verdünnt (Dosierung siehe Beipackzettel) und mit Dosiergerät (Dosierset vom Hersteller, **Abb. 20**) oder einer Einwegspritze auf die Bienen in die Wabengassen brutloser Völker geträufelt (Bestandsbuch S. 184).

Bayvarol®-Streifen

Dieses Medikament ist auf Streifen aufgetragen, die in die bienenbesetzten Wabengassen gehängt werden (**Abb. 21**). Der Wirkstoff, ein Pyrethroid, wird von den Bienen aufgenommen, aber auch auf die Bienenprodukte übertragen. Aufgrund des Auftretens von resistenten Milben und der Rückstände in den Bienenprodukten sollte die Anwendung nicht erfolgen. Dies gilt auch für das ähnliche Medikament, dem »Apistan«-Steifen. Die Anwendung derartiger Streifen ist verführerisch einfach – dank der Vergesslichkeit bleiben sie aber auch über viele Wochen in den Völkern: Beste Bedingungen zur Resistenzbildung. Derartige Anwendungen sollten unbedingt unterbleiben (Bestandsbuch S. 184).

ABBILDUNG 19

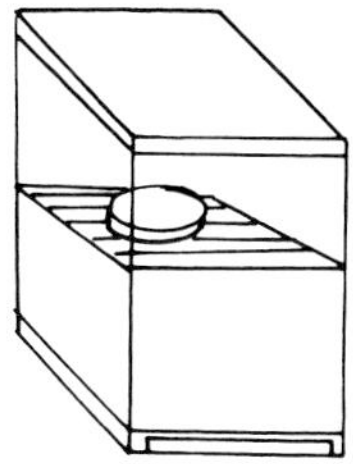

ABBILDUNG 20

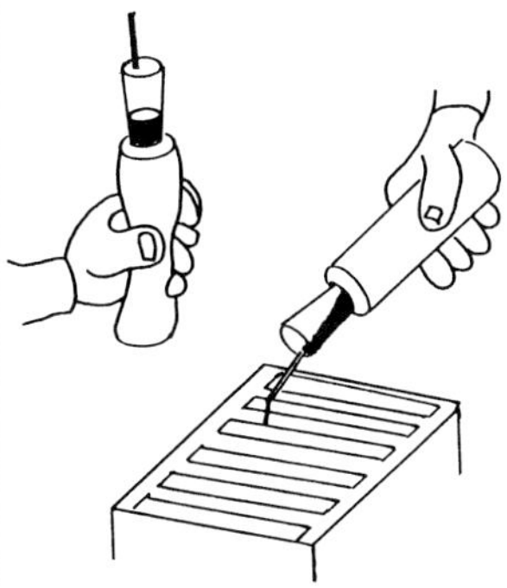

ABBILDUNG 21

Unterkühlung

ABBILDUNG 1

Wabensitz der Bienen bei einer Außentemperatur von: 16°C

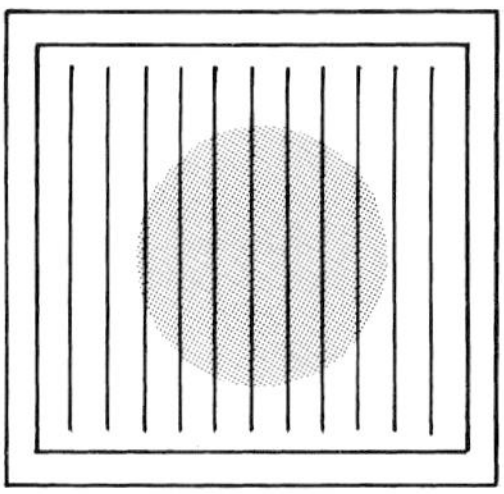

- 5°C

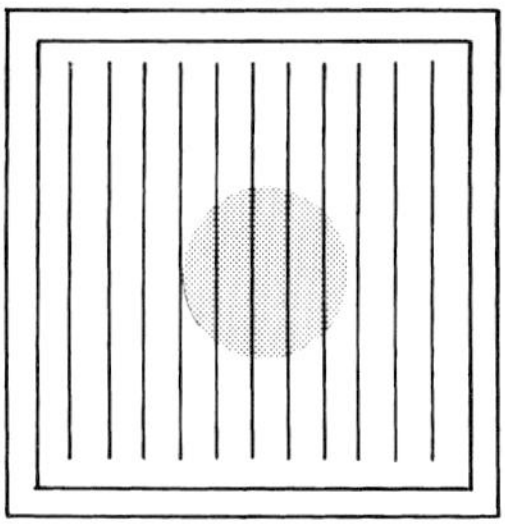

Ursachen/Auslöser

Kälteeinbrüche im zeitigen Frühjahr können besonders kleine Bienenvölker zum Verlassen der äußeren Brutwaben zwingen. Die Bienentraube kann nur die inneren Brutwaben ausreichend wärmen. Die unterkühlte Brut stirbt ab. Wird sie nicht sofort aus den Zellen geräumt, kommt es zur bakteriellen Zersetzung der Brut (Bildteil 60).

Krankheitsbild

Häufig ist Drohnenbrut unterkühlt, da diese am Rande des Brutnestes angelegt wird. Prinzipiell kann jedoch auch Arbeiterinnenbrut geschädigt werden. Sowohl offene als auch verdeckelte Brut kann unterkühlen. Die abgestorbene, evtl. zersetzt riechende Brut verfärbt sich teilweise: gräulich bis schwarz. Eine fadenziehende Masse wie bei der Amerikanischen Faulbrut entsteht nie (Streichholztest).

Bei verdeckelter, unterkühlter Brut können die Zelldeckel einsacken, rissig oder löchrig werden. Das Titelbild dieses Buches zeigt unterkühlte Brut (im Schlupfstadium) aus einem Begattungskästchen. Die schlüpfende Biene konnte die Zelle nicht mehr rechtzeitig verlassen.

Maßnahmen und Vorbeugen

➤ Entfernen Sie größere unterkühlte Brutstellen/Waben.

➤ Bilden Sie große Ableger und Begattungsvölkchen (ausreichend Bienenmasse).

➤ Überprüfen Sie die Dichtigkeit der Bienenbeuten (besonders: Deckel). Ritze und Löcher erschweren den Bienen das Halten der Temperatur.

Königinbedingte Brutprobleme (Weisellosigkeit, Drohnenbrütigkeit und Buckelbrütigkeit)

Normalfall

In jedem gesunden Bienenvolk legt (nur) eine Königin Eier: Besamte Eier in Arbeiterinnen- und Königinnenzellen und unbesamte Eier in Drohnenzellen. Durch Duftstoffe (Pheromone) signalisiert die Königin den Arbeiterinnen ihre Anwesenheit im Volk und unterdrückt gleichzeitig die Eiablage durch Arbeiterinnen **(Abb. 1)**. Dies ist notwendig, da auch Arbeiterinnen über Eierstöcke verfügen und prinzipiell Eier legen könnten.

ABBILDUNG 1

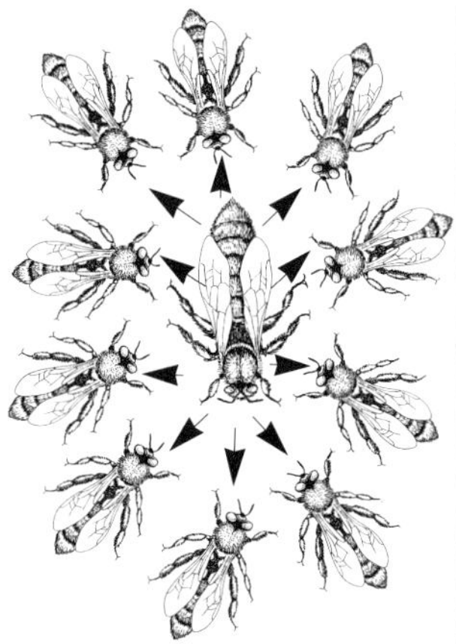

Weisellosigkeit

Stirbt eine Königin an Altersschwäche, Krankheit oder durch imkerische Eingriffe (z.B. Quetschen), dann vermissen die Arbeiterinnen die Königin-Durftstoffe. Sie können in der Brutperiode jüngste Arbeiterinnen-Larven in Weiselnäpfchen/ Zellen zu Königinnen heranziehen. Mit der Hilfe dieser Nachschaffungszellen wird ein Ersatz für die fehlende Königin geschaffen. Die junge Nachschaffungskönign beginnt nach dem Begattungsflug mit der Eiablage.
Stirbt die Königin in der brutlosen Periode (Herbst, Winter), können die Arbeiterinnen keine Nachschaffungszellen ansetzen. Das Volk ist weisellos. Greift der Imker nicht ein, wird das Volk evtl. drohnen- oder buckelbrütig und geht letztendlich ein. Weisellose Völker fallen durch ihre Unruhe besonders im Winter auf (Mögliche Folgen: Ruhr, Nosematose).

Maßnahmen bei Weisellosigkeit:

➤ Vergewissern Sie sich, daß wirklich keine Königin im Volk ist (Durchschau des Volkes, **Abb. 2a**) Im Frühjahr und Sommer können Sie durch das Einhängen von Eiwabenstücken die

ABBILDUNG 2

a

b

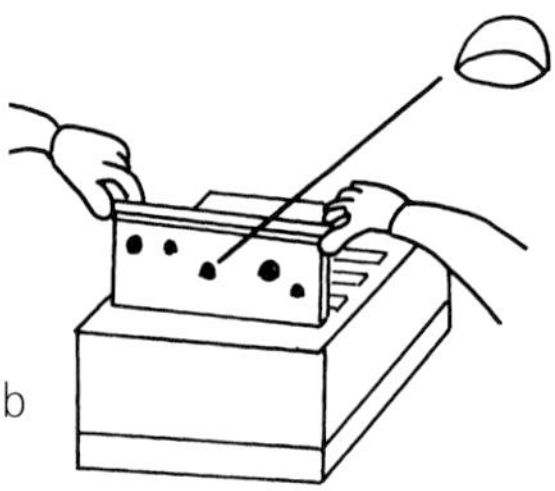

Weiselprobe machen: Werden Weiselnäpfchen angesetzt, ist das Volk mit hoher Wahrscheinlichkeit weisellos (**Abb. 2b**).

➤ Kleine und schwache Völker auflösen bzw. mit anderen Völkern vereinigen.

➤ Weiseln Sie in große, vitale Völker eine begattete Königin ein (im Königinnenkäfig, für einige Tage unter festem Verschluß, dann unter Futterteig).

Drohnenbrütigkeit

Hiermit bezeichnet man den Zustand, daß im Bienenvolk ausschließlich Drohnenbrut »produziert« wird. Folgende Ursachen können hierfür verantwortlich sein:

➤ Die Königin hat keinen Samen mehr und legt daher nur noch unbesamte Eier in Drohnenzellen. Hieraus entwickeln sich ordnungsgemäß Drohnen.

➤ Die Königin hat eine Erkrankung an ihrem Geschlechtssystem oder wurde geschädigt (z. B. beim Imkern gedrückt) und legt deshalb nur unbesamte Eier (s. o.).

Maßnahmen bei Drohnenbrütigkeit:
Weiseln Sie das Volk nach der Entnahme der alten Königin um, indem Sie eine Königin zusetzen oder das Volk mit einem weiselrichtigen Volk vereinigen. Sie können die Drohnenbrut entfernen.

Buckelbrütigkeit

Dies ist eine Sonderform der Drohnenbrütigkeit: Zieht ein weiselloses Volk keine Königin nach (z. B. in der brutlosen Periode), beginnen ein oder mehrere Arbeiterinnen mit der Eiablage. Ihre Eierstöcke wurden »aktiviert«, denn die Hemmung durch die Königinduftstoffe unterbleibt (siehe oben). Diese Arbeiterinnen werden Drohnenmütterchen genannt. Sie fliegen nicht wie eine »echte« Königin zur Begattung aus und verfügen daher nicht über Samen. Deshalb sind die Eier des Drohnenmütterchens unbesamt: Es entstehen Drohnen aus diesen Eiern. Werden die Eier in Arbeiterinnenzellen gelegt, verlängern und erweitern die Bienen diese Brutzellen nach oben hin, um mehr Platz für die Drohnen zu schaffen. Deshalb ist die Drohnenbrut »buckelig« (**Abb. 3**).
Die Drohnenmütterchen sind nicht in jedem Fall von Arbeiterinnen zu unterscheiden. Der Imker erkennt die »Buckel-

brütigkeit« und die »chaotische« Eiablage: Mehrere Eier in einer Brutzelle (siehe unten).

Maßnahmen bei Buckelbrütigkeit:
➤ Weiseln Sie eine begattete Königin ein (z.B. mit einem Wabenaufsteckkäfig) oder:
➤ Fegen Sie das Volk ab oder vereinigen Sie es mit einem weiselrichtigen Volk.
➤ Entfernen Sie die Buckelbrut (Ausschneiden).

Mehrere Eier in einer Brutzelle

Der Imker sieht in einer Brutzelle im Normalfall nur ein Ei. Falls mehrere Eier in die Zelle gelegt wurden (**Abb. 4**), kommen folgende Ursachen in frage:
➤ Eine sehr junge Königin »lernt« in ihren ersten Tagen nach ihrer Begattung die Eiablage und macht noch Fehler. Sobald sie ihren Legerhythmus gefunden hat, treten diese Erscheinungen nicht mehr auf.
➤ Eine Königin hat nicht ausreichend Platz (besonders im Begattungskästchen) und legt mehrere Eier pro Zelle. Sind genügend Brutzellen vorhanden, ist das Legeverhalten normal.
➤ Ein oder mehrere Drohnenmütterchen legen mehrere Eier pro Zelle, häufig nicht nur auf den Zellboden sondern an den Zellrand. Maßnahmen: Siehe oben.

Mehrere Königinnen in einem Volk

Dieser Zustand ist bei unseren Honigbienen (*Apis mellifera carnica*) ungewöhnlich und tritt nur selten auf:
➤ Ein Volk schwärmt und es schlüpfen gleichzeitig mehrere junge, unbegattete Königinnen, die noch nicht miteinander gekämpft haben oder ebenfalls abschwärmen.
➤ Weiselt ein Volk rechtzeitig vor dem natürlichen Tod der Königin um, wird die alte Königin nicht immer sofort abgetötet. Sie kann manchmal wenige Wochen auf einigen Waben noch legen während ihre »Nachfolgerin« ebenfalls schon Eier legt. Die Bienen werden irgendwann die alte Königin abtöten. Maßnahmen sind nicht nötig.

ABBILDUNG 3

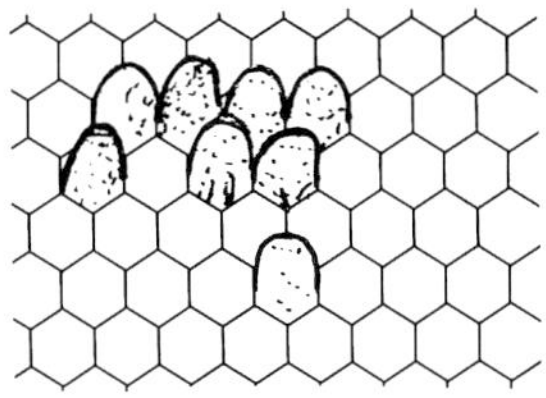

ABBILDUNG 4

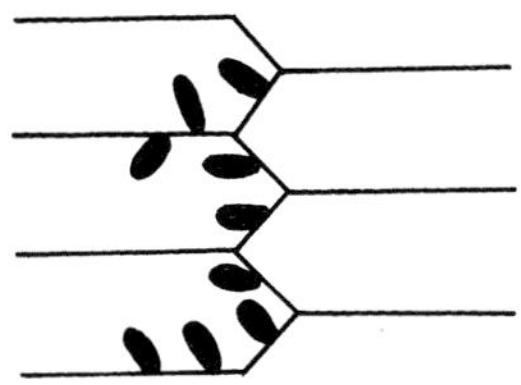

Krankheiten der erwachsenen Biene

Nosematose (Frühjahrsschwindsucht)

ABBILDUNG 1

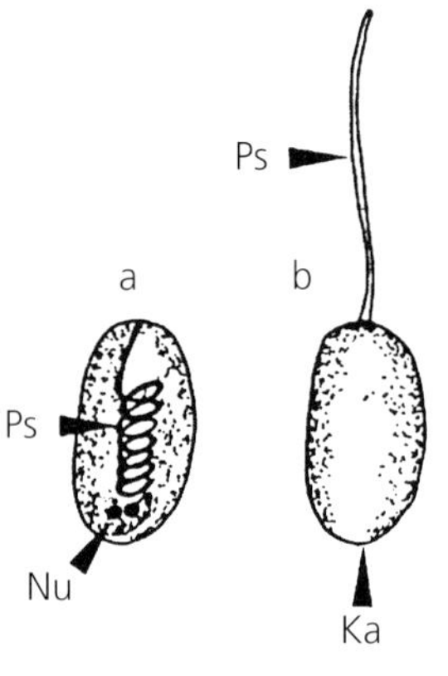

ABBILDUNG 2

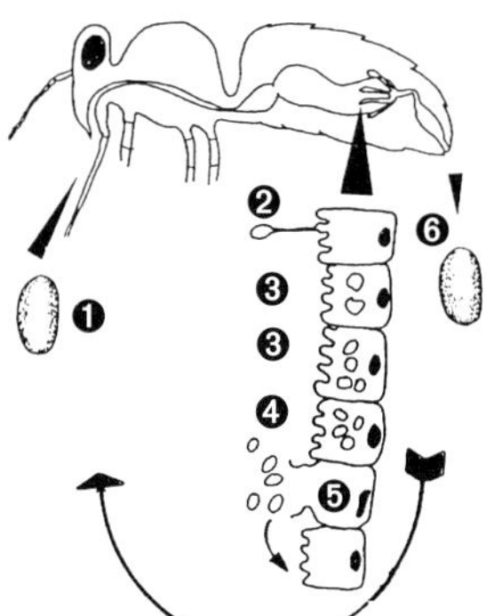

Erreger

Nosema apis ZANDER: Ein einzelliger Parasit (Mikrosporidie), der die Darmwand der Biene zerstört. Größe des ovalen Dauerstadiums (Spore): 9x5 tausendstel Millimeter – nur mit einem Mikroskop sichtbar (Bildteil ㊷).

Abb.1: a Spore, b Spore während der Infektion
Nu Zellkern, Ps Polschlauch, Ka Kapsel, Sporenhülle

Infektion und Vermehrung

Die Arbeiterin nimmt beim Reinigen von Waben oder mit der Nahrung (Honig aus der Wabe eines erkrankten Volkes oder Wasser aus einer bekoteten Bienentränke) Nosema-Sporen mit dem Mund auf (**Abb. 2 ❶**). Die Sporen gelangen über Mund-Speiseröhre-Honigmagen-Ventiltrichter in den Mitteldarm, dringen in die Zellen ein und vermehren sich dort (**Abb. 2 ❷-❺**). Die Sporen werden abgekotet (Abb. 2❻), teilweise auch mit abgestoßenen Darmzellen.

Schädigung

Der Nosema-Erreger ist in jedem Bienenvolk vorhanden. Im Mitteldarm vermehrt er sich z. T. so stark, daß fast jede Darmzelle mit Sporen gefüllt ist. Die Erneuerung (Regeneration) von Darmzellen kann die vielen zerstörten Zellen nicht schnell genug ersetzen. Kotspritzer erkrankter Bienen enthalten z. T. Millionen von Sporen und sind sofort infektiös. Weitere Schädigungen der Honigbiene durch *Nosema apis*:

➤ Die Zerstörung des Bienendarms hat zur Folge, daß die Biene kein Futter verwerten kann und Flüssigkeit verliert.

➤ Die geschwächten Bienen sind anfällig für weiter Krankheitserreger und haben eine kurze Lebenserwartung.

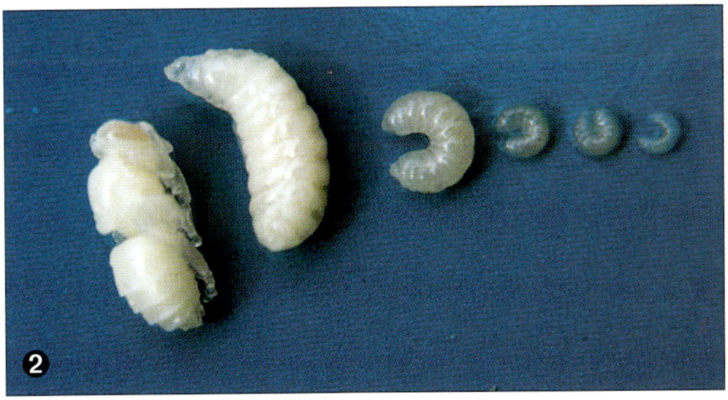

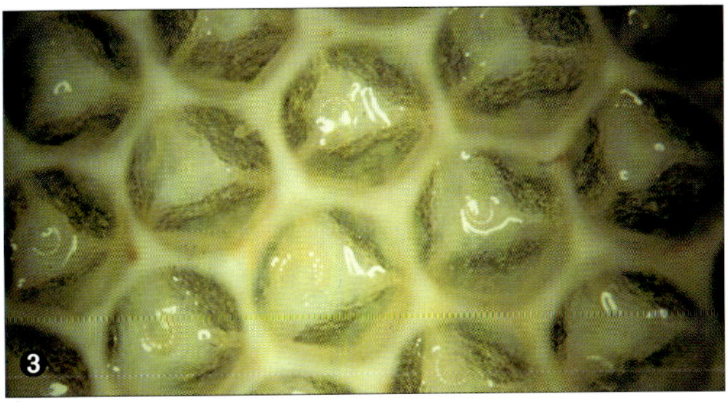

❶ Gesunde Bienen. Zu einem widerstandsfähigen Bienenvolk gehören große, gesunde Bienen.

❷ Gesunde Brut. Rundmaden, Streckmade und Puppe

❸ Gesunde Brut. Eine wichtige Voraussetzung für langlebige, vitale Bienen ist eine ausreichende Futterversorgung der Brut. Die Rundmaden sollen »im Futter schwimmen«. (Foto: W.-I. LAU)

❹ Gesunde Brut. Die Brutwabe soll eine geschlossene Brutfläche aufweisen. Die hier sichtbare Anzahl der »Löcher« im Brutnest, d.h. leere Zellen, ist akzeptabel.

❺ Amerikanischen Faulbrut. Die Brut ist lückig. Bei näherer Betrachtung sollten dem Imker eingesunkene, teilweise dunkel verfärbte Zelldeckel auffallen. Streichholzprobe: positiv

❻ Amerikanische Faulbrut. Vergrößerter Ausschnitt von Foto (5): dunkel verfärbte, löchrige und eingesunkene Zelldeckel

❼ Amerikanische Faulbrut. Auf der hellen Wabe fallen die Faulbrutschorfe in der unteren Zellrinne leicht auf. Diese sind auf alten, dunkelen Waben nur schwer erkennbar! Der rauhe Schorf sitzt fest in den Zellen. (Foto: W.-I. LAU)

❺

6

❼

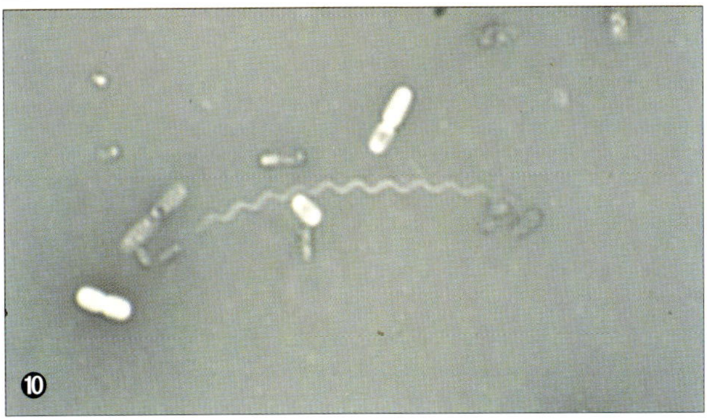

❽ Amerikanische Faulbrut. Streichholztest: positiv. Aus der Brutzelle kann ein zäher, klebriger Faden gezogen werden. Der Faden reißt schnell ab. Meldepflicht! (Foto: W. MÜHLEN)

❾ Amerikanische Faulbrut. Pinzette mit fadenziehendem Faulbrutmazerial. Farbe und Form der zähen Masse können sehr stark variieren – vgl. Abb. 8. (Foto: W. MÜHLEN)

❿ Amerikanische Faulbrut. Untersuchungslabor: Bei hoher Vergrößerung sind mit Hilfe von speziellen Anfärbungen die ovalen, glänzenden Bakterien (teilweise bei der Zweiteilung) und der typische, wellenförmige Geißelzopf sichtbar. (Foto: W. VON DER OHE)

⓫ Kunstschwarmbildung zur Sanierung eines Faulbrutstandes. Die Bienen aus dem Faulbrutvolk (grüne Beute) werden in einen desinfizierten Kunstschwarmkasten geschlagen. Die bienenfreien Waben werden in großen Kunstoffbeuteln entsorgt.

⓬ Kunstschwarmbildung. Kunstschwarmkasten mit Lüftungsdeckel verschliessen. Für große Kunstschwärme zwei Leerzargen verwenden.

⓭ Kunstschwarmbildung. Kellerhaft: Der Kunstschwarm steht dunkel und kühl. Ausreichend Wasser und evtl. etwas Trockenfutter geben. Herabrieselnde Teilchen auf einer Unterlage auffangen und entsorgen.

⓮ Kunstschwarmbildung. Einlogieren des Kunstschwarms in eine desinfizierte Beute. Die Bienentraube mit einem neuen (!) Gänseflügel in die Beute gefegen. Übrige Bienen aus dem Kunstschwarmkasten durch das Flugloch zulaufen lassen. Keine toten Bienen oder Wachsteile in die Beute fallen lassen.

⓯ Desinfektion. Die zu desinfizierende Ausrüstung wird vor Arbeitsbeginn zusammengestellt. Rechts: Wanne, Gasbrenner und Gasflasche

⑯ Desinfektion. Mechanisches Abkratzen von Wachsteilchen, die später entsorgt werden.

⑰ Desinfektion. Abflammen von Rähmchen (zeitaufwendig). Das Holz muß sich von der Hitze dunkel verfärben.

⑱ Desinfektion. Abbürsten von Holzbeuten in heißer Ätznatronlauge. Wichtig: Schutzbrille, Handschuhe und Stiefel

⑲ Desinfektion. Die Rähmchen werden in der Ätznatronlauge mit einem Stein beschwert. (Foto: W.-I. LAU)

⑳ Desinfektion. Desinfizierte Rähmchen

㉑ Desinfektion. Desinfizierte Absperrgitter - frei von Wachs und Propolis

㉒ Entsorgung. In einem Stahlfaß können nicht desinfizierbare Rähmchen, Holzteile oder Holzbeuten verbrannt werden. (Foto: W.-I. LAU)

23 Sackbrut. Flüssigkeitsgefüllte, sackförmige Streckmade. Die Körperringe sind gut sichtbar. (Foto: W. VON DER OHE)

24 Sackbrut. Auf dieser Sackbrut-Streckmade sitzt zusätzlich eine Varroamilbe (Mischinfektion). Das Innere der Made wird zersetzt und verfärbt sich dunkel. (Foto: W. VON DER OHE)

25 Sackbrut. Links: Gesunde, weiße Made. Rechts: erkrankte, dunkelgefärbte Sackbrutmade. (Foto: W. MÜHLEN)

26 Sackbrut. Stehengebliebene Brutzellen mit löchrigem Zelldeckel und Sackbrutmumien.

27 Europäische Faulbrut. Streichholztest meist (!) negativ. Einige Maden liegen verfärbt und verdreht in der Zelle.

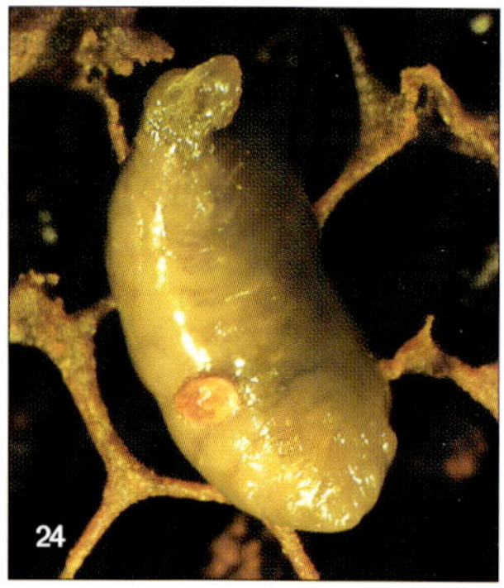

㉘ Varroa. Arbeiterin mit Varroamilbe auf dem Rücken (Foto: CHR. RAU / Inst. f. Bienenkunde Oberursel)

㉙ Varroa. Blick auf den Boden einer Zelle: Junge Varroamilben – hell, teilweise tropfenförmige Entwicklungsstadien und dunkelgefärbte Muttermilbe. (Foto: H. LAIDLAW / Inst. f. Bienenkunde Oberursel)

㉚ Varroa. Diese Bienenmade mit drei Varroamilben (Foto: P. AUMEIER)

㉛ Varroa. Diese Varroa-Windel wird durch das Flugloch in den Boden geschoben. Die Windeloberseite mit abnehmbarem Varroa-Gitter.

㉜ Varroa. Das Gemüll auf der Windel; das Varroagitter (hier schon abgenommen) verhindert den Zugang von Bienen.

㉝ Varroa. Gemüll unter einer Lupe: Varroamilben, Bienenbeine, Wachsteilchen

34 Varroa. Typischen Schäden bei hohem Varroabefall: verkrüppelte Flügel, verkürzter Hinterleib.

35 Bienenlaus. Königin mit vielen Bienenläusen, die durch Unruhe die Legeleistung stark beeinträchtigen. (Foto: W. VON DER OHE)

36 Kalkbrut. Diese Kalkbrutmumien vor dem Flugloch. Dunkele Mumien: Pilzsporen auf der Außenseite; weiß: Pilzfäden

37 Kalkbrut. Die Drohnenbrut im unteren Wabenteil entdeckelt. Die Kalkbrutmumien sind sichtbar. (Foto: W. VON DER OHE)

38 Pollenschimmel. Pollenschimmel auf Pollenvorräten

39 Schimmel. Verhungerte und auf der Wabe angeschimmelte Bienen

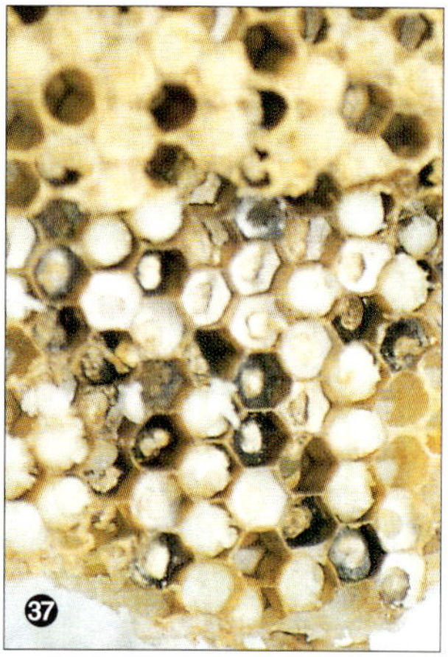

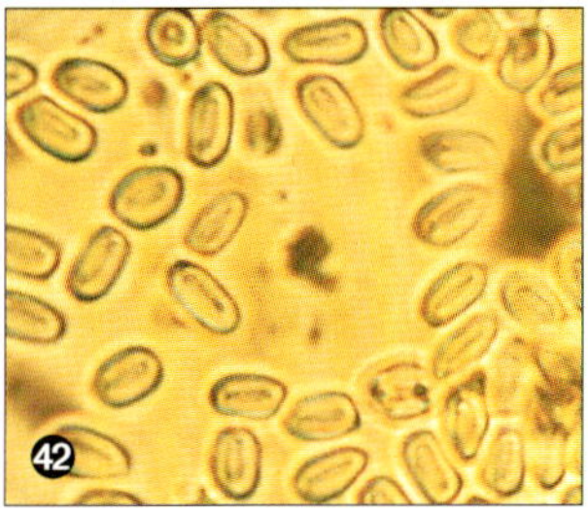

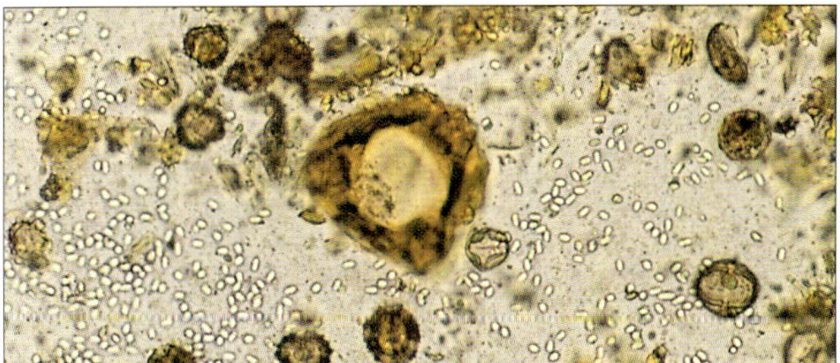

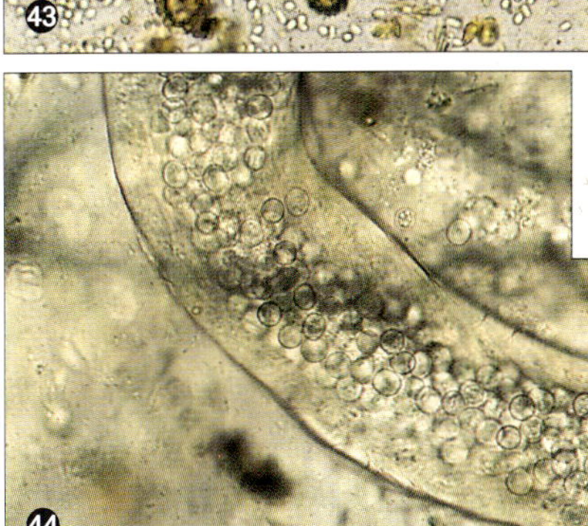

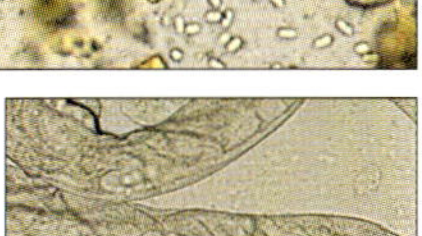

40 Darmerkrankung. Die Bienen haben das Flugbrett stark bekotet. Ursachen klären: Nosema, Amöbenruhr oder Ruhr? (Foto: W.-I. LAU)

41 Darmerkrankung und Pollenmangel. Sehr kleine Wintertraube eines Volkes, das stark geschrumpft und an Nosema erkrankt ist.

42 Nosema. Die Nosemasporen unter dem Mikroskop: oval, glänzend. Selbst bei höherer Vergrößerung (ab 600x) sind keine weiteren Details erkennbar. (Foto: W. VON DER OHE)

43 Nosema. Im Darmquetschpräparat: Pollenkörner und viele Nosemasporen

44 Malpighamöbe. Malpighische Gefäß mit Amöbencysten. Die Cysten sind unter dem Mikroskop ab 200x erkennbar.

45 Gesunde Malpighische Gefäße :im Inneren fast durchsichtig

❻ Darmerkrankung. Kotspritzer auf einer Futterwabe. Mögliche häufige Ursachen: Nosema, Malpighamöbe oder Ruhr

❼ Ruhr. In den unteren Zellrinnen sind die Kottropfen angetrocknet (Ruhrschorf).

❽ Tracheenmilbe. In der Trachee sind Tracheenmilben erkennbar. Einige Milben sind bei der Präparation aus der Trachee gefallen. Typisch: schwarze Flecken/Schorfe an der Tracheeninnenwand.

❾ Tracheenmilbe. Mundwerkzeuge und zwei Beinpaare der Milbe am vorderen Kopfende. Die beiden anderen Beinpaare liegen ungefähr am Körperende.

❿ Totes Bienenvolk. Ein eingegangenes Bienenvolk stellt jeden Imker vor ein Rätsel. Liegt eine Erkrankung, ein Giftschaden, Frevel oder mangelnde Unterstützung durch den Imker (z.B. Verhungern) vor?

46

47

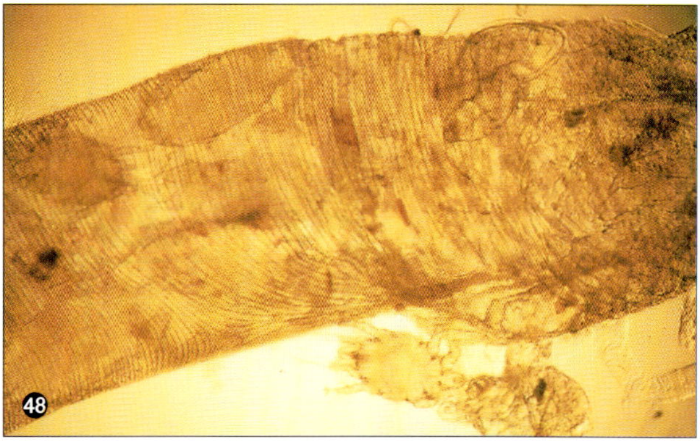
48

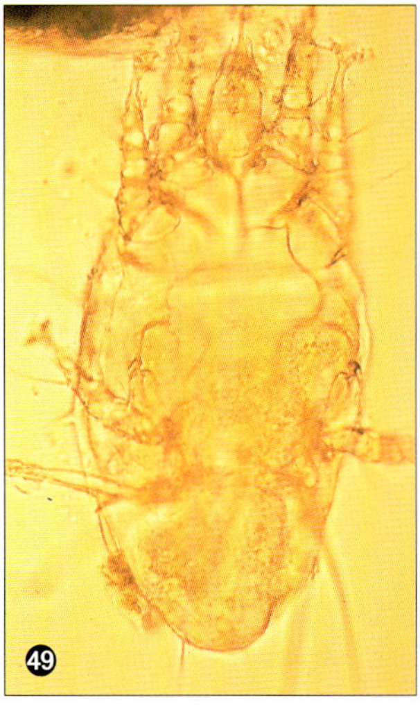
49

50

Schutzbrille tragen!

51 Wachsmotte. Links ist die Große, rechts die Kleine Wachsmotte. Den eigentlichen Schaden an den Waben rufen ihre Raupen hervor.

52 Wachsmotte. Einige verpuppungsreife Wachsmottenraupen. Junge Raupen sind kleiner, wachsen jedoch mit jeder Häutung.

53 Wachsmotte. Fraßtunnel und Gespinst der Raupen in einer Wabe

54 Wachsmotte. Die Wachsmottenraupen haben die Wabe völlig zerstört. Über dem Wabendraht: Puppen. Die schwarzen Körnchen sind Raupenkot.

55 Wachsmotte. Der Styropor-Deckel wurde von Raupen bzw. Puppen der Wachsmotte stark geschädigt. Die Schädlinge graben sich durch die Styroporoberfläche zur Verpuppung ein.

56 Wachsmotte. Bei der Verwendung von Essigsäure sind u.a. Handschuhe, Meßbecher und eine Schutzbrille nötig. Die Essigsäure ist ätzend!

57 Schwarzsucht. Links: Schwarzsucht-Biene (völlig haarlos). Rechts: gesunde Biene. (Foto: H. HORN)

58 Räuberei. Das Auslecken-lassen von Geräten und das unkrontrollierte Füttern im Freien fördern Räuberei und Verbreitung viele Krankheitserreger. (Foto: W.-I. LAU)

59 Giftschaden. Vor dem Flugloch liegt eine Vielzahl toter Bienen. Genaue Untersuchungen müssen die Ursachen klären (Krankheitserreger, Gift- bzw. Spritzschaden oder Frevel). (Foto: K. WALLNER)

60 Unterkühlung. Typische Verfärbungen: gelb, braun bis schwarz. Bakterien zersetzen die toten Tiere (Geruch!).

61 Trachtmangel. Bei Trachtmangel muß gewandert oder gefüttert werden. Wenn die Auslage der benachbarten Bäckerei von Bienen beflogen wird, leidet neben der Gesundheit der Bienen auch der Ruf der Imkerei!

62 Schädlinge. Ein Specht hat in wenigen Minuten die Löcher in die Styroporbeute gehackt.

63 Schädling/Lästling. Ein seltener Irrgast: Der Totenkopfschwärmer dringt meist nachts in die Bienenkästen ein und stiehlt Honig. Für den Imker in Süddeutschland ein spannendes Beobachtungserlebnis.

➤ Die vorzeitige Rückbildung der Futtersaftdrüsen der Arbeiterinnen führt dazu, daß die Bienenbrut nicht ausreichend gefüttert wird.
➤ Königin und Drohnen sind steril.
➤ Weisellosigkeit entsteht durch den Tod der Königin.

Zeitliches Auftreten

Hauptsächlich im Frühjahr April und Mai, wenn durch ungünstige Wetter- und Trachtbedingungen der Austausch der alten Winterbienen durch junge Frühjahrs-/Sommerbienen verzögert wird. Stecken die Bienen bei niedrigen Außentemperaturen ihre ganze Kraft in das Durchbringen der Brut, dann müssen die alten Winterbienen ihre letzten Kräfte aufbieten. Das Zusammenwirken von Streß und Langlebigkeit begünstigt die Nosema-Vermehrung. Selten tritt die Krankheit in gleichem Maße im Herbst auf.

Krankheitsbild und Kennzeichen

Es gibt zwei Hauptformen der Nosematose (Frühjahrsschwindsucht), der Übergang von der einen in die andere Form kann fließend sein:

Akute Form
➤ Bienenkot auf Waben, in der Bienenbeute und vor dem Flugbrett (Bildteil ㊵, ㊻)
➤ Flugunfähige, krabbelnde und tote Bienen vor dem Flugloch/-brett
➤ Bienen mit aufgeschwollenem Bienendarm
➤ Bienenmasse nimmt schnell ab (Bildteil ㊶)

Chronische Form
➤ kein Kot (Bienen koten außerhalb der Beute)
➤ Bienen sterben in größeren Mengen für den Imker nicht sichtbar, z.B. beim Sammelflug
➤ Bienenmasse nimmt langsam ab oder stagniert (Volk entwickelt sich schwach bis gar nicht)

Auslösefaktoren

➤ Brutstop: Witterung erschwert Pflege und Versorgung der Bienenbrut (Wärme/Futter). Die alten Winterbienen werden noch gebraucht und nicht durch junge, vitale Bienen ersetzt.

➤ Flugstop (Temperatur, Regen, Wind): Kein Futtereintrag und Abkoten in der Beute
➤ feuchter Standort der Völker
➤ häufige Störungen der Bienen und Weisellosigkeit

Verbreitung

Durch die Bienen:

➤ Bienenverflug benachbarter Völker
➤ Räuberei: Bienen schleppen mit dem geräuberten Honig Nosema-Sporen in ihr Volk. Das ausgeräuberte Volk wird außerdem empfindlich geschwächt.
➤ Infektion über die Bienentränke: Bienen koten auf der Tränke ab (ins Wasser), hinterlassen Nosema-Sporen, die mit dem Wasser von anderen Bienen aufgenommen werden.

Durch den Imker:

➤ Vereinigung von gesunden und erkrankten Völkern
➤ Benutzung bekoteter Kleidung und Werkzeuge

ABBILDUNG 3

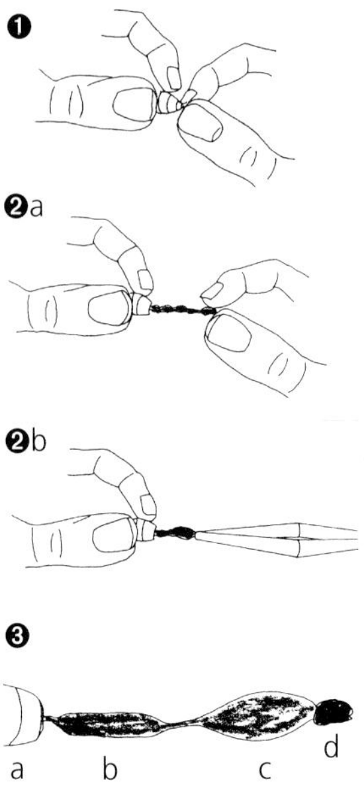

Untersuchung

Methode 1: Einzeluntersuchung/Darmprobe

Benötigte Geräte: evtl eine Pinzette
Einer toten Biene oder einem »Krabbler« wird mit den Fingern (oder Pinzette) der Darm aus dem Körper gezogen. Anhand der Färbung des Darms schließt man auf einen möglichen Befall:

Arbeitsschritte Abb.❶-❸
❶Biene wie abgebildet mit zwei Fingern festhalten.
❷a Mit den Fingernägeln der anderen Hand zieht man das spitze Hinterende (mit Stachelapparat) vorsichtig aus dem Bienenkörper.
❷b Statt mit Fingernägeln kann der Stachelapparat auch mit einer Pinzette gehalten/gezogen werden.
❸ Ansicht des Hinterleibs:
a Hinterleibsringe der Biene,
b Mitteldarm,
c Enddarm,
d Stachelapparat.

Diagnose
Farbe des Mitteldarms:
milchig weiß -> starker Nosema-Befall der einzelnen Biene
gräulich gelb bis hell/dunkelbraun -> wahrscheinlich ist diese Biene gesund

Aussagewert:
Der Aussagewert dieser Untersuchung ist sehr gering, denn eine genauere Aussage über ein Volk von über 10 000 Einzelbienen erfordert die Untersuchung einer größeren Anzahl von Bienen. Es sollten ca. 50 Bienen eines Volkes untersucht werden. Dies ist mit dieser Methode viel zu mühselig. Außerdem kann man mit einem Mikroskop (Methode 2) viel exakter arbeiten, denn geringe Nosema-Vermehrung läßt sich nicht mit dem bloßen Auge erkennen.

Methode 2: Mikroskopische Untersuchung von Bienendärmen

Benötigte Geräte: 1 Schere, 1 Mörser oder 1 Keramik-Becher, 1 Pistel (Stößel), 1 Mikroskop, Vergrößerung 200x (besser: 400x), Objektträger, Deckgläser
Zur Untersuchung sind sowohl frische, tote Bienen (lebende Bienen, z.B. Krabbler ggf. im Gefrierfach abgetötet) als auch Bienen vom Wintertotenfall geeignet. Wichtig: Keine Jungbienen verwenden, möglichst Flugbienen oder Wintertotenfall.

Arbeitsschritte Abb. ❶-❺
❶ Halten Sie die tote Biene zwischen Daumen und Zeigefinger. Schneiden Sie den Hinterleib mit der Schere ab und lassen diesen direkt in den Mörser fallen. Die Verarbeitung kompletter Bienen ist auch möglich, jedoch ist dann die Zerkleinerung im Mörser schwieriger.
❷ Zu den 50 Hinterleibern geben Sie 15 ml Leitungswasser und zerreiben diese mit dem Pistel zu einem Brei.
❸ Einen Tropfen des Breis tupfen Sie auf einen Objektträger und legen ein Deckglas auf. Stellen Sie das Präparat erst bei niedriger Vergrößerung scharf, dann können Sie die stärker vergrößernden Objektive (200x oder noch besser 400x) einstellen. Die ovalen Sporen glänzen im Inneren (lichtbrechend).
❹ Grobe Befallseinteilung (bei 400x Vergrößerung):
a leichter Befall (ca. 1-19 Sporen pro Gesichtsfeld)
b mittlerer Befall (ca. 20-100 Sporen pro Gesichtsfeld)
c starker Befall (mehr als 100 Sporen pro Gesichtsfeld)

ABBILDUNG 4

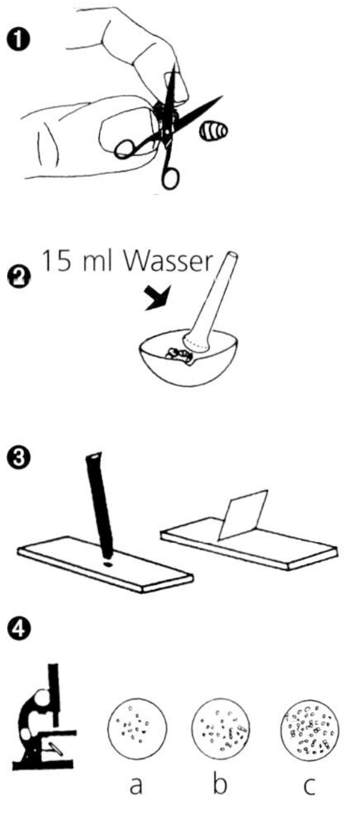

❺

ABBILDUNG 5

Man untersucht am besten mehrere Tropfen und zählt jeweils 5-10 Gesichtsfelder aus bzw. schätzt den Befall nach den Abbildungen ab (Bildteil ㊷, ㊸).

❺ Vergleich unterschiedlicher Strukturen, die u.a. im Präparat gefunden werden: a Nosema-Spore (oval), b Amöbencyste (rundlich), c Pollenkörner, d Stück Trachee.

Abwandlung Abb.5:
Zur Untersuchung vieler Proben können die Bienen mit einem Küchengerät (»Moulinette«, »Speedy« oder »Pürierstab«) viel schneller zerkleinert werden. Das Gerät nach der Zerkleinerung von Bienen möglichst nicht mehr oder nur nach einer äußerst gründlichen Reinigung/Desinfektion für menschliche Nahrung verwenden. Wichtig: Falls zum Zerkleinern mehr Wasser benötigt wird, werden die Sporen stärker verdünnt. Nehmen Sie doppelt soviel Wasser wie oben angegeben, sind die Sporenzahlen zu halbieren (z. B. leichter Befall: 0-10 Sporen pro Gesichtsfeld).

Aussagewert
Zeigen 50 Bienen einen hohen Befall und treten noch weitere im Abschnitt »Krankheitsbild« genannte Symptome (Anzeichen) auf, dann ist das Volk an Nosema erkrankt. (Siehe »Behandlung« und »Verwechslung«).

Verwechslungen/Mischinfektionen

Ein ähnliches Krankheitsbild wie bei der Nosematose z.B. Kotspuren und Bienentotenfall tritt auch bei folgender Krankheit auf:

Amöbenruhr
Diese Krankheit kann auch gleichzeitig mit dem Nosema-Erreger auftreten (in den Malpighischen Gefäßen).
An der chronischen Nosematose erkrankte Völker ähneln teilweise an der Varroatose stark erkrankten Bienenvölkern: Verlust an Bienenmasse, Zusammenbrechen der Brutpflege, keine/kaum Sammelaktivität. Zur Unterscheidung: Die Nosematose tritt im Frühjahr am stärksten auf, Völker mit starkem Varroa-Befall gehen häufig nach der Sommertracht oder der Wintereinfütterung zugrunde (in dem Volk sind dann tausende von Varroa-Milben). Die oben beschriebene Untersuchung führt zu einer Unterscheidung der Symptome zwischen Nosematose und Varroatose.

Medikamentöse Behandlung

In Deutschland ist kein Medikament zur Nosemabekämpfung zugelassen. Die Krankheit ist mit imkerlichen Eingriffen vorzubeugen bzw. in den Griff zu bekommen. Aus diesem Grunde werden Medikament auch nicht benötigt!
Neue Untersuchungen zeigen deutlich, daß die Nosematose aufgrund von Pollenmangel im Sommer/Herbst auftritt. Daher sollten die Völker unbedingt Zugang zu Pollentrachten haben – ggf. ist eine Wanderung notwendig.
Im Oktober und später sind z.B. blühende Senffelder nicht im Sinne der Bienengesundheit, da die Bienen zum Brüten angeregt werden und so spät im Jahr der Pollen eine Belastung in den Verdauungsorganen darstellt.

Beachte:
➤ Stark befallene Völker tötet man besser ab.
➤ Die Anwendung nichtzugelassener Medikamente ist in Deutschland untersagt.
➤ Vor Kräuterpräparaten oder Ansäuern des Winterfutters wird gewarnt!
➤ Es besteht die Gefahr, daß das Medikament oder Abbauprodukte in den Honig gelangen. Der Honig ist dann für den menschlichen Verzehr ungeeignet.
➤ Der Nosematose kann man auch mit imkerlichen Mitteln vorbeugen (s.u.).
➤ Ein leicht befallenes Volk kann die Krankheit selber bekämpfen bzw. sie heilt von alleine aus (Absterben der infizierten Altbienen).

Imkerliche Vorbeugung und Bekämpfung

1. Schwach befallene Bienenvölker von ihrem feuchten Standort an einen günstigeren Ort bringen.
2. Stark befallene Völker abtöten (abschwefeln).
3. Leicht und mittel befallene Völker:

➤ Trachtwanderung (z. B. Raps) führt zu einem schnellen Austausch der Altbienen durch gesunde Jungbienen.
➤ Bekotete Waben aus dem Volk nehmen, tote Bienen aus dem Boden fegen.
➤ Das Volk kleiner setzen, nicht besetzte Zargen abnehmen
➤ Bei Futtermangel Futterwaben zusetzen.
➤ Die Entwicklung der Völker aufmerksam beobachten und eine mögliche Selbstheilung abwarten.

➤ Die Völker nach wenigen Wochen abtöten, falls sich der Zustand verschlechtert
4. Erkrankte Völker nicht mit gesunden vereinigen, keine bekoteten Waben auf dem Bienenstand verteilen.
5. Die Bienentränke reinigen und ggf. für einige Wochen stillegen.
6. Vorbeugend den Wabenbau ständig erneuern (Mittelwände) lassen.

Vermeidung

1. Die Bienen im zeitigen Frühjahr nicht mit Flüssigfutter reizen, höchstens Futterwaben aufreißen.
2. Schwache Völker rechtzeitig auflösen oder vereinigen (gilt besonders für Einwabenkästen).
3. Das Wabenwerk der Bienenvölker ständig erneuern, d.h. dunkele Waben einschmelzen und Mittelwände ausbauen lassen.
4. Den Völkern besonders im Spätsommer Pollentracht bieten, ggf. Pollenwaben aus dem Frühjahr zuhängen. Bei der Anwendung von Pollenfallen auf eine ausreichende Pollenversorgung der Völker achten. Pollenmangel (Eiweißmangel) führt zu weniger vitalen Winterbienen und fördert die Nosemaentwicklung.
5. Als Futter nur spezielles Bienenfutter oder Haushaltszucker (ohne jegliche Zusätze!) verwenden.

Reinigung/Desinfektion

Allgemein:

Hitze (mindestens 70° C) für 1/2 Stunde tötet den Nosema-Erreger. Eine andere Möglichkeit ist das Begasen mit konzentrierter Essigsäure (60-90 %). Die Säure ist ätzend und reizt die Luftwege. Daher unbedingt Schutzkleidung tragen (Brille, Handschuhe) und den Arbeitsraum lüften.

Waben

➤ Bekotete Waben einschmelzen (**Abb. 6 ❶** Dampfwachsschmelzer; beim Sonnenwachsschmelzer ❷ reicht die Temperatur ebenfalls zum Abtöten der Sporen. Bei Bedenken sollte man das Wachs anschließend kurz aufkochen. Vorsicht: Entzündung des Wachses möglich!).
➤ »gefährdete« (nicht bekotete) Leerwaben kann man mit konzentrierter Essigsäure begasen:

ABBILDUNG 6

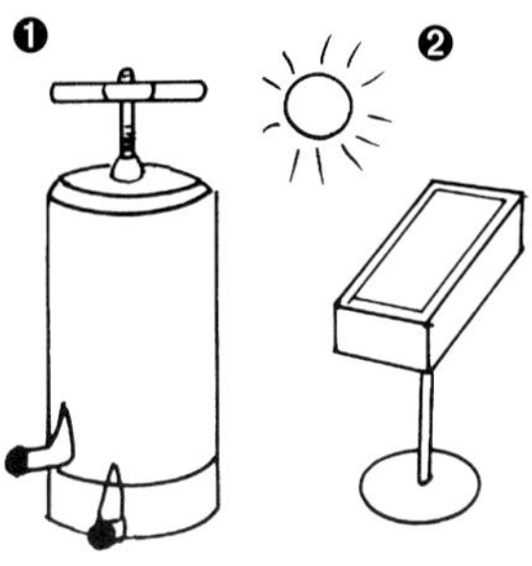

Arbeitsschritte Abb.7 ❶-❷:

❶ Zargen mit Leerwaben auftürmen. Den Boden und Ritzen/Löcher mit Klebeband abdichten. Die oberste Zarge sollte höchstens halb voll sein. In den Freiraum auf die darunterliegenden Rähmchenträger ein oder mehrere, saugfähige Haushalts-Papiertücher legen.

❷ Pro Zarge (DNM) 60 ml bzw (Zander) 70 ml Essigsäure abmessen und auf die Haushaltstücher aufträufeln (Schutzkleidung s.o.). Die große Oberfläche der Tücher sorgt für eine schnelle Verdunstung. Schnell den Deckel auflegen, evtl. Ritzen abdichten. Die Waben frühestens nach 24 h lüften und wieder verwenden. Essigsäure schützt auch vor Wachsmotten!

ABBILDUNG 7

❶

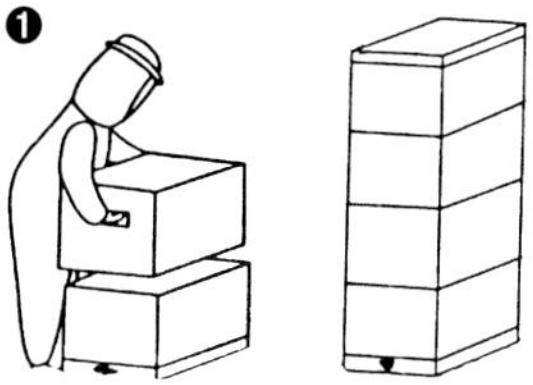

❷

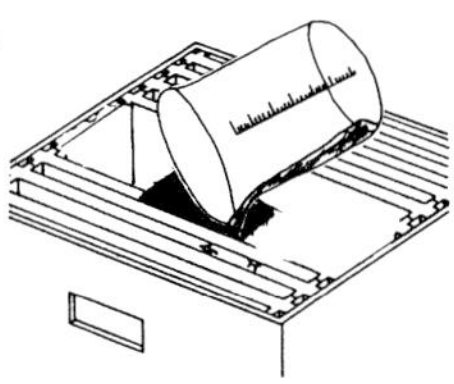

Honig

➤ Stark erkrankte Völker bringen keinen Honig

➤ Bekotete Honigwaben besser einschmelzen, möglichst nicht wieder verwenden (Infektionsgefahr für Bienen)

➤ Für den Menschen sind die Erreger ungefährlich, sodaß man den Honig schleudern kann. Zur Verfütterung an Bienen muß er bei 60° C kurzfristig erwärmt werden. (Bei zu starker/zu langer Erwärmung entsteht Hydroximethylfurfural HMF!)

➤ Nach der Schleuderung müssen die Geräte besonders sorgfältig gereinigt werden. Kleine Wabenmengen zu schleudern lohnt daher nicht!

Rähmchen, Beuten und Werkzeug

➤ Bekotete Gegenstände mit heißem Wasser, besser noch mit Lauge abbürsten. Wachsreste vorher abkratzen. Nach der Reinigung trocknen lassen und auf übriggebliebene Kotstellen kontrollieren, ggf. nochmals reinigen.

Bienentränke

➤ unbedingt sorgfältig reinigen, um die Verbreitung der Infektion zu vermeiden: (heißes Wasser oder Lauge, abbürsten und gut mit Wasser nachspülen)

Kleidung

➤ die Nosema-Erreger sind nach einer 60° C oder besser noch 90° C Wäsche abgetötet. Unbedingt die Pflegehinweise beachten.

Amoebenruhr (Malpighamoebiose)

ABBILDUNG 1

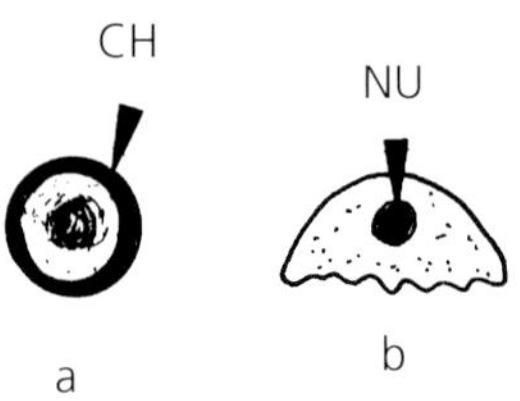

ABBILDUNG 2

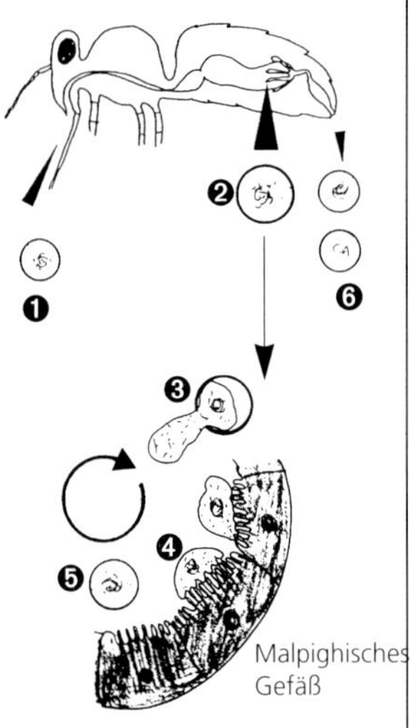

Erreger

Malpighamoeba mellificae Prell (Amöbe, Rhizopoda). Größe des Dauerstadiums (Cyste): 5-7/1000 mm Durchmesser - nur mit einem Mikroskop sichtbar

Abb.1: a Spore, b bewegliche Amöbe (Kriechform; schematisch), CH Cystenhülle, NU Nucleus = Zellkern

Infektion und Vermehrung

Ähnlich wie bei der Nosematose nehmen Arbeiterinnen die Dauerstadien (Cysten) mit dem Mund auf, z.B. beim Reinigen der Waben von Kotresten, mit Futter oder mit dem Wasser einer bekoteten Bienentränke auf. Die Cyste (**Abb. 2 ❶**) gelangt über Mund und Speiseröhre in den Mittel- und Enddarm der Biene (**Abb. 2 ❷**). Hier schlüpft aus der widerstandsfähigen Cystenhülle (**Abb. 2 ❸**) die bewegliche, kriechende Amöbe (**Abb. 2 ❹**), die in die Malpighischen Gefäße (Harnröhrchen) gelangt. Hier vermehrt sich die Amöbe durch Zellteilung und verwandelt sich in die Cysten-Dauerform (**Abb. 2 ❺**). Mit dem Kot gelangen die Cysten (**Abb. 2 ❻**) aus der Biene auf die Waben oder ins Futter.

Die Amöbe kann sich noch in andere Stadien verwandeln: z. B. Präcysten oder begeißelte Stadien, auf die zur Vereinfachung hier nicht weiter eingegangen wird .

Schädigung

Amöben sind in jedem Bienenvolk vorhanden, können aber meist nur die langlebigen Winterbienen ernsthaft schädigen, indem sie die Harnröhrchen verstopfen (**Abb. 3**). Sie verhindern/stören so die Regulierung der Körperflüssigkeit (Nierenfunktionsstörung). Die Bienen werden durch den Parasiten geschwächt, ihre Lebenserwartung ist verkürzt; schlimmstenfalls sterben sie an den Folgen der Amöbeninfektion.

Zeitliches Auftreten
Hauptsächlich im Frühjahr April und Mai (abklingend im Juni), wenn durch ungünstige Wetter- und Trachtbedingungen der Austausch der alten Winterbienen durch junge Frühjahrs-/Sommerbienen verzögert wird (wie bei der Nosematose). Stecken die Bienen bei niedrigen Außentemperaturen ihre ganze Kraft in das Durchbringen der Brut, dann können sich die Malpighamoeben in den gestreßten Winterbienen stark vermehren.

Krankheitsbild und Kennzeichen

Das Auftreten von Kotflecken ist bei Bienen ein unspezifisches Merkmal, daß viele Gründe haben kann (ständige Störungen, Weisellosigkeit, Parasitenbefall). Dies erschwert eine eindeutige Einordnung der Krankheitsanzeichen.
Ähnlichkeit mit Nosematose:

- Vereinzelte bis viele Bienen liegen tot oder krabbelnd vor dem Flugloch.
- Die Waben, der Boden und das Flugloch sind mit übelriechendem Kot befleckt.
- Das Volk entwickelt sich schwach bis gar nicht; die Bienenmasse nimmt ab.
- Ein stark befallenes Volk geht an der Krankheit ein.

Auslösefaktoren
Wie bei der Nosematose:

- Brutstop: Witterung erschwert Pflege und Versorgung der Bienenbrut (Wärme/Futter).
- Flugstop (Temperatur, Regen, Wind): Kein Futtereintrag
- ein feuchter Standort der Völker
- häufige Störungen der Bienen und Weisellosigkeit

Verbreitung

- Bienenverflug
- Räuberei
- über die (bekotete) Bienentränke
- Vereinigung von gesunden und erkrankten Völkern
- Benutzung bekoteter Kleidung und Werkzeuge (selten)

ABBILDUNG 3

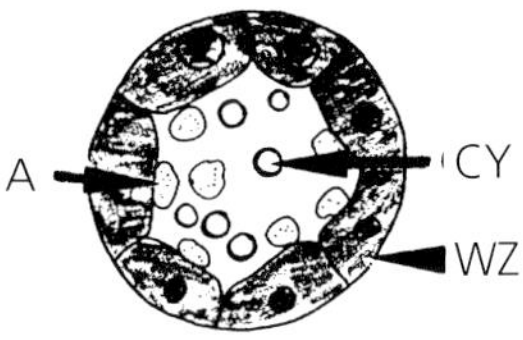

ABBILDUNG 4

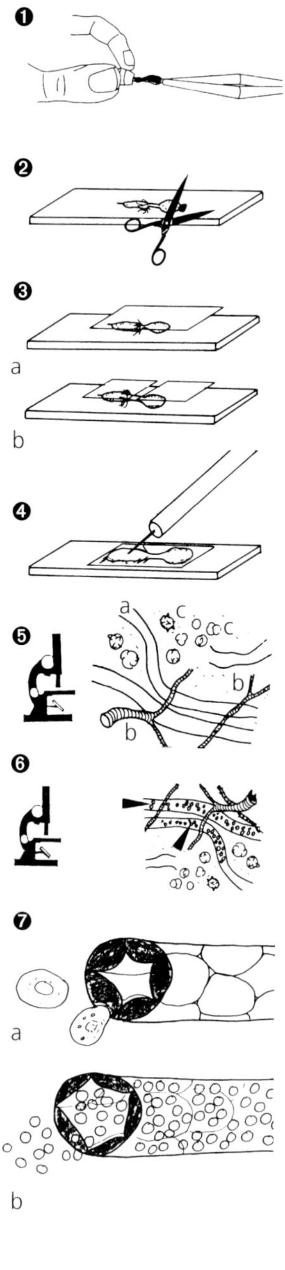

Untersuchung

Verfahren I: Einzeluntersuchung – Quetschpräparat vom gesamten Darm

Die Untersuchung des Bienendarmes »von außen« mit dem bloßen Auge gibt keinen sicheren Aufschluß über eine mögliche Amöbenerkrankung. Der Bienendarm bzw. die Harnröhrchen müssen deshalb unter dem Mikroskop betrachtet werden:

Benötigte Geräte: 1 Mikroskop (Vergrößerung 100x besser 200x) 1 Pinzette, Objektträger, Deckgläser, 1 Präpariernadel oder 1 Nähnadel, 1 feine Schere oder 1 Nagelschere

Zur Untersuchung sind nur »frisch gestorbene« Arbeiterinnen geeignet. Man kann auch lebende Bienen z. B. vom Flugloch oder »Krabbler« einsammeln und durch Gefrieren im Eisfach (Gefrierfach im Kühlschrank, 5-10 Minuten) abtöten. Eingetrocknete Bienen sind für die beschriebene Untersuchungsmethode nicht geeignet.

Arbeitsschritte Abb. 4 ❶-❼

❶ Die tote Biene mit zwei Fingern festhalten und mit der Pinzette vorsichtig den letzten Hinterleibsring der Biene samt Stachelapparat abziehen. Der Bienendarm reißt meist nach der Honigblase ab.

❷ Den Bienendarm auf einen Objektträger legen. Mit einer feinen Schere (Nagelschere) den Stachelapparat vom Bienendarm abtrennen. Den Stachelapparat mit einer Pinzette vom Objektträger nehmen. Einen oder zwei Tropfen Leitungswasser auf den Darm träufeln.

❸ Ein großes Deckglas (a) oder nebeneinander zwei kleine Deckgläser (b) auf den Bienendarm legen.

❹ Mit der Präpariernadel (Nähnadel oder Fingernagel) das Deckglas vorsichtig auf den Darm pressen/drücken: Quetschpräparat. Das Darminnere wird so unter dem Deckglas verteilt und lichtdurchlässiger.

❺ Bei niedriger Vergrößerung (ca. 100x) das Quetschpräparat nach Malpighischen Gefäßen (MG) absuchen. Diese sind immer unverzweigt (a) im Gegensatz zu den dunklen, verzweigten Tracheen (b), deren Versteifungsringe als Querstreifung leicht zu erkennen sind. Pollen (c) stellen die Hauptmenge der Darmpartikel dar.

Die Lage der Harnröhrchen kann sich beim Quetschen stark verändern, ihre »normale« Lage ist auf Abb. 5 ❸b dargestellt. Die nichtparasitierten Harnröhrchen sind leer oder lassen nur die Zellgrenzen ihrer Wandzellen (Epithelzellen) erkennen.

❻ Malpighamöben-Cysten können die Harnröhrchen fast ausfüllen. Die Cysten haben einen so kleinen Durchmesser, daß 5-7 Cysten dem Durchmesser der Harnröhrchen entsprechen (Bildteil ㊹, ㊺).
❼ Zum Teil sind die Wandzellen (Epithelzellen) der Harnröhrchen erkennbar. Am abgerissenen Ende oder an Rissen der Harnröhrchen können diese rundlichen Zellen austreten. Sie sind wesentlich größer als Amöben-Cysten. Die räumliche Zeichnung soll das Mikroskopbild verständlicher machen. (a) Nichtbefallenes Malpighisches Gefäß, die Wandzellen sind groß, teilweise sind ihre Zellwände erkennbar. Im Inneren (Lumen) der Harnröhrchen ist nur Flüssigkeit. (b) Bei Amöben-befallenen Harnröhrchen sind die Wandzellen abgeflacht.
Die beweglichen Amöben (WZ) liegen auf den Wandzellen. Die Cysten (CY) füllen teilweise das gesamte Lumen des Harnröhrchens aus.

Verfahren II: Einzeluntersuchung – Quetschpräparat von Malpighischen Gefäßen

Im oben beschriebenen Verfahren ist das Finden der Malpighischen Gefäße zwischen dem Darminhalt schwierig. Deshalb werden in diesem Verfahren nur Malpighische Gefäße auf den Objektträger gebracht.
Benötigte Geräte: 1 Mikroskop (wie oben), 1 Stereolupe oder 1 Lupe (möglichst Stand- oder Kopfbandlupe) Vergrößerung mindestens 2x, 1 grobe Pinzette, 1 spitze, feine Pinzette, 1 Petri- oder Präparierschale oder ein anderes, helles Gefäß, 1 Pipette (oder 1 Bleistift o.ä.)

ABBILDUNG 5

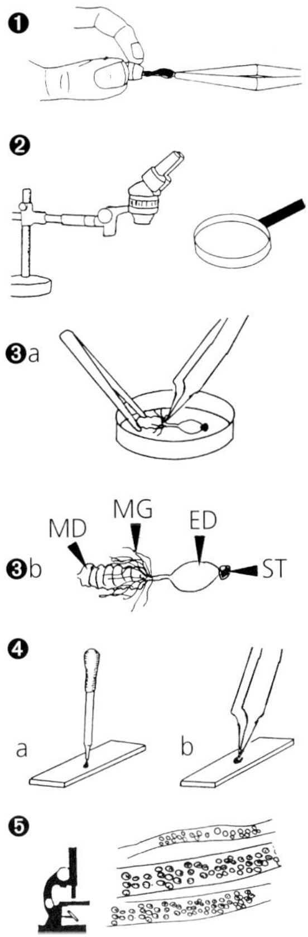

Arbeitsschritte Abb. 5 ❶-❺

❶ Das Herausziehen des Bienendarms aus der Biene geschieht wie beim Verfahren I (siehe oben, Abb. 4 ❶)
❷ An einem hellen Arbeitsplatz die Petrischale – mit Leitungswasser gefüllt – aufstellen. Den Bienendarm in die Petrischale legen und mit der Stereolupe oder Handlupe betrachten.
❸ Orientieren Sie sich, wo der Mitteldarm (MD), die Malpighischen Gefäße (MG; weißliche, unverzweigte Schläuche/Fäden), der Enddarm (ED) und der Stachelapparat (ST) liegen.
Halten Sie den Darm am Mitteldarm oder Stachelapparat mit der groben Pinzette fest und zupfen Sie die fädigen Harnröhrchen (MG) vom Darm ab. Mit der Pinzette bekommen

ABBILDUNG 6

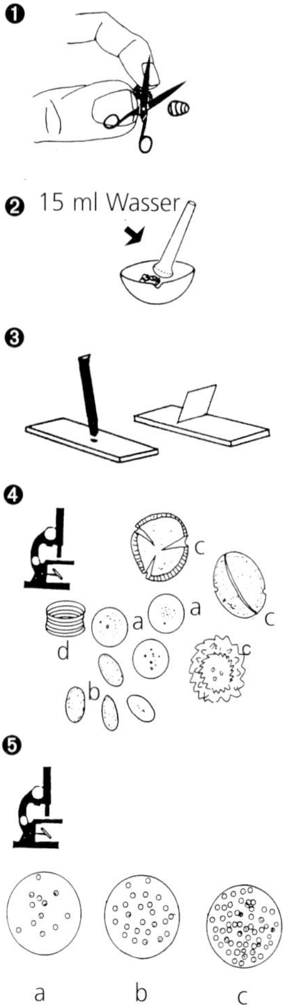

Sie viele Malpighische Gefäße gleichzeitig zu fassen.
❹a Mit der Pipette (oder Bleistift) einen Tropfen Leitungswasser auf den Objektträger träufeln.
❹b Die abgezupften Harnröhrchen mit der feinen Pinzette in den Wassertropfen absetzen.
❺ Befallene Malpighische Gefäße
Zur weiteren Diagnose (siehe **Abb. 3**)

Verfahren III: Untersuchung zerkleinerter Hinterleiber

Diese Methode ist dieselbe wie zur Nosema-Untersuchung und kann zum Nachweis beider Parasiten (Nosema-Sporen und Malpighamöben-Cysten) angewendet werden. Hierbei ist keine Präparation nötig (praxisnahe, einfache Methode). Zur Untersuchung sind sowohl frische Bienen (siehe oben) als auch Wintertotenfall (eingetrocknete Bienen) geeignet. Untersuchen Sie 50 Bienen pro Volk.
Benötigte Geräte: 1 Schere, 1 Mörser, 1 Pistel, 1 Mikroskop (200-400x Vergrößerung), Objektträger, Deckgläser, Meßbecher (oder kleines Schnapsglas)

Arbeitsschritte Abb. 6 ❶-❺

❶ Schneiden Sie die Hinterleiber der Bienen ab und geben Sie diese in den Mörser.
❷ Geben Sie zu 50 Hinterleibern 15 ml Wasser und zermörsern Sie diese zu Brei.
❸ Tupfen Sie einen Tropfen Brei auf einen Objektträger und legen Sie ein Deckglas auf.
❹ Unter dem Mikroskop können Sie bei 200x besser 400x Vergrößerung viele Strukturen erkennen: Die Amöbencysten (a) sind etwas größer und runder als die Nosema-Sporen (b), außerdem findet man oft Pollenkörner (c) und Tracheenstücke (d).
❺ Die Befallsstärke wird wie bei der Nosematose durch Abschätzen der Cystenzahl pro Gesichtsfeld (bei 400x Vergrößerung; jeweils 5-10 Gesichtsfelder) festgestellt:
a leichter Befall (ca. 1-19 Amöben-Cysten)
b mittlerer Befall (20-100 Cysten)
c starker Befall (> 100 Cysten)

Diagnose

Mit den beschriebenen Verfahren lassen sich nur Amöben-Cysten (keine Kriechstadien) nachweisen. Falls die untersuchte Biene erst frisch mit Amöben infiziert ist, sind die Cysten noch nicht gebildet. Der Befall ist dann nicht nachweisbar. Deshalb ist es nötig, mehrere Bienen (20-30; Ver-

fahren III: 50) zu untersuchen. Sind mehr als die Hälfte der untersuchten Bienen mit Amöben bzw. Amöben-Cysten befallen, dann ist der Erreger vermutlich im größeren Umfang (als in gesunden Völkern) vorhanden. Das Volk sollte man aber erst beim Auftreten von typischen Kotflecken und den beobachteten Amöben-Cysten als erkrankt bezeichnen.
Bei einer unklaren Diagnose - alleiniges Auftreten von Kotspritzern oder nachgewiesenen Amöben-Cysten - sollte man das Volk weiter genau beobachten und 1 oder 2 wöchentlich Bienen untersuchen. Vielleicht waren bei der ersten Untersuchung die besonders stark befallenen Bienen vor dem Flugloch und der übrige Teil der Winterbienen ist gesund.

Verwechslungen/Mischinfektionen

Das Krankheitsbild der Amöbenruhr ähnelt dem der Nosematose, daher ist bei der Untersuchung gleichzeitig auf das Vorhandensein von Nosema-Sporen zu achten. Die ovalen Nosema-Sporen haben ungefähr die gleiche Länge wie der Durchmesser der runden Malpighamöben-Cysten (Abb. 6 ❹). Im Verfahren I sind die Nosema-Sporen im End- und Mitteldarm (nie in den Malpighischen Gefäßen) zu finden.
Häufig treten beide Krankheitserreger *(Nosema apis)* und *(Malpighamoeba mellificae)* gemeinsam in der Biene auf (alleiniges Auftreten der Nosema-Erreger hat meist mehr Folgen als ein reiner Amöbenbefall). Wenn Sie in dem Bienenkasten nur noch ein kleines, schwaches Völkchen oder leere Waben mit toten Bienen vorfinden, dann kann dies auch durch die Varroa-Milben hervorgerufen sein.

Medikamentose Behandlung

Es gibt keine wirksamen (und zugelassenen) Medikamente gegen die Amöbenruhr. Die in der Bundesrepublik Deutschland nicht (mehr) zugelassenen Medikamente gegen die Nosematose lassen sich nicht erfolgreich gegen die Amöben einsetzen.
Man kann deshalb nur auf die Selbstheilung der Völker setzen, die meist beim Ersatz der Winterbienen durch die kurzlebigeren Sommerbienen einsetzt.

Imkerliche Vorbeugung und Bekämpfung

1. Stark befallene, schwache Völker tötet man besser ab.
2. Schwach befallene Bienenvölker von ihrem feuchten Standort an einem günstigeren Ort aufstellen.
3. Leicht befallene Völker.

➤ bekotete Waben aus dem Volk nehmen, tote Bienen aus dem Boden fegen
➤ das Volk kleiner setzen, nicht besetzte Zargen abnehmen
➤ bei Futtermangel Futterwaben zusetzen, nicht flüssig füttern!
➤ die Entwicklung der Völker aufmerksam beobachten und eine mögliche Selbstheilung abwarten.
➤ die Völker nach wenigen Wochen abtöten, falls sich der Zustand verschlechtert
4. Erkrankte Völker nicht mit gesunden vereinigen, keine bekoteten Waben auf dem Bienenstand verteilen.
5. Die Bienentränke reinigen und ggf. für einige Wochen stillegen.
6. Vorbeugend den Wabenbau ständig erneuern (Mittelwände) lassen.
7. Weiseln Sie in die Völker Qualitätsköniginnen ein (über Zuchtstoff ggf. im Imkerverein beim Zuchtobmann informieren), denn Inzucht fördert Krankheitsbefall.

Vermeidung

Wie bei Nosematose:
1. Die Bienen im Frühjahr nicht unnötig stören oder reizen (kein Flüssigfutter, möglichst keine Futterwaben aufreißen).
2. Schwache Völker rechtzeitig auflösen oder vereinigen.
3. Das Wabenwerk der Bienenvölker ständig erneuern, d. h. dunkle Waben einschmelzen und Mittelwände ausbauen lassen.
4. Als Futter nur spezielles Bienenfutter oder Haushaltszucker (ohne jegliche Zusätze!) verwenden.
5. Königinnen evtl. gegen Qualitätsköniginnen austauschen (s. o.).

Reinigung/Desinfektion

Allgemein:
Hitze und konzentrierte Essigsäure tötet die Amöben/Cysten wie auch die Nosema-Erreger (siehe Nosematose).
Waben:
➤ bekotete Waben möglichst einschmelzen
➤ nichtbekotete Waben evtl. mit konzentrierter Essigsäure vorbeugend begasen (Anleitung siehe Nosematose)
Honig:
➤ stark erkrankte Völker bringen keinen Honig
➤ bekotete Honigwaben besser einschmelzen, möglichst

nicht wieder verwenden (Infektionsgefahr für Bienen)

➤ für den Menschen sind die Erreger ungefährlich, sodaß man den Honig schleudern kann. Zur Verfütterung an Bienen muß er kurzfristig auf 60° C erwärmt werden.

➤ nach der Schleuderung müssen die Geräte besonders sorgfältig gereinigt werden. Kleine Wabenmengen zu schleudern lohnt daher nicht!

Rähmchen, Beuten und Werkzeug:

Bekotete Gegenstände mit heißem Wasser, besser noch mit Lauge (z. B. Natronlauge) abbürsten. Wachsreste vorher abkratzen. Nach der Reinigung trocknen lassen und auf verbliebene Kotstellen kontrollieren, ggf. nochmals reinigen.

Bienentränke:

Unbedingt sorgfältig reinigen, um die Verbreitung der Infektion zu vermeiden: (heißes Wasser oder Lauge, abbürsten und gut mit Wasser nachspülen)

Kleidung:

Bekotete Arbeitskleidung mit heißem Wasser reinigen oder (wenn möglich) in der Waschmaschine bei 30-60° C waschen. Die Pflegehinweise beachten.

Ruhr

ABBILDUNG 1

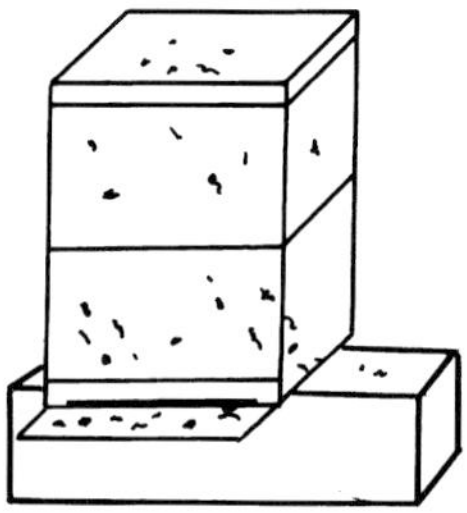

ABBILDUNG 2

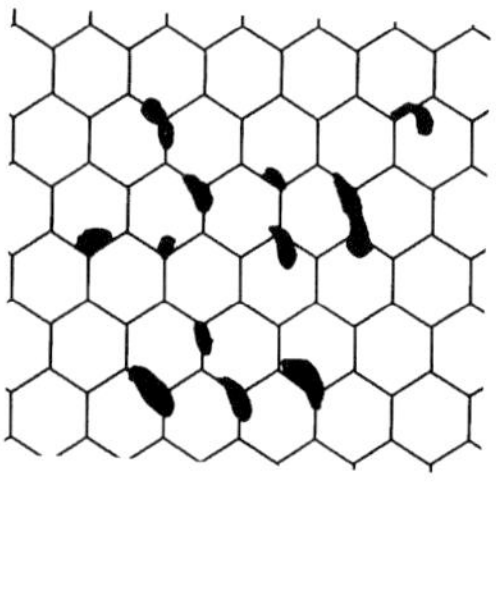

Ursachen/Auslöser

An der Ruhr erkrankte Winterbienen können ihren Darminhalt nicht bis zum Reinigungsflug halten und koten deshalb in der Beute, z. B. auf den Waben und auf den Außenwänden und Flugbrett (**Abb. 1**) ab. Die Ruhr der Honigbienen wird nicht von Krankheitserregern ausgelöst – im Gegensatz zu den anderen Durchfallserkrankungen Nosematose und Amöbenruhr. Die Ruhr kann jedoch auch gleichzeitig mit diesen Erregern auftreten, sodaß sich hinterher nicht mehr unterscheiden läßt, wie der Durchfall der Bienen verursacht wurde. Folgende Faktoren fördern den Ausbruch der Ruhr hauptsächlich bei Winterbienen:

➤ Ständige Störungen der Bienen (z. B. durch schlagende Äste oder Spechtklopfen, **Abb. 3**) führen zu einer erhöhten Futteraufnahme der Bienen. Die Folge ist eine Überlastung der Kotblase.

➤ Das Winterfutter ist schwer verdaulich und führt zu Verdauungsstörungen: Häufig ist Wald- oder Blatthonig von den Bienen in das Winterfutter eingetragen worden. In seltenen Fällen hat der Imker Futter/Zucker mit Farbzusätzen oder anderen belastenen Zusätzen verfüttert.

➤ Weisellose Völker sitzen als Wintertraube sehr unruhig.

➤ Mildes Winterwetter fördert die Aktivitäten der Bienen in einer Zeit, in der die Wintertraube besser ruhig auf den Waben sitzen sollte.

Krankheitsbild

Normalerweise koten Bienen nie im Bienenstock oder auf dem Flugbrett. Ruhrgeschädigte Bienen hinterlassen einen wässrigen, breiigen braunen Kot auf den Waben (in den Zellrinnen), auf Beutenwänden, Beutenboden und Flugbrett.

Der Kot trocknet zu einem braunen Schorf (Ruhrschorf, **Abb. 2**). Bienen, die außerhalb der Beute abkoten wollen, verlassen die Beute auch bei niedrigen Temperaturen. Viele Bienen unterkühlen bei diesen Außenaktivitäten. Schlimmstenfalls schrumpft das Volk auf eine nicht überlebensfähige Größe und geht ein (Bildteil ❹⓿, ❹❼).

ABBILDUNG 3

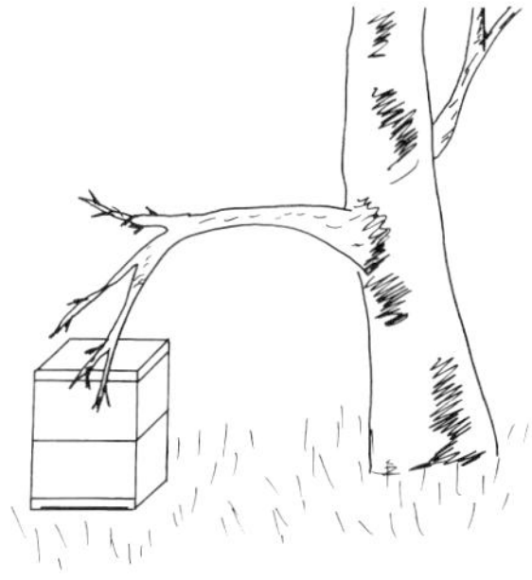

Zeitliches Auftreten

Die Ruhr tritt meist zum Zeitpunkt der Winterruhe und im zeitigen Frühjahr auf

Untersuchung/Unterscheidung (Verwechslungen)

Sie können Bienen auf Nosema- und Malpighamöbenbefall untersuchen. Können Sie diese Erreger nicht nachweisen, liegt die nichtansteckende Ruhr vor. Erfahrene Imker erkennen schon an der Farbe und Form den Ruhrkot:
Ruhr: Der Kot ist dünnflüssig, brau bis braunschwarz (Winter, zeitiges Frühjahr).
Nosematose: Dickflüssiger, bereiiger, meist dunkler bis gelber Kot (Frühjahr, selten im Herbst).
Amöbenruhr: Der Kot ist dünnflüssig, übelriechend und häufig schwefelgelb (tritt meist im Frühjahr auf).

Verbreitung

Die nichtansteckende Ruhr kann nicht von Volk zu Volk übertragen werden (keine Krankheitserreger). Tritt die Ruhr bei mehreren Völkern eines Standes auf, liegen vermutlich die gleichen Ursachen vor.

Imkerliche Bekämpfung

➤ Eine wichtige Maßnahme ist das Abstellen der Störung (Abschneiden windbewegter Äste, Schutz vor Spechten).
➤ Sehr kleine, schwache Völker sollte man besser abtöten. Die restlichen Bienen sind so stark gestreßt, daß sie eine nur geringe Lebenserwartung haben.
➤ Eine Heilung der Ruhr ist meist nicht möglich. Verschie-

dene Autoren empfehlen die Fütterung von warmem Zuckerwasser (3:2) in kleinen Mengen. Setzen Sie das Volk in eine gereinigte Beute (eng setzen) und entnehmen Sie die stark bekoteten Waben.

Vorbeugung

➤ Überprüfen Sie vor der Einwinterung, ob Ihr Standort auch im Winter und Frühjahr geeignet ist.
Achten Sie auf: Störungen (z. B. schlagende Äste), kleinklimatische Bedingungen (ungünstig: Feuchtigkeit, Wind).
➤ Im Spätsommer eingetragender Wald- und Blatthonig sollte besser entnommen werden.
➤ Engen Sie die Fluglöcher rechtzeitig in der Höhe ein bzw. montieren Sie die Mäusegitter bevor Mäuse eindringen können.
➤ Wintern Sie nur große, vitale Völker ein.

Reinigung/Desinfektion

➤ Bekotete Waben sollte man einschmelzen. Besondere Maßnahmen sind hierbei nicht nötig.
➤ Die Beuten sollten gründlich gereinigt werden. Da möglicherweise auch andere Krankheitserreger (Nosema) auftreten, sind die gleichen Reinigungsmaßnahmen wie beim Nosema-Befall sinnvoll.

Paralise Virus = neu

Viruserkrankungen

Erreger

Allgemeines zu Viren siehe Viruserkrankungen der Bienenbrut.
Die hier beschriebenen Viren sind Krankheitserreger, die jeweils zusammen mit einem anderen Bienenparasiten (Nosema, Malpighamöbe, Varroa-Milbe) auftreten. (Ob dies auch für das CPVirus und CWVirus gilt, ist z. Zt. ungeklärt.) Bisher ist wenig über die Zusammenhänge zwischen den Viren und den gleichzeitig auftretenden Parasiten bekannt.
Einige Autoren sprechen von einer »Vergesellschaftung« der beiden Krankheitserreger, »Sekundärerkrankung« oder »opportunistischer Infektion«. Im Weiteren wird der vorsichtigere Begriff »assoziierte« Viren oder »assoziierte« Parasiten verwendet.
Es ist wahrscheinlich, daß der »assoziierte« Parasit (z. B. Nosema) die Biene so schädigt, daß die Viren in den Bienenkörper eindringen und sich dort vermehren können.

Nosema apis und assoziierte Viren
BQCVirus (Schwarzes Königinnenzellen Virus)
BVY (Bienenvirus Y)
FVirus (Faden-Virus)

Malpighamöbe und assoziierte Viren
BVX (Bienenvirus X)
Varroa-Milbe und assoziierte Viren
APVirus (Akute-Paralyse-Virus)

Ohne »assoziierte« Parasiten auftretende Viren
CWVirus (Trübe Flügel Virus Cloudy Wing Virus)
CPVirus (Chronische Paralyse Virus)
(Anmerkung. Es läßt sich nicht ausschließen, daß in der

ABBILDUNG 1

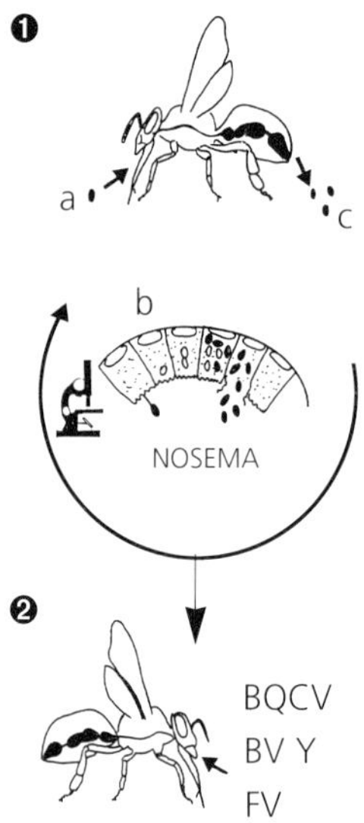

ABBILDUNG 2

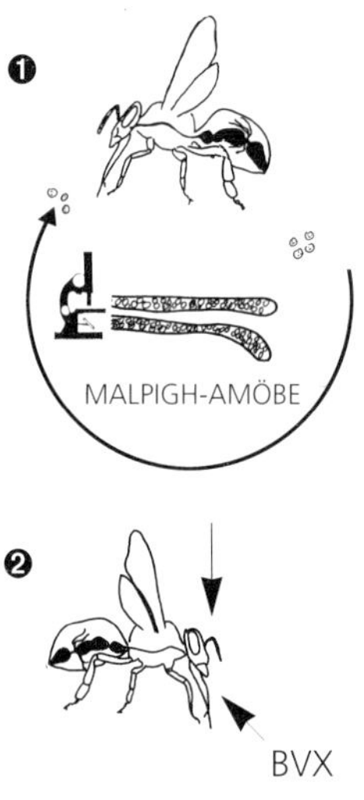

Zukunft andere Viren an Bedeutung gewinnen, die bisher als Krankheitsauslöser nicht in Erscheinung getreten sind.)

Infektion und Vermehrung

Mit Nosema apis auftretende Viren

Das BQCVirus, BVirus Y und FVirus treten dann auf, wenn der Darmparasit *Nosema apis* die Darmwand zerstört hat.

Entwicklungszyklus Abb.1 ❶-❷

❶a Der Nosema-Erreger wird von den Bienen über den Mund, z.B. beim Reinigen der Waben, aufgenommen.

❶b Im Mitteldarm befällt Nosema die Darmzellen und vermehrt sich darin.

❶c Mit dem Kot gelangen die Nosema-Sporen z. B. in die Bienenbeute.

❷ Die Viren können vermutlich durch die beschädigte Darmwand in das Innere der Biene gelangen. Die Viren schädigen Gewebe/Organe und führen zu einer verkürzten Lebenserwartung der Biene. Bisher ist nicht eindeutig geklärt, wie die Viren weitergegeben werden (z. B. beim Futteraustausch von Bienen, Körperkontakt).

Anmerkung: Die verschiedenen Viren können auch gleichzeitig als Mischinfektion auftreten und schädigen die Biene dann umso stärker.

Mit Malpighamoeba mellificae auftretende Viren

Entwicklungszyklus Abb. 2 ❶-❷

❶ Voraussetzung: Die Dauerstadien (Cysten) der Malpighamöbe werden von den Bienen mit dem Mund aufgenommen und gelangen über den Darm in die Harngefäße (Malpighische Gefäße. Die Amöbe verstopft die Harngefäße. Evtl. werden durch die nicht funktionsfähigen Harnröhren (oder Beschädigungen der Amöben an den Wandzellen der Harnröhren) geeignete Bedingungen für das BVirusX geschaffen.

❷ Die Viren gelangen über bisher ungeklärte Wege in das Bienenblut, schädigen die Biene und führen zu einer kürzeren Lebenserwartung der Biene.

Mit Varroa jacobsoni auftretende Viren

Entwicklungszyklus Abb. 3 ❶-❷

❶ Voraussetzung: Starker Varroa-Befall (siehe Viruserkrankungen der Bienenbrut).

❷ Die Varroa-geschwächten Bienen bieten dem APVirus

Möglichkeiten zur Vermehrung bzw. die Varroa-Milbe »aktiviert« die Viren. Wichtige Organe und das Nervensystem werden geschädigt und führen zu einer kurzen Lebenserwartung (und Verhaltensänderungen).

Ohne »assoziierte« Parasiten auftretende Viren

Entwicklungszyklus des CWVirus Abb. 4 ❶-❷

❶ Die Viren werden durch Kontakt von Bienen untereinander oder durch die Stockluft weitergegeben (Ritter 1994), Details sind weiter nicht bekannt. (Evtl. gelangen die Viren über das Verdauungs- oder Atemsystem in das Innere der Bienen).

❷ Die Flügel der Bienen verlieren an Transparenz (Durchsichtigkeit). Ggf. sterben die Bienen auch an der Infektion.

Entwicklungszyklus des CPVirus Abb. 5 ❶-❸

❶ Die Viren gelangen über Wunden (vermutlich auch durch Bißwunden der Varroa-Milben) in das Bienenblut und somit zu den Organen der Biene (Gehirn, Nerven, Verdauungssystem und Kopfdrüsen, Ritter 1994).

❷ Die Bienen fallen durch aufgeblähten Hinterleib (Pfeil), Bewegungsunfähigkeit und Flügelzittern auf. Durch den Haarverlust sehen die Bienen schwarz aus (»Schwarzsucht«). Schlimmstenfalls sterben die Bienen.

❸ Vermutlich werden die Viren über Körperkontakt weitergegeben.

Schädigung

Die Schäden durch den »assoziierten« Parasiten sind bei der Nosematose und der Malpighamöbenruhr so stark, daß die Virusschäden kaum ins Gewicht fallen. Evtl. kann man die Viren als »Verstärker« ansehen. Schäden der Varroa-Milbe: siehe Viruserkrankungen der Bienenbrut.

Prinzipiell verkürzen die Viren die Lebenserwartung der Bienen und können so bei ungünstigen Bedingungen das gesamte Volk schädigen.

Zeitliches Auftreten

Die Bienenviren sind meist im Bienenvolk vorhanden, sie können sich am besten gleichzeitig mit dem »assoziierten« Parasiten vermehren bzw. wenn dieser die Bienen ausreichend geschädigt hat.

ABBILDUNG 3

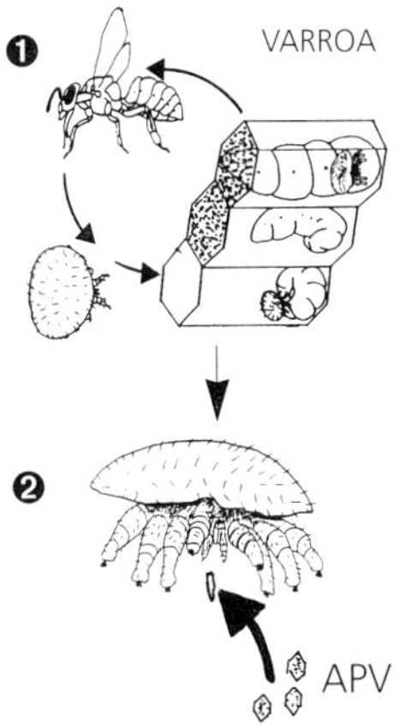

ABBILDUNG 4

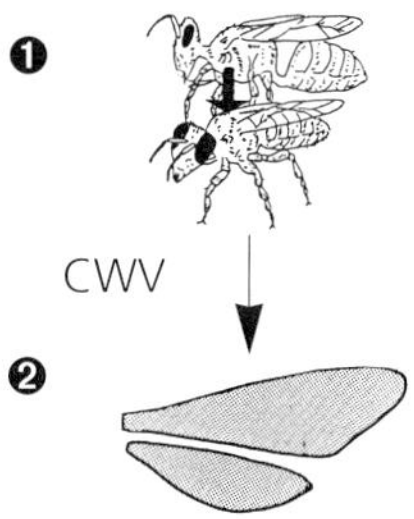

ABBILDUNG 5

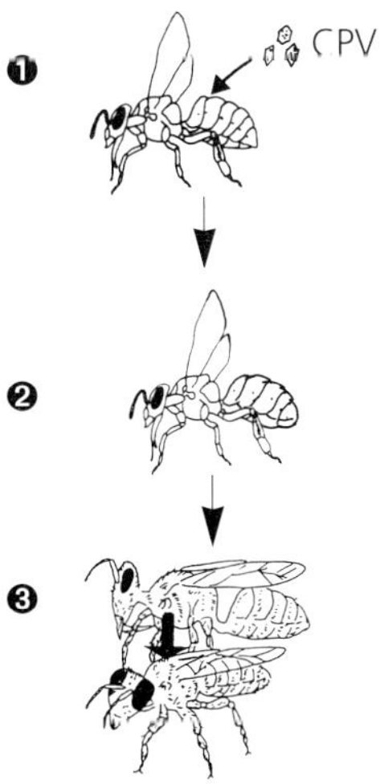

Nosematose, Malpighamöbiose – meist im Frühjahr, selten Herbst
Varroatose – ganzjährig und besonders im Spätsommer
CWVirus und CPVirus – Sommer

Krankheitsbild und Kennzeichen

Die Krankheitsbilder der »assoziierten« Parasiten (Nosema, Malpighamöbe, Varroa-Milbe) sind für den Imker erkennbar, nicht die gleichzeitig schädigenden Viren.
CWVirus: Die Bienen sind an den milchig/undurchsichtigen Flügeln erkennbar. Krankheit tritt seltener auf.
CPVirus: Schwarze Bienen (durch Haarverlust), unbewegliche oder zitternde Bienen auf dem Flugbrett (unspezifisch).

Untersuchung

Virus-Untersuchung: siehe Viruserkrankungen der Bienenbrut.
Untersuchung auf die »assoziierten« Parasiten: siehe Beschreibung der Erkrankungen.

Medikamentöse Behandlung

Wie im Teil »Viruserkrankungen der Bienenbrut« beschrieben, gibt es keine wirksamen Medikamente gegen Viren.
Der Imker sollte jedoch die »assoziierten« Parasiten bekämpfen, denn dadurch werden den Viren die Infektionswege entzogen – was einer Virusbekämpfung gleichkommt.
Imkerliche Bekämpfung und Vorbeugung: siehe Viruserkrankungen der Bienenbrut

Reinigung und Desinfektion

Siehe Viruserkrankungen der Brut.

Schwarzsucht (Ansteckende Schwarzsucht und Waldtrachtkrankheit)

Erreger/Ursache

Der Begriff »Schwarzsucht« benennt eigentlich nur einen Zustand der Biene: Wegen des völligen oder teilweisen Fehlens des Haarkleides sieht die Biene schwarz aus (Farbe des Chitinpanzers). Die Ursachen hierfür können sehr unterschiedlich sein, mit dem Begriff »Schwarzsucht« werden unterschiedliche Krankheiten bezeichnet :

1. Virus-Erkrankung: Das Chronische Paralyse Virus (CPV) löst eine Form der ansteckenden Schwarzsucht aus.

2. Waldtrachtkrankheit: Bestimmte Honigtauhonige bzw. ihre unverträglichen oder bienengiftigen (toxischen) Anteile führen zu einer Form der nicht ansteckenden Schwarzsucht. Vermutlich sind auch Bakterien im Bienenblut an der Erkrankung beteiligt.

3. Bienen, die bereits haarlos schlüpfen, sind an der **erblich bedingten**, nicht ansteckenden Schwarzsucht erkrankt.

4. Bei **Räuberei** verlieren die räubernden Bienen ihr Haarkleid (mechanisches Abbrechen der Haare, z. B. bei Kämpfen): nicht ansteckende Schwarzsucht.

Anmerkung:

➤ Die vier Auslöser der unterschiedlichen Schwarzsucht-Formen können sowohl einzeln als auch gemischt auftreten.

➤ Der Haarverlust ist bei älteren Bienen eine ganz natürliche Erscheinung.

Infektionsweg/Ursachen-Wirkungsweg

Virus-Erkrankung Abb. 1 ❶-❷

❶ Die CPViren gelangen über Wunden in das Bienenblut und so in wichtige Organe (Nervensystem, Darm und Kopfdrüsen).

❷ Die haarlose Biene sieht völlig schwarz aus.

ABBILDUNG 1

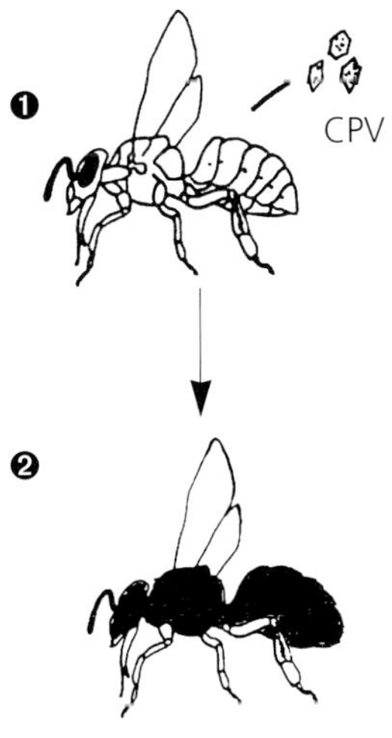

ABBILDUNG 2

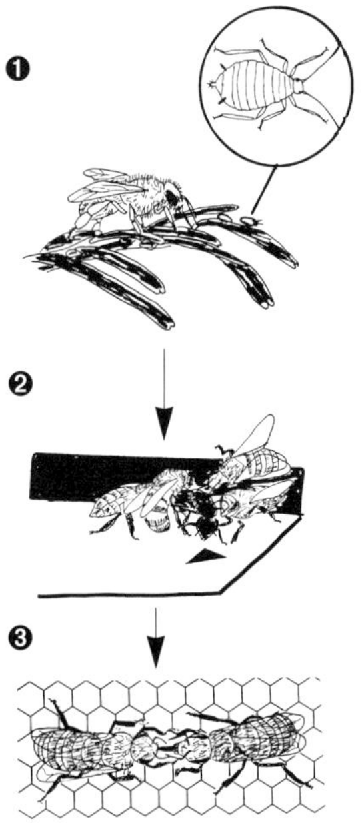

ABBILDUNG 3

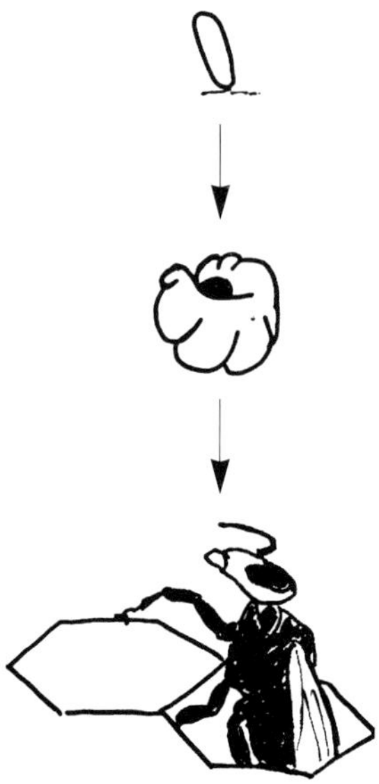

Die Weitergabe der Viren innerhalb des Bienenvolkes ist nicht genau geklärt, evtl. über Futteraustausch oder direkten Kontakt von Bienen.

Waldtrachtkrankheit Abb. 2 ❶-❸

❶ Die Bienen sammeln überwiegend Honigtautracht (Tannen- und Fichtentracht; Abb. rechts: Lachnide).

❷ Falls die Sammlerinnen während der Sammelflüge ihr Haarkleid nach dem Genuß des Honigtaus verlieren, werden sie nur schwer von den Wächterbienen in ihr Volk gelassen. Es kann zu Kämpfen vor dem Flugloch und ggf. zu Totenfall kommen.

❸ Kann der Honigtau in das Volk gebracht werden, wird er beim Futteraustausch zwischen den Bienen verteilt. Bestimmte Stoffe des Honigtaus führen zum Haarverlust der Bienen.

Erblich bedingte Schwarzsucht Abb. 3

Die Königin legt Eier mit defekter Erbinformation. Die Bienen (alle drei Kasten können betroffen sein) schlüpfen bereits haarlos bzw. mit sehr wenigen Haaren auf dem Panzer.

Durch Räuberei ausgelöste Schwarzsucht

Die Sammlerinnen räubern den Honig aus fremden Bienenvölkern, statt Trachtpflanzen anzufliegen. Bei diesem Honigdiebstahl kommt es häufig zu Kämpfen der fremden Bienen untereinander. Hierbei brechen die Haare ab und die Biene sieht schwarz aus.

Schädigung

Allgemein: Der Haarverlust ist kein »kosmetisches Problem« für die Biene, wie man vielleicht annehmen könnte. Die Haare sind für die Wärmeregulation und Sinneswahrnehmung notwendig.

Für alle Formen der Schwarzsucht gilt: Die Vitalität und die Lebenserwartung der einzelnen Biene sind stark herabgesetzt. Falls nicht genügend gesunde Bienen die erkrankten ablösen, kann das Volk an der Krankheit sterben.

Zeitliches Auftreten und Auslösefaktoren

Je nach der Ursache, die die Schwarzsucht auslöst, gibt es »typische« Jahreszeiten für das Auftreten der Schwarzsucht:
Virus-Erkrankung: Frühjahr/Sommer
Waldtrachtkrankheit: Sommer/Herbst; Evtl. vernachlässigen die Bienen das Sammeln von Pollen und konzentrieren sich nur auf den Honigtau (Pollenmangel).
Erblich bedingte Schwarzsucht: Ganzjährig
Durch Räuberei bedingte Schwarzsucht: Prinzipiell während der Flugsaison, meist zu trachtlosen/-armen Zeiten (Sommer, Herbst).

Krankheitsbild und Kennzeichen

Allgemein: Die Bienen erscheinen äußerlich schwarz, da sie ihr Haarkleid verloren haben (siehe oben). Evtl. Totenfall vor dem Flugloch (Bildteil ㊲, ❶).
Virus-Erkrankung: Der Hinterleib der Bienen ist aufgebläht. Alle Altersklassen können befallen sein.
Waldtrachtkrankheit: Hinterleib aufgebläht; teilweise fehlt auch der Haarausfall! Häufig nur junge Bienen und Sammlerinnen betroffen.
Erblich bedingte Schwarzsucht: Die Bienen schlüpfen bereits ohne Haare.
Räuberei bedingte Schwarzsucht: Meist nur Sammlerinnen betroffen.

Verbreitung

Die nicht ansteckenden Formen der Schwarzsucht können nicht von der Biene oder dem Imker von einem Volk auf das andere übertragen werden.
Die Virus-Erkrankung (CPV) kann von der Biene durch Verflug und vom Imker durch die Vereinigung von Völkern verbreitet werden.

Untersuchung

Die einzelnen Ursachen lassen sich nur schwer unterscheiden, denn:
➤ Der Virusnachweis ist keine gängige Untersuchungsmethode.

➤ Der Imker kann nicht unbedingt verfolgen, ob die Bienen Honigtau sammeln.
➤ Räuberei kann auf fremden Bienenständen stattfinden - der eigene Bienenstand ist nicht von Räuberei betroffen.

Untersuchung der einzelnen Biene

Betrachten Sie einzelne Bienen mit dem bloßen Auge oder unter einer Lupe.
Vergleichen Sie die schwarzen Bienen mit normalen Bienen. Die unterschiedliche Behaarungsdichte ist leicht erkennbar. Achten Sie auf den Hinterleib - evtl. ist er aufgebläht.

Verwechslungen

➤ Die unterschiedlichen Formen der Schwarzsucht können untereinander verwechselt werden.
➤ Der aufgeblähte Hinterleib kann prinzipiell auch auf das Auftreten der Nosematose, Amöbenruhr oder Maikrankheit hinweisen. Vgl. die in den Artikeln beschriebenen Untersuchungsmethoden.
➤ Bienentotenfall und Haarverlust können auch bei Vergiftungen auftreten.

Medikamentöse Behandlung

Es gibt für keine der Schwarzsuchtformen ein Medikament. Meist reicht die imkerliche Bekämpfung aus.

Imkerliche Bekämpfung und Vorbeugung

➤ Die Waldtrachtkrankheit tritt auf Bienenständen in Waldnähe oder direkt im Wald auf. Wandern Sie möglichst sofort aus der Tracht in eine Blütentracht. In der Literatur wird das Umweiseln empfohlen - die Wirkung dieser Methode ist umstritten und setzt erst nach Wochen ein.
➤ Die erblich bedingte Schwarzsucht läßt sich durch Umweiseln meist leicht beheben.
➤ Die Räuberei-bedingte Schwarzsucht kann nur durch Eindämmung der Räuberei bekämpft werden.

Vorbeugung

➤ Es gibt besonders Schwarzsucht-anfällige Völker; eine Verbesserung des Erbguts der Königinnen (Material vom Züchter) kann helfen.

➤ Bieten Sie den Völkern ausreichend Pollen - ggf. sollten Sie wandern.

Reinigung und Desinfektion

Die herkömmlichen Reinigungs- und Desinfektionsschritte reichen aus.

Tracheenmilbe (»Milbenseuche«, Acarapiose)

ABBILDUNG 1

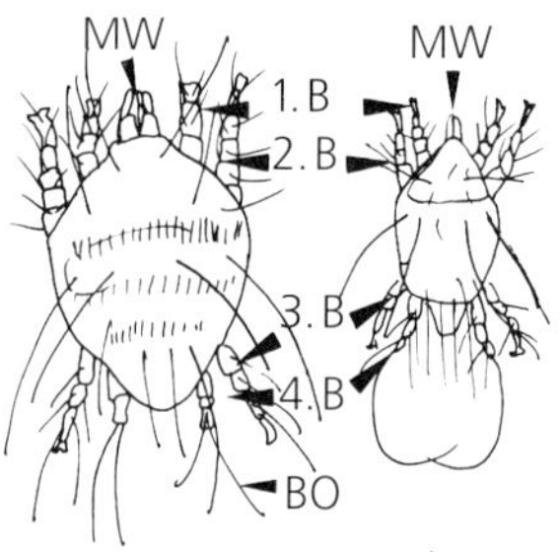

Erreger

Acarapis woodi - eine ca. 0,1 mm große Milbe, die im Atemsystem (Tracheensystem) der Biene lebt. Die Milbe ist nur durch Herauspräparieren bzw. Freilegen der Tracheen mit einem Mikroskop oder einer Lupe sichtbar.
Die Milbenweibchen sind etwas größer als die Männchen.
Abb. 1, a: Weibchen, b: Männchen, MW= Mundwerkzeuge, 1. B = 1. Bein, BO = Borste/Haar
Beide haben 8 Beine (typisch für Spinnentiere/Milben). Sie tragen an den Beinen und auf der Körperoberfläche kurze und am Hinterende z. T. lange Haare (Bildteil ㊾).
Der Begriff »Milbenseuche« ist seit dem Auftreten einer weiteren Milbe im Bienenvolk, der Außenmilbe *Varroa jacobsoni*, unpräzise . Genauer ist die Bezeichnung Tracheenmilben-Erkrankung oder Acarapiose – eine anzeigepflichtige Bienenkrankheit.

Infektion und Vermehrung

Die Tracheenmilbe befällt bevorzugt junge Bienen (ca. 1-8 Tage alt), nicht jedoch die Bienenbrut.

Entwicklungs- und Lebenszyklus der Tracheenmilben Abb. 2 ❶-❸

❶ Ein Milbenweibchen klettert nach dem Verlassen der Trachee von einer Biene zur nächsten. Hierbei kommen ihr die Haftlappen an den Füßen und ihre Behaarung beim Festhalten zugute. Möglicherweise werden Drohnen von den Milben bevorzugt aufgesucht.
❷ Die Milbe muß innerhalb weniger Stunden zur Nahrungsaufnahme in das Tracheensystem einer Biene gelangen. Hierzu klettert sie durch die große (erste) Tracheenöffnung

im Brustabschnitt (Thorax) in die Biene (kleiner Pfeil). Der Eingang liegt nicht direkt sichtbar frei, sondern wird von einem »Deckelchen« überlappt. (Großer Pfeil: ein größer herausgezeichnetes Tracheenstück)

❸ Das Weibchen (a) ernährt sich (wie alle auch folgenden, beweglichen Milbenstadien) von Bienenblut (Hämolymphe). Sie sticht mit ihren Mundwerkzeugen die Tracheenwand an und saugt das Bienenblut.

(b) Pro Tag legt die Milbe ca. 7-10 Eier, die sie mit einem Sekret an die Tracheeninnenwand heftet.

(c) In den Eiern entwicklen sich 6-beinige Larven, die nach dem Verlassen der Eihülle beweglich sind (d).

Nach einer Häutung haben sich hieraus die 8-beinigen Milbenweibchen (e) oder Milbenmännchen (f) entwickelt.

(g) Die weiblichen Milben werden unmittelbar nach Schlupf von den Männchen begattet und können nach wenigen Tage direkt mit der Eiablage beginnen (a) oder verlassen die Biene (h) durch die Trachee über die Tracheenöffnung (Stigmum) und klettern in die Trachee einer anderen Biene und legen dort ihre Eier ab.

Schädigung

Die Bienen (Arbeiterin, Königin und Drohn) können sehr unterschiedlich stark durch die Milben geschädigt werden. Schlimmstenfalls geht das Volk durch hohen Tracheenmilbenbefall ein - meist wenige Jahre nach dem Anfangsbefall. Dies muß nicht in jedem Fall passieren (Selbstheilung, siehe unten). Der Schaden am Volk kann sehr gering bleiben, so daß der Milbenbefall vom Imker nicht bemerkt wird. Einige Untersuchungen haben gezeigt, daß Bienen mit Tracheenmilben meist ihrer »normalen« Arbeit nachgehen, z.B. Nektar- oder Pollensammeln. Mögliche Schäden an der einzelnen Biene können sein:

➤ Eine große Anzahl von Milben in einer Trachee führt zu einer Verstopfung der Atemröhre oder sehr starker Atembehinderung. Die Bienen werden hierdurch stark geschwächt und sind teilweise flugunfähig (krabbelnde oder hüpfende Bienen vor oder unter dem Flugbrett).

➤ Die Milben stechen die Tracheenwand zur Nahrungsaufnahme an. Teilweise läuft Hämolymphe ins Innere der Trachee. An der Anstichstelle können Krankheitserreger ins Bienenblut gelangen (Blutvergiftung = Septikämie).

➤ Mit dem Milbenspeichel können Erreger aus der Milbe in das Bienenblut kommen und sich von dort ausbreiten. Die

ABBILDUNG 2

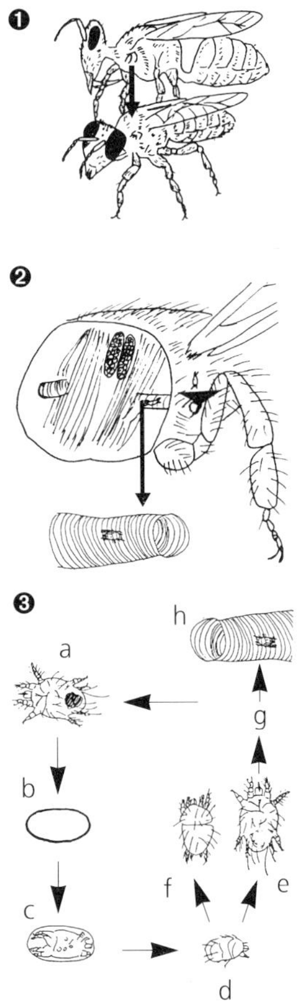

Milbe kann Überträger (»Vektor«) von Bakterien/Viren sein, die zur Blutvergiftung führen können.

➤ Mit dem Milbenspeichel können Gift-/Schadstoffe (»Toxine«) der Milbe in das Bienenblut gelangen (Folge: Blutvergiftung).

Arbeiterinnen, die älter als 8 Tage sind, und Königinnen werden nicht oder sehr selten von Tracheenmilben befallen. Die genauen Ursachen hierfür sind nicht bekannt.

Zeitliches Auftreten

Eine Vermehrung und Verbreitung der Tracheenmilben im Bienenvolk findet fast ausschließlich bei Vorhandensein junger Bienen statt. Dies ist während der Brutzeit (April-Oktober, je nach Region unterschiedlich) der Fall. Aber auch während der Überwinterung und Auswinterung belasten die Milben das Bienenvolk. Das Zusammenbrechen von Bienenvölkern ist sowohl im Winter als auch im Frühjahr zu beobachten.

Krankheitsbild und Kennzeichen

Je mehr Bienen mit Milben in den Winter gehen, desto stärker werden die Bienen im Winter und im zeitigen Frühjahr durch die Milben geschwächt.

Die Schädigungen der einzelnen Biene sind oben aufgelistet. Durch den Tod vieler Bienen kann es zu folgenden, relativ untypischen (allgemeinen) Krankheitsbildern kommen:

Spätsommer/Herbst

➤ Die Bienenmasse schrumpft vor oder nach der Einfütterung. Dem Volk fehlt Dynamik.

Winter

➤ Evtl. ist größerer Winterbienen-Totenfall zu beobachten.

Frühjahr

➤ Die Bienenmasse nimmt ab oder nur sehr langsam zu im Vergleich zu anderen Völkern. Dem Volk fehlt die Dynamik.

➤ Die Brutpflege wird mangels Bienenzahl vernachlässigt.

➤ Vor dem Flugloch, vor der Beute liegen tote Bienen, lebende sind teilweise nicht flugfähig und hüpfen auf dem Boden.

Anzeichen für eine Tracheenmilben-Erkrankung des gesamten Volkes können sich im Frühjahr bei guter Bienenentwicklung sehr schnell verlieren (siehe unten »Imkerische Vorbeugung und Bekämpfung«: Selbstheilung)

Auslösefaktoren

Die für das Bienenvolk gefährliche Milbenvermehrung wird meist von mehreren Negativ-Faktoren ausgelöst:

➤ Ungünstige Witterung und fehlende Tracht im Frühjahr verhindern den Ersatz der Winterbienen durch neue (vitale) Bienen. Die zu geringe Brutaktivität führt zur Überalterung der Winterbienen, die ohnehin nach dem langen Winter abgearbeitet und anfällig für Krankheiten sind. Es gibt Hinweise darauf, daß teilweise auch alte Bienen (Winterbienen) von Milben befallen werden.

➤ Die Tracheenmilben-Entwicklung ist im Frühjahr umso größer, je mehr Milben in den Bienen überwintert haben.

➤ Weisellosigkeit führt durch mangelnde Brutaktivität zur Überalterung und damit zur erhöhten Krankheitsanfälligkeit der Bienen.

➤ Vitale Völker halten einer Milbenvermehrung eher stand und haben eine größere Chance auf Selbstheilung als schwache/kranke Völker (siehe unten).

Verbreitung

Durch die Biene:

➤ Räuberei

➤ Verflug

➤ Schwärme

➤ Drohnen (haben einen große Reichweite und werden im Frühjahr/Sommmer in fremde Völker hereingelassen)

Durch den Imker:

➤ Vereinigung von gesunden und kranken Völkern

➤ Einschlagen fremder (kranker) Schwärme

➤ Aufkauf fremder, infizierter Völker (ohne Gesundheitszeugnis)

Die Tracheenmilben stellen innerhalb der Bundesrepublik Deutschland regional eine sehr unterschiedliche Gefahr dar. Im Norden (kürzere und wärmere Winter als im Süden) können sich selbst eingeschleppte Tracheenmilben nicht halten, während u.a. in klimatisch ungünstigen Höhenlagen immer wieder ein Auftreten der Tracheenmilbe beobachtet wird. Die Ursachen für diesen Unterschied sind nicht exakt bekannt.

Untersuchung

ABBILDUNG 3

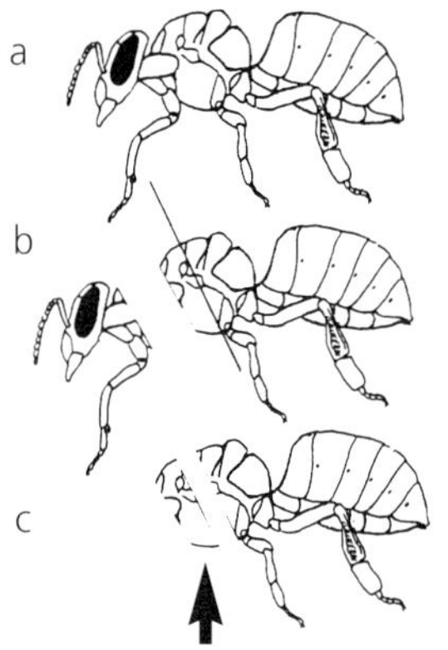

Die Tracheenmilben sind nur in den Tracheen der Bienen nachweisbar, da die Milben sich nur sehr kurzzeitig auf den Bienen (zum Überwechseln) aufhalten. Hierzu wird ein Stück des Brustabschnittes mit der ersten Haupttrachee abgeschnitten (**Abb. 3 a-c** Pfeil). Zur Untersuchung eignen sich Bienen vom Wintertotenfall und Krabbler vor dem Flugloch (durch Einfrieren im Gefrierfach abtöten). Um eine sichere Aussage über den Tracheenmilbenbefall machen zu können, sollte man 40 bis 50 Bienen pro Volk untersuchen.
Für die Untersuchung wird 10prozentige Kalilauge benötigt. Lassen Sie sich in der Apotheke oder Drogerie für Ihre Untersuchung die Kalilauge ansetzen (ca. 0,5 Liter). Falls Sie die Lösung selber ansetzen, sollten Sie vorsichtig arbeiten.

Benötigte Geräte zur Herstellung der Kalilauge:
1 Briefwaage, 1 Löffel, 1 Glasgefäß mit Deckel (z.B. Marmeladenglas), 1 Meßbecher, 1 Stück Alufolie, ca. 10cm x 10cm
1 Trichter

Herstellung der Kalilauge
Die Untersuchung der Tracheen auf Milbenbefall ist nur möglich, wenn das Gewebe/die Muskulatur des Bruststücks aufgelöst wird. Die Tracheen werden dabei nicht verändert. Zum Auflösen wird Kalilauge verwendet - man kann auch Natronlauge verwenden. Die Zubereitung ist genauso wie bei der Kalilauge (Kaliumhydroxid in Wasser gelöst), für Natronlauge benötigt man Natriumhydroxid. Beide Chemikalien erhalten Sie in der Apotheke oder im Chemikalienbedarf.

Regeln für den Umgang mit Kalilauge:
➤ Die Lauge wirkt auf die Haut ätzend. Tragen Sie Gummihandschuhe (Haushaltshandschuhe).
➤ Brillenträger haben ihre Augen gegen Spritzer geschützt - tragen Sie sonst eine einfache Schutzbrille (Heimwerkerbaumarkt).
➤ Arbeiten Sie am besten in einem Waschbecken, Spritzer mit viel Wasser wegspülen.

➤ Lagern Sie keine größeren Mengen der Kalilauge. Behälter mit Laugen unbedingt kindersicher aufbewahren.

➤ Kennzeichnen Sie Behälter mit Kalilauge mit der Aufschrift »Giftig« und »10prozentige Kalilauge« .

Arbeitsschritte Abb. 4 ❶-❻

❶ Aus der Alufolie wird ein »Wiegeschiffchen« für die Briefwaage gefaltet: Schneiden Sie die Alufolie ungefähr auf die Größe der Wiegefläche der Briefwaage. Zwei Seiten der Alufolie knicken Sie nach oben. Legen Sie das »Wiegeschiffchen« auf die Waage.

❷ Löffeln Sie das Kaliumhydroxid-Pulver (oder Tabletten) auf das »Wiegeschiffchen«. Mengenbeispiel: Für 100 ml Kalilauge müssen Sie 10 g Kaliumhydroxid abwiegen.

❸ Schütten Sie das abgewogene Kaliumhydroxid in das Glasgefäß.

❹ Füllen Sie Leitungswasser in den Meßbecher. Für das Mengenbeispiel: 100 ml Wasser

❺ Gießen Sie das Wasser in das Glasgefäß. Sofort werden Sie durch die chemische Lösungsreaktion eine Erwärmung (!) der Flüssigkeit feststellen.

❻ Verschließen Sie das Glasgefäß mit dem Deckel. Kennzeichnen Sie das Glasgefäß mit der Aufschrift »Giftig« und »10prozentige Kalilauge« (kurz: KOH). Beim Umfüllen der Kalilauge in das kleinere Glasfläschchen sollten Sie einen Trichter verwenden.

Regeln für den Notfall:

➤ Kalilauge sofort mit viel Wasser von der Haut spülen.

➤ Kalilaugen-Spritzer im Auge sofort auswaschen: Füllen sie einen Becher/ein Glas randvoll mit Wasser. Halten Sie Ihr Auge in das Wasser und öffnen Sie das Auge für mindestens 1 Minute. Tauschen Sie das Wasser gegen frisches aus und wiederholen Sie den Vorgang. Suchen Sie dann einen Augenarzt auf.

Benötigte Geräte für die Untersuchung:

1 spitze, scharfe Schere (Präparations- oder Fingernagelschere), 1 Pinzette, 1 Teesieb, 1 kleine Glasflasche (Arzneimittelflasche) pro Volk, Objektträger, Deckgläser, 1 Mikroskop (geringe Vergrößerung reicht: 20-40fach) oder 1 Lupe/Binokular (10-20 fache Vergrößerung), evtl. ein flaches Schälchen, evtl. 1 Topf und eine Heizplatte/Herd,10 prozentige Kalilauge (Herstellung siehe oben), Haushaltshandschuhe, Schutzbrille/Brille

ABBILDUNG 4

❶ ❷ ❸ ❹ ❺ ❻

ABBILDUNG 5

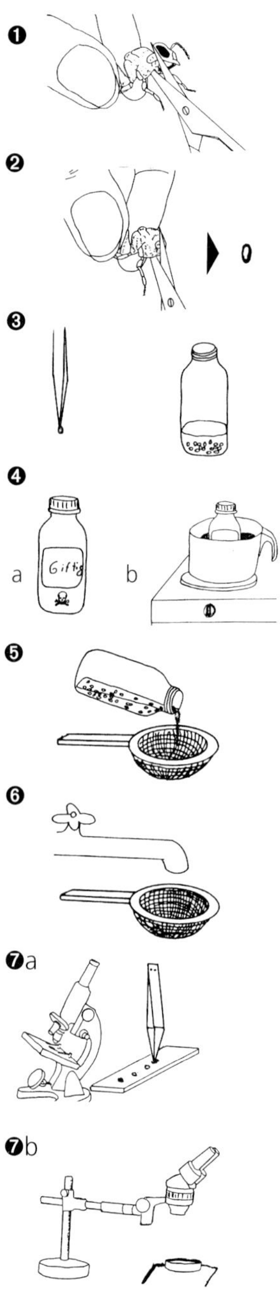

Arbeitsschritte Abb. 5 ❶-❼

❶ Halten Sie die tote Biene an Hinterleib und Bruststück zwischen Daumen und einem Finger fest. Der Kopf und das erste Beinpaar am Bruststück müssen frei liegen. Schneiden Sie mit der Schere den Kopf und das erste Beinpaar ab - so wenig wie möglich vom Bruststück abschneiden. Die abfallenden Körperteile werden nicht gebraucht. Halten Sie die Biene weiter fest.

❷ Schneiden Sie vom Bruststück eine ca. 1,5-2 mm dünne Scheibe ab. Diese Scheibe (Brustring; Pfeil) enthält die Tracheen, die untersucht werden sollen (s. auch Abb. 3 und 6).

❸ Geben Sie die abgeschnittenen Brustringe mit der Pinzette (nicht zu stark drücken!) in die Glasflasche. Verfahren Sie so mit allen 40-50 Proben eines Volkes, Proben von einem anderen Volk in eine andere Glasflasche (entsprechend numerieren !).

Füllen Sie vor oder nach dem Abschneiden der Brustringe 10prozentige Kalilauge in die Glasflasche, die Brustringe sollten 3-4 cm hoch mit Kalilauge bedeckt sein. (Handschuhe und Schutzbrille!)

❹ Die Glasflasche sollten Sie zur Sicherheit mit einem Aufkleber »Gift« oder »giftig« (für Menschen und Tiere) kennzeichnen. (a) Zur Zersetzung der Muskulatur in den Brustringen können Sie die Glasflasche 24 Stunden bei Raumtemperatur stehen lassen oder (b) für 5-10 Minuten in einem Wasserbad erwärmen (kurzfristig kochen lassen). Schrauben Sie den Flaschendeckel im Wasserbad nur leicht (nicht luftdicht) auf oder lassen Sie ihn weg.

❺ Wenn die Brustringe kein oder kaum noch helles Muskelfleisch enthalten, können Sie die Proben weiter bearbeiten. Ansonsten schwenken Sie die Glasflasche und lassen sie noch einige Minuten stehen. Gießen Sie dann über einem Waschbecken/Ausguß die Brustringe in das Teesieb.

❻ Spülen Sie mit Wasser die Brustringe vorsichtig ab.

❼a Legen Sie die Brustringe mit der Pinzette mit der größeren Seite nach oben auf den Objektträger (in einer Längsreihe) und betrachten diese einzeln unter dem Mikroskop bei kleiner Vergrößerung (10-20x). Details betrachtet man mit höherer Vergrößerung (siehe **Abb. 6 a-d**).

oder

❼b Zur Betrachtung unter einer Lupe/einem Binokular legen Sie die Brustringe in ein Schälchen, das ca. 1/2 cm hoch mit Wasser gefüllt ist.

Diagnose

Unter dem Mikroskop oder der Lupe erkennen Sie den festen Brustring, in dessen Inneres an zwei sich gegenüberliegenden Seiten Tracheen hineinragen (**Abb. 6a**). Bei einigen Präparaten können die Tracheen auch herausgefallen sein. Die Tracheen sind in der gesunden Biene völlig weißlich, durchsichtig (**Abb. 6b**). Die Versteifung der Tracheen aus Chitinringen ist als Querstreifen sichtbar. Die Tracheen verzweigen sich im weiteren Verlauf. Verfolgen Sie mit dem Mikroskop die Tracheen und achten Sie auf folgendes:

Milbenbefall
Einzelne Milben sind als dunkele Flecken/Stellen in den Tracheen sichtbar (**Abb. 6c**). Außerdem rufen die Milben eine Schorfbildung in den Tracheen hervor, die u.a. nach dem Blutsaugen der Milben durch eintretendes Bienenblut (Hämolymphe) gebildet werden. Die Tracheen haben mehr oder weniger große bräunliche bis schwarze Flecken (**Abb. 6d**) (Bildteil ㊽).
Bei höherer Vergrößerung (ab 40 fach) erkennen Sie Details von Milben und Eiern (**Abb. 1** und **2 ❸**). Meist sind die Körperumrisse der Milben nur verschwommen sichtbar! Irritierend können Luft- oder Flüssigkeitsblasen (silbrig glänzend) sein, die in die Tracheen eingedrungen sind, und die Trachee auf ganzer Breite ausfüllen. Diese Blasen sind kugelig oder oval und besitzen keinerlei Strukturen.
Hinweis: Der Nachweis einer einzelnen Tracheenmilbe verpflichtet Sie, den Amtstierarzt bzw. das Veterinäramt zu benachrichtigen. Dieses schreibt das Bienenseuchengesetz vor! Zur Sicherheit können Sie einen Bienensachverständigen oder Gesundheitsobmann (Imkerverein) zu Hilfe rufen.

Maßnahmen bei Verdacht auf Tracheenmilbenbefall, bis der Amtstierarzt/das Veterinäramt nähere Anweisungen gibt:

➤ Verstellen Sie keine Bienen! Entfernen oder vereinigen Sie keine Bienenvölker.

ABBILDUNG 6

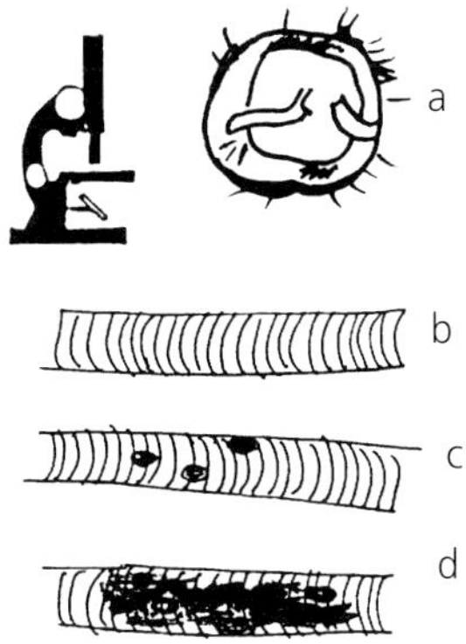

Verwechslungen/Mischinfektionen

Verwechslungen: Das auffällige Verhalten von Bienen vor dem Flugloch (flugunfähige, hüpfende, kriechende Bienen und Totenfall) und der Verlust von Flugbienen oder der Tod des gesamten Volkes sind kein eindeutiger Hinweis auf den

Tracheenmilben-Befall. Dies könnten Hinweise auch auf folgende Krankheiten sein:
Amöbenseuche (Malpighamöbe), Nosematose, Maikrankheit, Varroatose, Septikämie (Blutvergiftung), Paralyse, Rickettsiose, Ruhr oder Vergiftung (Pflanzenschutzmittel, Insektengifte).
Der eindeutige Nachweis auf Tracheenmilben ist mit der oben beschriebenen Tracheen-Untersuchung möglich.
Es gibt noch andere Acarapis-Arten, die sich nur in bestimmten Bereichen auf der Biene, nie in dem Tracheensystem aufhalten:

Tracheenmilbe	
Acarapis woodi	in der großen Brusttrachee
Außenmilben	
Acarapis externus	auf dem Abschnitt zwischen Kopf- und Brust
Acarapis dorsalis	auf dem Brustabschnitt
Acarapis vagans	auf den Flügelansatzstellen und den ersten Hinterleibssegmenten

Die Acarapis-Außenmilben sind in Europa harmlose Schmarotzer und stellen keine Gefahr für die Bienenvölker dar.

Mischinfektionen: Gleichzeitig mit der Tracheenmilbe können Blutvergiftung und chronische Paralyse (Virus) auftreten. Es ist möglich, daß die Milben diese Erreger verbreiten/übertragen; in diesem Fall handelt es sich um eine Hyperinfektion (die Milben sind dann Überträger weiterer Krankheitserreger). Die von Milben geschwächten Bienen haben geringe Abwehrkräfte und können von anderen Krankheitserregern befallen werden.

Medikamentöse Behandlung

Die eingeschaltete Veterinärbehörde/der Amtstierarzt kann folgende Maßnahmen ergreifen:
- ➤ Abtöten der Völker
- ➤ Behandlung der Bienen mit Medikamenten
- ➤ Einrichtung eines Sperrgebiets (Bienen dürfen weder raus- noch reingebracht werden)

Die Maßnahmen werden regional sehr unterschiedlich gehandhabt und sind von der Befallsgröße (Anzahl der befallenen Völker, Befallsstärke pro Volk) abhängig.

Die Bedeutung der Tracheenmilbe hat in den letzten Jahrzehnten in Europa erheblich abgenommen. Die Ursachen hierfür sind unklar – unter anderem werden Veränderungen in der Bienenhaltung und den Bienenrassen vermutet: Die Stärke der Völker und deren Entwicklungsgeschwindigkeit ist seit Einführung der Carnica-Biene nach Deutschland erheblich größer als bei der früher verbreiteten, dunklen Honigbiene (Heidebiene). Das Imkern in Magazinen führt ebenfalls zu größeren Völkern als in früheren Beutensystemen.
Untersuchungen haben gezeigt, daß die Ameisensäure sowohl die Varroa-Milbe als auch die Tracheenmilbe angreift (Hoppe u. a. 1989; Wilson u. a. 1993). Eine Ameisensäure-Behandlung zur Varroa-Bekämpfung (Spätsommer/Herbst) hat die angenehme „Nebenwirkung", daß auch die Tracheenmilben bekämpft werden. Es werden noch Untersuchungen zur Tracheenmilben-Bekämpfung mit Ameisensäure durchgeführt. Die prinzipielle Anwendung von Ameisensäure ist im Varroa-Kapitel beschrieben. Die Varroa-Medikamente Perizin und Bayvarol zeigen keine Wirkung gegen die Tracheenmilbe. Das in der Bundesrepublik Deutschland nicht zugelassene Varroa-Medikament Amitraz zeigt ebenfalls eine Wirkung gegen die Tracheenmilbe (Moffet u. a. 1988; USDA Information 1989).

Imkerliche Vorbeugung und Bekämpfung

Vorbeugung:

➤ Achten Sie beim Bienenkauf auf ein amtlich beglaubigtes Gesundheitszeugnis (Tracheenmilben-Untersuchung) und stellen Sie fremde Schwärme möglichst erst einmal auf einem weiter entfernt liegenden Außenstand auf.

➤ Bemühen Sie sich, möglichst nur große, starke Völker zu bewirtschaften. Vereinigen oder lösen Sie rechtzeitig kleine Völker auf.

➤ Achten Sie auf optimale Bedingungen für Ihre Bienenvölker, um hohen Brutumsatz und damit kurze Lebensdauer der erwachsenen Bienen zu fördern: Trachtwanderung, gute Standorte, eventuell Trachtlückenfütterung und ausreichend Raum (Waben) zur Entwicklung.

➤ Weiseln Sie Qualitätsköniginnen oder deren Töchter in Ihre Völker ein. Inzucht ermöglicht eine leichtere Krankheitsentwicklung bei den Völkern.

➤ Untersuchen Sie Bienen vom Wintertotenfall auf Tracheenmilben oder lassen Sie Proben untersuchen: 30-40 tote Bienen pro Volk in einem nicht luftdicht verschlossenen Gefäß (Gefahr des Schimmelns; z.B. große Streichholzschachtel) zu einem Bieneninstitut (Anschrift: Gesundheitsobmann im Imkerverein) schicken.

Imkerliche Bekämpfung

➤ Im Frühjahr (Mai/Juni) werden die Winterbienen bei optimalen Außenbedingungen (Wetter, Temperatur, Tracht) so schnell abgelöst, daß viele alte Bienen außerhalb der Beute samt Milben sterben. Außerdem werden die milbentragenden Bienen in der Minderheit sein, da die Bienenzahl rapide zunimmt. Die Tracheenmilben werden durch diesen Prozeß nicht nur ausgedünnt, sondern haben Mühe, sich wegen der Kurzlebigkeit der Sommerbienen zu vermehren und im Volk zu halten. Hier liegt die Stärke im Selbstheilungsprozeß des Bienenvolkes: Je stärker und schneller die Bienengenerationen sich ablösen, desto schwieriger ist das Verbleiben der Milben im Volk. Die »effektive« Milbenvermehrung ist im Spätsommer/Herbst oder im zeitigen Frühjahr (vor dem Ersatz der Winterbienen).

Reinigung/Desinfektion

Allgemein

Die Tracheenmilben werden ausschließlich von Biene zu Biene übertragen. Eine Infektion über Waben, Futter, Geräte und Kleidung ist ausgeschlossen.

Maikrankheit

Ursache

Die Krankheit wird nicht durch einen Erreger ausgelöst, sondern durch (z. B. witterungsbedingten) Wassermangel im Bienenvolk. Das Zusammentreffen mehrerer Faktoren führt zu einer problematischen Situation im Bienenvolk

Abb.1 ❶-❸

❶ Die hohe Brutaktivität im Frühjahr/Mai erfordert viel Futtersaft, den die Ammenbienen (Jungbienen) produzieren. Hierfür müssen diese Bienen viel Pollen fressen.

❷a Der Pollen gelangt über den Mund, die Speiseröhre und den Honigmagen (HM) in den Mittel (MD)- und Enddarm (ED). Schematischer Längsschnitt durch die Biene).

❷b Der trockene Pollen saugt die Darmflüssigkeit auf. Dadurch wird der Darminhalt übermäßig zäh und fest. Akuter Wassermangel verhindert ein Verflüssigen der Masse, es kommt zu einer »Verstopfung«. Der Hinterleib wird vom Darminhalt aufgetrieben. (Aufsicht auf die Lage und Ausdehnung des Darmes, (a) normal gefüllter Darm, (b) stark gefüllter MD, ED)).

❸ Die Ammenbienen laufen/krabbeln in der Beute zum Flugloch. Unter Zittern und Pressen versuchen sie, abzukoten. Dies gelingt nur unzureichend. Schlimmstenfalls sterben die Bienen an der Verstopfung.

ABBILDUNG 1

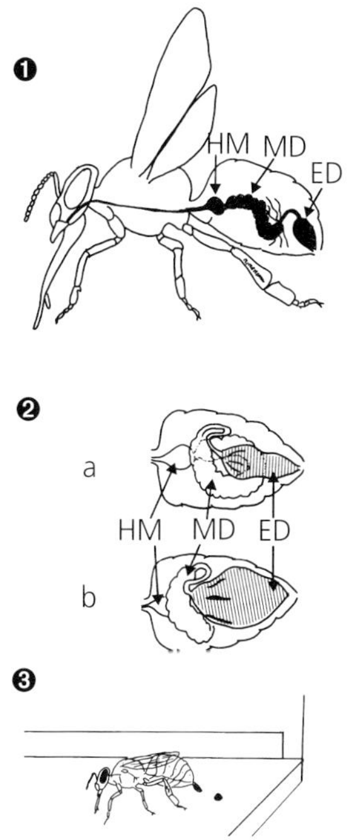

Schädigung

Schädigung der einzelnen Biene:

➤ Der Wassermangel ist das Hauptproblem: Die Verdauung der Bienen ist durch »Verstopfung« blockiert und kann über »Selbstvergiftung« zum Tod führen. Die Bienen sind meist flugunfähig und haben nach einer gewissen Schädigungsdauer eine geringere Lebenserwartung.

Schädigung des Bienenvolkes:
➤ Die Ammenbienen können nur noch begrenzt, im schlimmsten Fall überhaupt keinen Futtersaft mehr für die Maden produzieren. Die Brut kann unter Umständen verhungern und der Ausfall tausender Ammenbienen führt zu einem Einbruch der Volksentwicklung.

Zeitliches Auftreten und Auslösefaktoren

Die Maikrankheit tritt überwiegend im Frühjahr (April bis Juni) auf. Nicht der Zeitpunkt, sondern die Bedingungen im Bienenvolk sind entscheidend: Der Wasserbedarf der Völker ist wegen der starken Brutaktivität sehr groß. Verschiedene Faktoren können den Eintrag von Wasser (oder wasserhaltigem Honig) verhindern:
➤ Ein Kälteeinbruch verhindert den Flug von Sammlerinnen und Wasserholern.
➤ Extreme Trockenheit und fehlende Tränken (besonders in heißen Ländern) in der Umgebung des Standes führen zu Wassermangel.

Krankheitsbild und Kennzeichen

➤ Bei der Maikrankheit sind überwiegend junge Bienen (Ammenbienen) erkrankt, die durch ihren aufgedunsenen/aufgetriebenen Hinterleib auffallen.
➤ Der Darminhalt bzw. Kot ist meist fest - im Gegensatz zu anderen Darmerkrankungen (Nosematose, Amöbenruhr und Ruhr).
➤ Die flugunfähigen Bienen liegen, krabbeln oder zittern (z. B. beim Abkoten) auf dem Flugbrett oder darunter. Diese Grundsymptome sind unspezifisch und treten auch bei anderen Erkrankungen auf, z. B.: Nosematose, Amöbenruhr, Tracheenmilben-Erkrankung.
➤ Meist sind alle Völker eines Bienenstandes gleichzeitig betroffen.

Untersuchung und Diagnose

Der Imker kann sich direkt am Bienenstand überzeugen, daß es sich um die Maikrankheit handelt. Die Untersuchung einzelner Bienen ist sehr einfach durchzuführen:

Untersuchung mit dem bloßen Auge

Arbeitsschritte Abb. 2 ❶-❷

❶ Nehmen Sie eine krabbelnde Biene zwischen zwei Finger. Drücken Sie den Hinterleib der Biene leicht zusammen.
❷ Der Kot wird als pastenförmige, zähe Masse aus dem Darm gedrückt.

ABBILDUNG 2

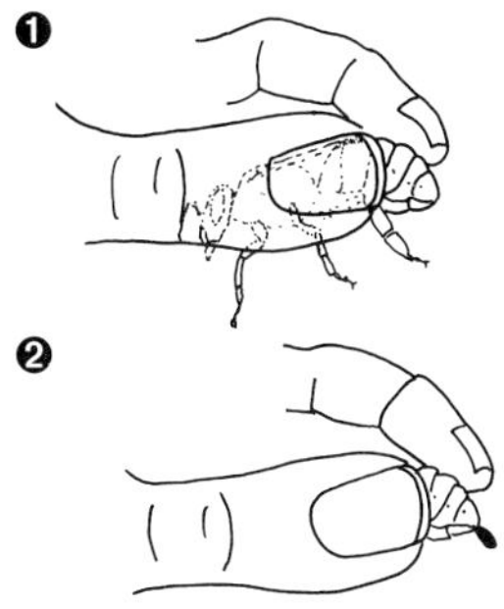

Mikroskopische Untersuchung

Diese zusätzliche Untersuchung bietet die Möglichkeit, andere Erkrankungen auszuschließen (Nosematose, Amöbenruhr). Dies ist mit dem bloßen Auge nicht möglich.
Benötigte Geräte:
Mikroskop, Objektträger, Deckgläser, Pipette, Wasser, Streichhölzer

Arbeitsschritte Abb. 3 ❶-❸

❶ Tragen Sie mit dem Streichholz einen kleinen Teil des Darminhalts auf den Objektträger dünn auf.
❷ Geben Sie mit der Pipette einen Tropfen (Leitungs-)Wasser hinzu und legen Sie ein Deckglas vorsichtig auf. Evtl. drücken Sie mit einem sauberen Streichholz oder einem Fingernagel das Deckglas auf den Objektträger.
❸ Schon bei niedriger Vergrößerung erkennt man, daß der Darminhalt völlig aus Pollenkörnern besteht. Es sind keine Nosema-Sporen oder Amöbencysten sichtbar (vgl. Nosema- und Malpighamöben-Kapitel).

ABBILDUNG 3

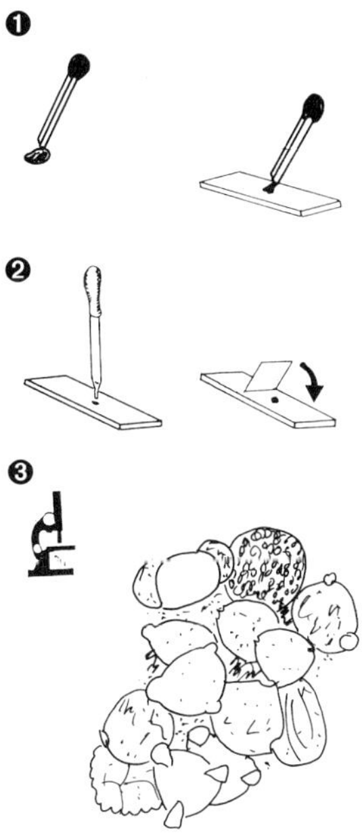

Verwechslung

➤ Wie oben erwähnt, kann das Krabbeln und Zittern von Bienen auch auf andere Erkrankungen, z. B. auf Tracheenmilben-Befall hinweisen. Eine Untersuchung von Bienen schafft Klarheit (vgl. Tracheenmilben-Kapitel).

➤ Die Unterscheidung von Nosematose und Amöbenruhr (meist flüssige Kotflecken) von der Maikrankheit ist mikroskopisch möglich (siehe oben).

Medikamentöse Behandlung

Medikamente sind zur Beseitigung von Wassermangel nicht nötig und auch gar nicht vorhanden. Die imkerlichen Maßnahmen reichen völlig aus.

ABBILDUNG 4

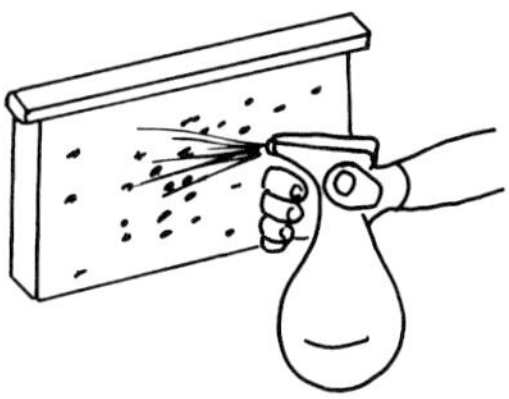

ABBILDUNG 5

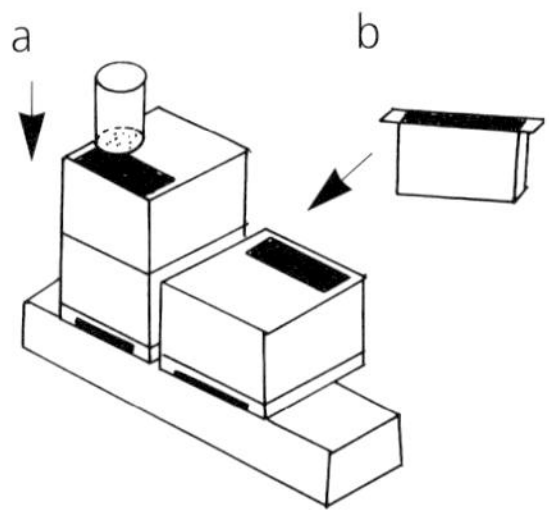

ABBILDUNG 6

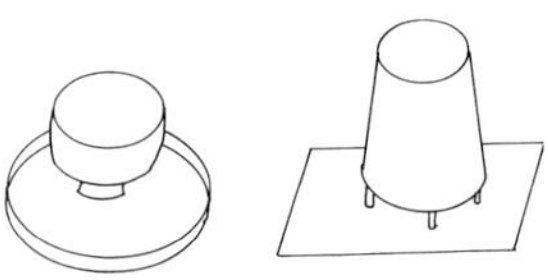

Imkerliche Bekämpfung

Die Bienen brauchen sofort Wasser, das auf die Bienen und Waben gesprüht oder (bei leichter Erkrankung) verfüttert wird. Um das Wasser für die Bienen attraktiver zu machen, wird eine dünne Zuckerlösung empfohlen (1 Teil Zucker : 1 Teil Wasser; 1/4 bis 1/2 Liter pro Volk). Für die Anwendung sollte das Wasser handwarm sein.
Abb. 4: Versprühen der Zuckerlösung;
Abb. 5: (b) Verfüttern der Zuckerlösung in einer Futtertasche, (a) in einem Futterglas.)

Imkerliche Vorbeugung

1. Überlegen Sie, ob ein anderer Bienenstandort möglich ist (geschütztere Lage, natürliche Bienentränken: Teich, feuchte Wiesen-/Moosfläche).
2. In trockenen Gegenden sollten Sie den Bienen im Frühjahr ausreichend Wasser anbieten:
Eine künstliche Bienentränke (Beispiele **Abb. 6**) oder die Wassergabe direkt im Volk ist aufwendiger als eine natürliche Wasserquelle. Tips zur Bienentränke:
➤ Je größer desto besser (z. B. Regenfaß mit Schwimmer), damit sich Krankheitserreger nicht in bedenklichen Mengen ansammeln und zu Erkrankungen führen können. Außerdem sollten verdreckte oder bekotete Bienentränken gereinigt werden (heißes Wasser).
➤ Nicht zu nah am Stock aufstellen (Abstand 30-50 Meter).
➤ Die Bienen mögen Sonnenlicht/Wärme bei der Wasseraufnahme.
Die Wassergabe in einer Futtertasche (oder Stocktränke, die aus der Mode gekommen ist) oder - notfalls - einem feuchten Schwamm (Flugloch/Beutenboden) ist möglich. Jedoch darf nicht zuviel Wasser im Bienenvolk verdunsten: Der Schimmelpilz befällt dann die Waben. Von Zusätzen im Wasser (Medikamente gegen andere Krankheiten, Salze, Duftstoffe) sollte man unbedingt absehen.
3. Verzichten Sie im zeitigen Frühjahr auf die Steigerung des Wasserbedarfs der Bienen durch: Futterteig-Fütterung und Gabe von Pollenersatzmitteln (Wirkung zweifelhaft).

Vergiftungen

Ursache

Vergiftung von Bienen und Brut kann drei Hauptursachen haben:

1. Natürliche, giftige Bestandteile in Nektar oder Pollen einiger Trachtpflanzen (z. B. Gold-Hahnenfuß, *Ranunculus auricomus* vgl. RITTER 1994)
2. Die Anwendung von Chemikalien (Pflanzenschutzmitteln, Insektizide, Fungizide, Wachstumshemmern) in Baumschulen, der Landwirtschaft oder Gärten, besonders in der Blütezeit bzw. während des Bienenfluges. Die Bienen können beim Versprühen der Substanzen direkten Kontakt zu den Mitteln haben (**Abb. 1,2**) oder beim Blütenbesuch die Substanzen mit Nektar oder Pollen aufnehmen.
3. Vergiftung der Bienen durch frevelhaft verwendete Gifte (Insektengifte) zum gezielten Abtöten der Bienenvölker.

ABBILDUNG 1

ABBILDUNG 2

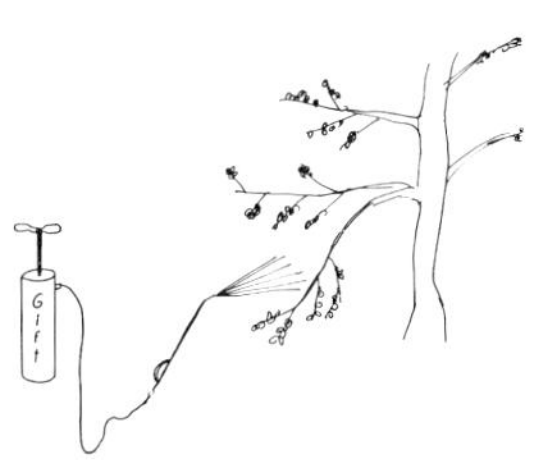

Schädigung und Kennzeichen

Das Schema **Abb. 3 ❶-❹** soll einen möglichen Schädigungsweg beispielhaft zeigen:

❶ Die Sammlerin stirbt je nach Art und Konzentration des Giftes sofort (a) oder nimmt das Gift mit Nektar oder Pollen auf und fliegt zum Stock zurück (b).

❷ Evtl. hat die Biene einen äußeren Kontakt mit dem Gift gehabt und hat deshalb einen anderen Körpergeruch. Sie wird am Flugloch von Wächterbienen attackiert, es kann so zu Totenfall am Flugloch kommen.

❸ Werden Nektar/Pollen in das Volk gebracht, können die Substanzen über Futteraustausch oder Fütterung der Brut im Volk verteilt werden (Lagerung der Substanzen in den Waben).

❹ Die Folgen der Substanz können sein: Massiver Totenfall

ABBILDUNG 3

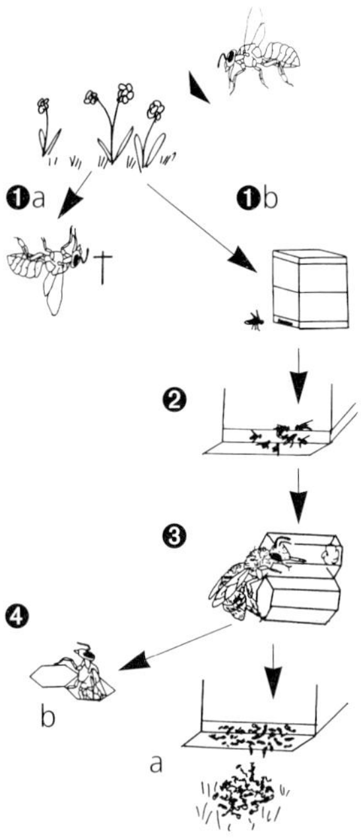

in der Beute, vor dem Flugloch (a), eine stetige Abnahme der Bienenmenge (Bienen sterben beim Sammeln) oder die Bienen schlüpfen verkrüppelt (b) bzw. sterben direkt in der Brutzelle: Bei geringen Konzentrationen des Giftes werden (je nach Art des Spritzmittels) evtl. nicht die erwachsenen Bienen, sondern nur die Bienenbrut geschädigt. Dem Imker fallen erst starke Brutausfälle auf (Bildteil 59).

Untersuchung

Der Imker sollte sofort handeln und möglichst innerhalb von 24 Stunden in Anwesenheit eines Sachverständigen des Imkervereins (häufig: Vorsitzender), des Pflanzenschutzdienstes und der Polizei (Anzeige) sowohl Bienenproben als auch Proben der verdächtigen, gespritzten Pflanze nehmen. Beide Proben (1000 Bienen = 100 g; Briefwaage) und mindestens 100g Pflanzen ohne Verunreinigungen (z. B. Erde) in luftdurchlässigen* Kartons verpacken und gemeinsam mit dem weißen Formblatt (beim Imkerverein/ Landesverband erhältlich) »Antrag auf Untersuchung von Bienenvergiftungen« schicken an:
Biologische Bundesanstalt für Land- und Forstwirtschaft, Institut für Pflanzenschutz in Ackerbau und Grünland, Untersuchungsstelle für Bienenvergiftungen, Messeweg 11/12, 38104 Braunschweig, Tel. 0531/299-4525, Fax 0531/299-3008
Notfalls sollte das Formblatt schnell nachgereicht werden; der blaue, grüne und rote Antragteil müssen an die jeweiligen Anschriften verschickt werden.(nach Brasse 1994, weitere Informationen siehe dort).
Falls eine Probe des vermutlich angewendeten Giftes sichergestellt werden kann, ist diese getrennt von den anderen Proben bruchsicher verpackt zu verschicken.
Die Biologische Bundesanstalt untersucht die Proben erst biologisch in ihrer Wirkung auf empfindliche Mückenlarven. Werden die Mückenlarven durch Giftstoffe geschädigt, wird die aufwendige chemische Untersuchung durchgeführt.

Verwechslungen

Es gibt Bienenkrankheiten, die ebenfalls einen großen Totenfall oder eine abnehmende Bienenmasse hervorrufen (Nose-

* nicht luftdicht verschließbare Tüten oder Behälter: Schimmelbildung

matose, Amöbenruhr, Tracheenmilben-Erkrankung). Eine Untersuchung (siehe dort) von Bienen auf diese Erreger ist sinnvoll, um Verwechslungen mit Vergiftungen ausschließen zu können.

Maßnahmen

➤ Für den Fall, daß die Bienen in einem Gebiet mit vielen, (bienen-) giftigen Pflanzen wie z. B. in Park- oder Friedhofnähe stehen, sollte man die Bienen verstellen.
➤ Kann der Verursacher für die Vergiftung mit Spritzmitteln nicht gefunden werden und treten die Schädigungen jedes Jahr auf, sollten Sie sich einen anderen Standort für die Bienen suchen.
➤ Halten Sie Kontakt zu den umliegenden Landwirten oder Baumschulbetreibern und versuchen Sie, durch ein »gutes nachbarschaftliches Verhältnis« Giftschäden vorzubeugen.

Räuberei

ABBILDUNG 1

ABBILDUNG 2

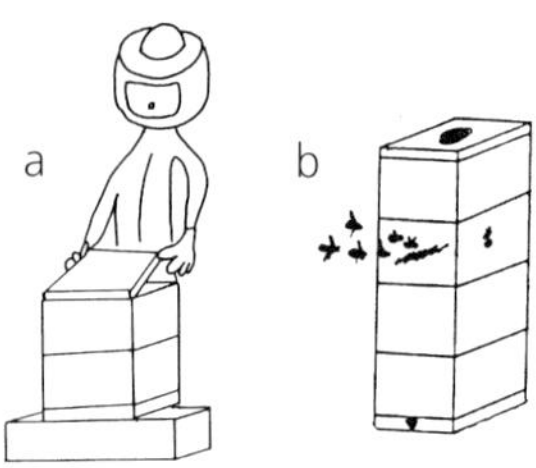

Ursache und Auslösefaktoren

In trachtlosen Zeiten – besonders nach dem Abschleudern im Sommer – versuchen die Flugbienen einiger Völker, andere, besonders schwache/weisellose Völker auszuräubern. Die räubernden Bienen überwältigen die Wächterbienen am Flugloch und nutzen das schwache Volk bzw. dessen Vorräte als Trachtquelle.

Die Räuberei kann auch unbemerkt zwischen Bienen eines »Muttervolkes« und dem hieraus gebildeten Ableger stattfinden, da die Bienen den gleichen Geruch haben (stille Räuberei).

Häufig ist der Imker Schuld an dem Ausbruch der Räuberei. Ein alter Spruch besagt, daß der Räuberei die »Eselei« des Imkers vorausgeht, z. B. durch:

➤ Ausleckenlassen von Waben, Honiggefäßen, Schleuder (**Abb. 1**)-(Bildteil 58)
➤ lang geöffnete Beuten (z. B. bei der Durchsicht, **Abb. 2a**)
➤ undichter oder offengelassener Wabenschrank oder Zargenturm mit Futterwaben (**Abb. 2b**)
➤ Zugabe der ausgeschleuderten Waben während der Flugzeit
➤ weit geöffnete Fluglöcher - besonders bei Schwächlingen
➤ Flüssigfütterung: undichte Futterbehälter, Verschütten von Futter

Schädigung

Opfer-Volk

Die Wächterbienen des schwachen Volkes (besonders Ableger, Begattungsvölker) werden abgestochen, ebenso teilweise die übrigen Arbeiterinnen und die Königin. Die überlebenden Bienen sitzen in einem Teil der Beute oder betteln sich in anderen Völkern ein. Die räubernden Bienen räumen »hemmungslos« die Futter-/Honigwaben aus. Dabei werden die Waben teilweise oder bis zur Mittelwand zerschrotet. Die Brut des Opfer-Volkes wird evtl. ausgesaugt und hierdurch getötet.

Räuber-Volk

Das räubernde Volk füllt nicht nur seine Vorräte mit dem fremden Futter auf, sondern »importiert« gleichzeitig auch die Krankheiten des Opfer-Volkes. Erreger im Honig und auf/in den Brutwaben werden von den räubernden Bienen mitgebracht. Prinzipiell können alle Krankheitserreger durch Räuberei verschleppt werden, doch am wichtigsten ist die Verbreitung der Amerikanischen Faulbrut. Besonders im Spätsommer/ Herbst können große Mengen von Varroa-Milben durch Räuberei in »Varroa-arme« Völker gebracht werden, was zuvor angewendete Bekämpfungsmaßnahmen zunichte macht.

Die räubernden Bienen verlieren ihr Haarkleid, sodaß sie völlig schwarz aussehen (vgl. Schwarzsucht). Die Haare können bei Kämpfen abbrechen – die Ursachen sind jedoch noch nicht völlig geklärt.

Untersuchung/Erkennen der Räuberei

1. Die Räuberei ist direkt am Flugloch des Opfer-Volkes zu erkennen: Bienen stürzen sich (hektisch) in das Flugloch, ankommende schwer beladene Sammlerinnen oder sich einfliegende Jungbienen sind nicht zu sehen.

2. Nach Beendigung des Bienenfluges kann das Opfer-Volk durchgesehen werden:

➤ Die Vorratswaben bzw. Zellen sind aufgerissen, die Zelldeckel uneben abgenagt bzw. die Waben können bis zur Mittelwand abgeschrotet sein.

➤ Die Bienenmasse sitzt eingeschüchtert in einer Beutenecke.

3. Sie können am Flugloch des Opfer-Volkes die Mehlprobe machen (**Abb. 3**): Verstreuen Sie Mehl auf die an- und abfliegenden Bienen. Beobachten Sie dann die Nachbarvölker und achten Sie auf mehlbestäubte Bienen, die im Räuber-Volk landen müssen. Evtl. gehört das räubernde Volk einem Imkerkollegen in der Umgebung.

ABBILDUNG 3

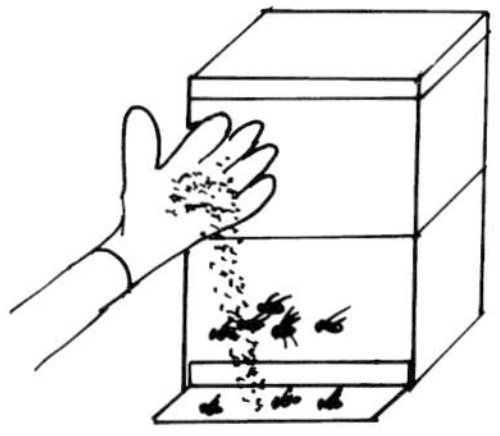

Maßnahmen und Vermeidung

➤ Entfernen Sie zugängliches Futter, verschließen Sie den Wabenschrank usw.
➤ Bei gerade einsetzender Räuberei: Engen Sie das Flugloch des Opfer-Volkes ein. Evtl. hilft das Versprühen von Wasser (Gartenschlauch).
➤ Bei starker Räuberei:
Methode 1: Verschließen Sie das Flugloch des Opfer-Volkes (Lüftungsgitter auf, Wasser gegen Verdursten sprühen). Engen Sie die Fluglöcher der übrigen Völker ein. Öffnen Sie das Flugloch des Opfer-Volkes erst wieder nach Beendigung des Flugbetriebs. Überlegen Sie, ob Sie das Volk auf einem anderen Stand aufstellen.
Methode 2: Lassen Sie die räubernden Bienen sich an dem schwachen Volk »austoben«, da tagsüber die räubernden Bienen nicht aus dem Volk zu bekommen sind. Würden Sie den Schwächling verstellen oder verschließen, können die Räuber andere Völker schädigen. Verstellen Sie abends das Räuber-Volk an einen anderen Standort (mindestens 3-5 km entfernt).
Anmerkung: Im Winter sollten Sie die Fluglöcher zur Vermeidung von Schimmelbildung auf voller Breite geöffnet lassen!
Vermeidung: Unterlassen Sie die oben genannten Fehler, füttern Sie in trachtarmen Zeiten möglichst abends oder Futterteig (Bildteil ❻❶).

Schädlinge

Die Große und die Kleine Wachsmotte (Wabenschädlinge)

Erreger

Die Kleine Wachsmotte (*Achroea grisella*) und die Große Wachsmotte (*Galleria mellonella*) gehören zu den Kleinschmetterlingen (Familie: Zünsler). Die Raupen (Rankmaden) fressen Tunnel in die Waben, um Pollen und Rückstände in Brutzellen (z.B. Häutungsreste, Kotreste) zu fressen. Die flugfähigen Wachsmotten nehmen keine Nahrung auf.
Größe:
Große Wachsmotte (**Abb. 1a**) Flügellänge 10-15 mm;
Kleine Wachsmotte (**Abb. 1b**), mit ausgestreckten Flügeln (**Abb. 1c**) 7-10 mm (Bildteil 51).

ABBILDUNG 1

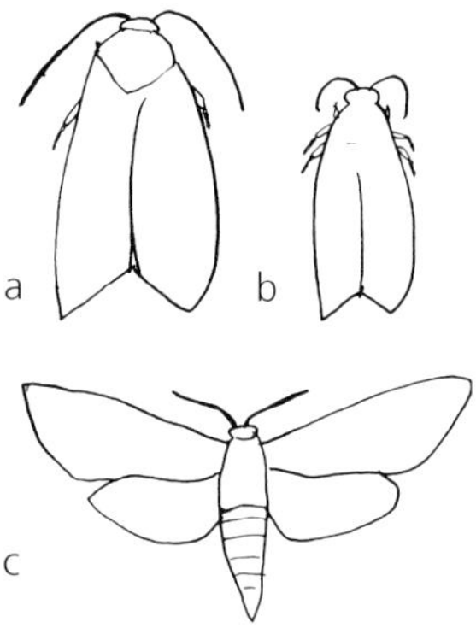

Vermehrung

Die flugfähigen Wachsmotten halten sich in Bienenkästen oder in deren Nähe auf. Die Wachsmottenraupen leben und ernähren sich in den Waben. (Anmerkung: Im Folgenden wird nur in Ausnahmefällen zwischen der Kleinen und der Großen Wachsmotte unterschieden; abgekürzt Kl.W. und Gr.W.).

Entwicklungszyklus der Wachsmotte Abb. 2❶-❽

❶+❷ Das Mottenweibchen legt die Eier auf den Waben oder in Wabennähe ab (insgesamt mehrere hundert Eier).
❸ Aus den 0,3 - 0,5 mm großen Eiern schlüpfen kleine Raupen, die sich durch die Waben fressen. Die Raupen umgeben sich mit einem fädigen Gespinst, das sie vor den Bienen schützen soll.
❹-❻ Die gefräßigen Raupen wachsen schnell und müssen sich mehrmals häuten (rund 10 mal).
❼ Die Raupen verpuppen sich innerhalb der Waben (Kl.W.) oder außerhalb des Wabenbaues, z. B. in Ritzen und/oder

ABBILDUNG 2

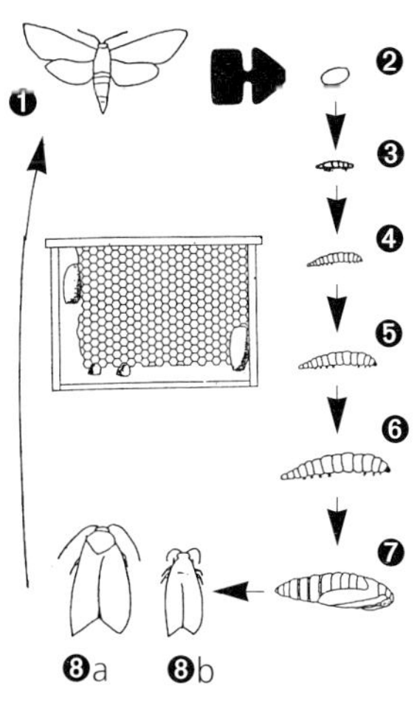

auf Unterlagen (Kl.W. und Gr.W.). Sie verspinnen sich in einem Kokon und wandeln sich in einen Kleinschmetterling um.

❽ Aus den Puppen schlüpfen weibliche (a) und männliche (b) Wachsmotten. Nach der Begattung legen die weiblichen Motten Eier ab.

Die Dauer der Entwicklung vom Ei bis zur Motte ist temperaturabhängig und dauert 2-7 Wochen (bei niedrigen Temperaturen: mehrere Monate).

Die Raupen und die Puppen der Wachsmotten können problemlos überwintern; die erwachsene Motte überlebt nur an frostfreien Orten.

Schädigung

Die Raupen zerstören bei der Futtersuche mit ihren Fraßgängen die Waben. Je mehr Gänge durch die Wabe gefressen wurden, desto weniger können die Bienen die Wabe reparieren/nutzen. Die Raupen bevorzugen bienenfreie, dunkle, ehemals bebrütete Waben. Mittelwände, unbebrütete »Jungfernwaben« und honigfeuchte, ausgeschleuderte Waben werden meist nicht geschädigt (Bildteil 52-55).

ABBILDUNG 3

Bei starkem Befall werden in Völkern auch Brutzellen von den Raupen durch Tunnel in den Zellwänden/ -deckeln gestört. Hochgehobene Bienenlarven fallen mit hervorstehenden Zellwänden auf (Röhrchenbrut; **Abb. 3**; Pfeil).

Die Raupen nagen von Unterlagen (Beutenwand, Beutenboden; aus Holz oder Kunstoff) für die geschützte Lage der Puppe Material ab. Hierbei werden die Beutenteile an der Oberfläche teilweise erheblich geschädigt.

(In der »freien Natur« hat die Wachsmotte eine sehr wichtige Aufgabe: Den Abbau alter, verlassener Waben. Hierdurch verhindern die Motten die Verbreitung von Krankheiten.)

Zeitliches Auftreten

Die Entwicklung und Vermehrung der Wachsmotte ist temperaturabhängig. Ab 10° C (z. T. auch bei niedrigeren Temperaturen!) können sich die Raupen entwickeln. Bei ca. 30° C (z. B. im Bienenhaus) ist die Entwicklung am schnellsten. Im Herbst oder Winter ist die Mottenvermehrung nur im warmen Keller/ Wabenschrank möglich. In den Völkern sind die Wachsmotten zu dieser Zeit inaktiv.

Verbreitung

Die Wachsmotten halten sich überall in der Nähe von Bienenvölkern auf. Der Imker kann ihre Verbreitung nur verzögern bzw. beschleunigen, sie jedoch nicht völlig vernichten.

Untersuchung

Die Wachsmotten-Tunnel in den Waben können Sie mit bloßem Auge erkennen. Dunkle Waben halten Sie gegen das Licht (**Abb.4**). Ob in einer Leerwabe noch lebende Raupen sind, läßt sich leicht mit der Klopfprobe überprüfen:
Benötigte Geräte: Stockmeißel oder Hammer

Arbeitsschritt Abb. 5❶-❷
❶ Klopfen Sie kräftig mit dem Stockmeißel (a) oder einem Hammer (b) auf den Unterträger des Rähmchens.
❷ Als Fluchtreaktion seilen sich die Raupen aus der Wabe ab. Sie sollten die Raupen direkt zerdrücken.
Zur Kontrolle von Ritzen und Ecken (z. B. im Beutenboden oder im Bienenhaus) auf Wachsmotten-Puppen, kratzen Sie mit dem Stockmeißel (Schraubenzieher) die Ecken aus.

ABBILDUNG 4

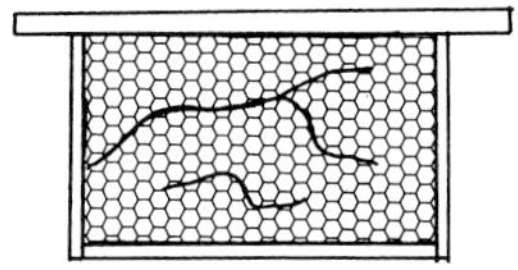

ABBILDUNG 5

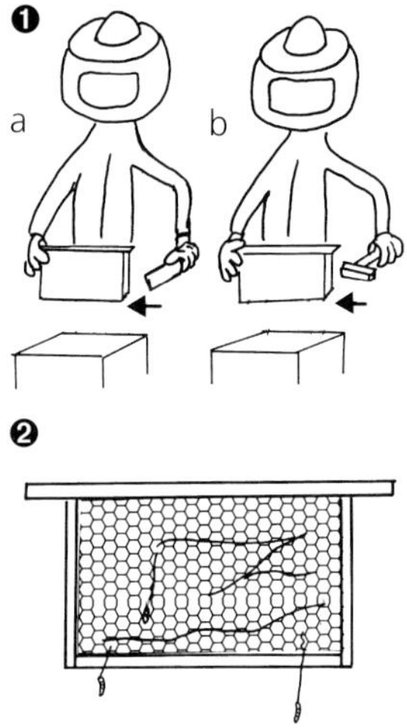

Diagnose

Wer Bienen hält, macht sehr schnell die Bekanntschaft mit den verschiedenen Stadien der Wachsmotten. Die Unterscheidung der adulten Falter ist leichter möglich, als die Raupen der Großen und Kleinen Wachsmotte.

	Kl. Wachsmotte	Gr. Wachsmotte
Spannweite (Durchschnitt)	15 mm	25 mm
Farbe:	grau	violettgrau

Verwechslung

Falls Wachsmotten dicht unter dem Zelldeckel graben, ähnelt dies den Fraßgängen der Bienenlaus (*Braula coeca*). Die viel kleinere Bienenlaus-Made tritt jedoch sehr selten auf und hinterläßt nicht wie die Wachsmottenraupe Gespinst-

ABBILDUNG 6

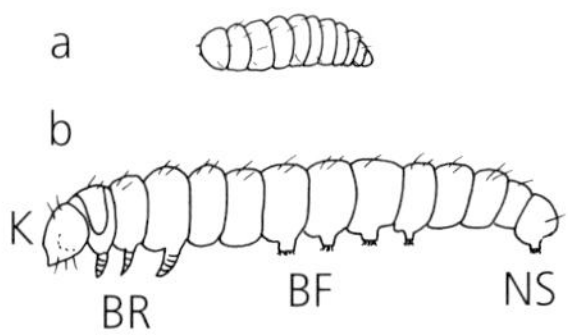

ABBILDUNG 7

❶

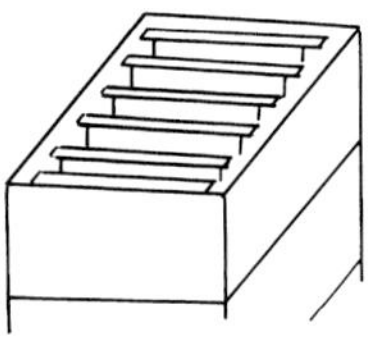

❷

❸

❹

tunnel (Nachweis: Mit einem Streichholz in dem Zelldeckel bohren).
Die Bienenlaus-Made hat sowohl keine Kopfkapsel als auch keine Beine (vgl. **Abb. 6a**). Die Wachsmottenlarve hat eine deutlich sichtbare Kopfkapsel (**Abb. 6b**: K) und zur Fortbewegung: 3 Paar Brustfüße (BR), 4 Paar Bauchfüße (BF) und 1 Paar Nachschieber (NS).

Bekämpfungsmaßnahmen

Die Bienen können meist nur vereinzelte, junge Raupen (Motten) abtöten. Die Bekämpfung der Wachsmotte sollte durch den Imker vorbeugend geschehen, damit die rasante Mottenentwicklung erst gar nicht stattfindet.
Stark befallene Waben sollten möglichst direkt eingeschmolzen werden (Dampf- oder Sonnenwachsschmelzer).
Leicht oder gar nicht befallene Waben (bienen- und brutfrei!) können chemisch (Begasung mit Essigsäure, Abschwefeln), biologisch (B 401) oder technisch (Kälte/Wärme) von Wachsmotten befreit und zur Lagerung vor Wachsmotten geschützt werden:

Chemische Bekämpfung – mit Essigsäure

Konzentrierte Essigsäure greift nicht nur die Wachsmotten (Falter und Raupen), sondern auch Nosema- und Kalkbrutsporen an. Die Essigsäure hinterläßt in Futterwaben nur geringe Spuren; die Säure verdunstet nach dem Lüften der Waben.
Benötigte Geräte: Handschuhe, Schutzbrille, Fließpapier (»Zewa Wisch und weg«), Meßbecher, 60%ige Essigsäure

Arbeitsschritte Abb 7 ❶-❹

❶ Stellen Sie die Waben mit Abstand (ca. 5 cm) in die Zargen (oder Wabenschrank). Gestapelte Zargen müssen dicht sein (Ritze mit Klebeband verschließen. Legen Sie z. B. Zeitungspapier unter die unterste Zarge).
❷ Legen Sie mehrere Blätter Fließpapier auf die obersten Rähmchen.
❸ Gießen Sie auf das Fließpapier die Essigsäure (pro Zarge 5-10 ml mit dem Meßbecher abmessen).
❹ Stellen Sie über die oberste Zarge eine Leerzarge und verschließen Sie diese luftdicht mit dem Deckel.
Wiederholen Sie die Behandlung nach 3-4 Wochen. Die Waben vor Benutzung 24 Stunden lüften.

Achtung: Essigsäure ist ätzend! Vermeiden Sie den direkten Kontakt mit der Säure (und das Einatmen). Essigsäure auf der Haut sollten Sie mit viel Wasser abspülen. Augenspritzer mit einer Augenwaschflasche auswaschen. Behelfsmäßig können Sie ein sauberes Trinkglas mit Leitungswasser randvoll füllen. Halten Sie das Auge in das Wasser und öffnen Sie das Auge. Die Essigsäure tritt in das Leitungswasser über. Wiederholen Sie das Augenwaschen mit ausgetauschtem, neuen Leitungswasser. Suchen Sie dann unbedingt einen Augenarzt auf (Bildteil ⓹⓺)!

➤ Verwenden Sie Nirosta-Wabendraht, denn die Säure fördert das Rosten.

Chemische Bekämpfung – mit Schwefeldioxid (Abschwefeln):

Beim Verbrennen von Schwefel entsteht das Gas Schwefeldioxid, das die Wachsmotten (nicht deren Eier) tötet. Eine Wirkung auf Nosema oder Kalkbrut wurde nicht nachgewiesen, deshalb ist die Essigsäure dem Schwefel vorzuziehen. Auf den Waben bleibt schweflige Säure (meist in unbedenklichen Konzentrationen) zurück.

Benötigte Geräte: Schwefeltopf (leere Blechdose mit gelöcherter Wand), Unterteller, Schwefelstreifen, Streichhölzer

Arbeitsschritte Abb. 8 ❶-❷

❶ Stellen Sie die Waben mit Abstand (nicht zu dicht!) in den Wabenschrank oder in die Zargen. Lassen Sie im Wabenschrank an einer Stelle ausreichend Platz für den Schwefeltopf (Wärmeentwicklung / Brandgefahr) bzw. die oberste Zarge sollte nur am Rand oder gar nicht mit Waben besetzt werden.

❷a Zünden Sie die Schwefelstreifen an – vermeiden Sie dabei das Einatmen der (reizenden) Schwefelgase.

❷b Stellen Sie in die Lücke bzw. in die oberste Zarge den Schwefeltopf. Die Schwefelstreifen sollten möglichst im Schwefeltopf hängen (z. B. an einem dicken Draht). Stehende Schwefelstreifen brennen nur zum Teil ab. Unter den Schwefeltopf setzen Sie einen Unterteller, als Hitzeschutz zu den unteren Waben.

Verschließen Sie schnell den Wabenschrank bzw. den Zargenturm dicht mit einem Deckel.

Aus nicht abgedichteten Ritzen austretende Schwefeldämpfe sollten Sie vermeiden. Kleben Sie die Ritzen / Löcher mit Klebestreiben ab. Die Waben sollten vor Gebrauch mindestens 1-2 Tage lang gelüftet werden.

ABBILDUNG 8

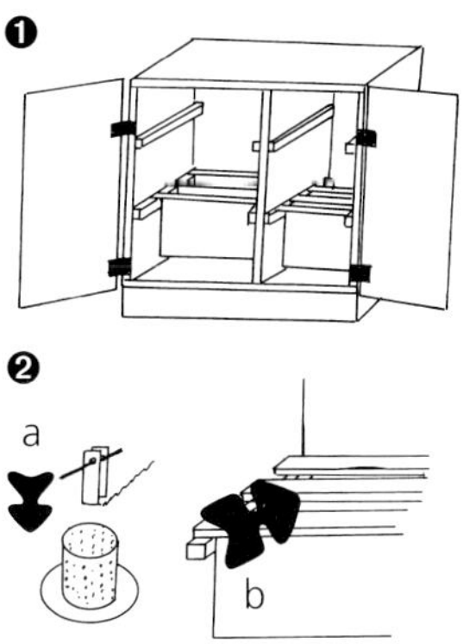

ABBILDUNG 9

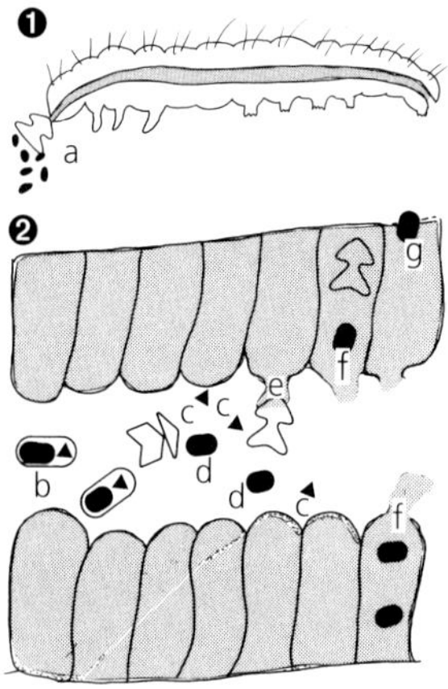

ABBILDUNG 10

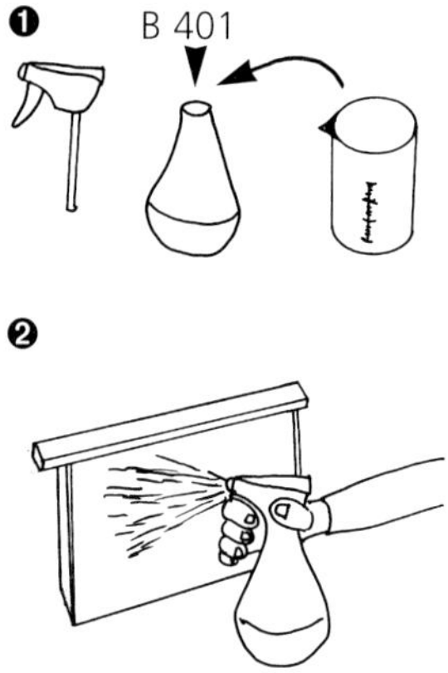

Achtung: Schwefeldämpfe sind gesundheitsschädlich. Vermeiden Sie Einatmen und direkten Kontakt, denn es kann zu Reizungen der Schleimhäute, Augen und Lunge kommen.

Biologische Bekämpfung mit B 401

Das Präparat »B 401« der Firma SANDOZ USA bzw. SWARM (in Deutschland) enthält lebende Bakterien-Sporen, die verdünnt auf die Waben aufgesprüht werden.

Fressen die Raupen mit ihrer üblichen Nahrung auch diese Bakterien (vgl. **Abb.9 ❶,❷** verändert nach KRIEG & FRANZ 1989; (a) und (b) Bakterien), dann werden im Raupendarm Kristalle (c) und Sporen (d) frei. Die Kristalle beschädigen die Darmzellen (e), sodaß die Sporen in die Darmzellen (f) und weiter in die Raupe (g); ins Blut bzw. in die Hämolymphe) eindringen können. Die Raupen sterben an der Zersetzung ihres Darmgewebes und an der Vergiftung durch die Sporen. Der Hersteller empfiehlt die Anwendung als 5%iges Gemisch. Hierfür werden zu einem Teil Konzentrat 19 Teile Wasser gegeben. Beispiel: 10 ml Konzentrat + 190 ml Wasser = 200 ml fertige Lösung.

Die angesetzte Lösung muß direkt aufgesprüht werden – keine Lagerung!

Mengen: Pro Wabenseite sollten flächendeckend folgende Mengen fertiger Lösung aufgesprüht werden:

Normalmaß-Wabe:	8 ml
Zander-Wabe:	10 ml
Dadant:	12 ml

Benötigte Geräte:

Präparat B 401, Sprühflasche, Meßbecher, Leitungswasser

Arbeitsschritte Abb. 10 ❶-❷

❶ Geben Sie in die Sprühflasche die vorher berechnete Menge an Konzentrat und Wasser.

❷ Sprühen Sie jede (!) Wabe beidseitig möglichst lückenlos ein. Die Waben sollten trocken sein.

Der Hersteller weist darauf hin, daß die Bakterien monatelang ihre Wirkung gegen die Wachsmotten behalten und die Behandlung der Waben »für die Bienen absolut gefahrlos und in keiner Weise störend« sei. Außerdem »ist sie ohne jeglichen Einfluß auf die Qualität des Honigs. B 401 bildet keine Rückstände«. Die Anwendung könne beim Einlagern der Waben im Herbst und auch vor dem Einhängen in die Bienenstöcke im Frühjahr erfolgen. Es kann jedoch kein Fehler sein, diese gutgemeinten Ratschläge mit imkerlicher Skepsis zu betrachten!

Anmerkung: Das Präparat wirkt weniger gegen die Kl.W. (VORWOHL 1993) und gar nicht gegen die Nosema oder die Kalkbrut!

Technische Bekämpfung

Die Wachsmotten (alle Stadien) können sowohl mit einer Wärme- als auch Kältebehandlung der Waben abgetötet werden (ZANDER & BÖTTCHER 1984):

2-3 Stunden	45-19° C oder
2-3 Stunden	-15° C (auch kälter möglich)

Zur Erwärmung der Waben ist ein spezieller Wärmeschrank (Thermostat) zu verwenden.
Achtung: Die Erwärmung von Waben kann zu einem Zusammensacken der Waben führen, besonders wenn sie Futter/Honig enthalten. Bei einer 24stündigen Erwärmung auf 49° C werden auch Nosema-Sporen abgetötet.
Zum Einfrieren von Waben kann man ohne weiteres auf herkömmliche Gefrierschränke zurückgreifen.

»Alternative Methoden«

1. Es gibt eine altbekannte Methode, Waben Wachsmottenfrei zu lagern: Die Waben müssen an einem hellen Ort, auf Lücke und möglichst zugig gelagert werden. Im Winter sollten die Waben frostigen Temperaturen ausgesetzt sein (vgl. **Abb. 11**). Diese Lagerungsmethode nutzt gleich mehrere Eigenschaftem der Wachsmotte (Lichtempfindlichkeit, mag keine Zugluft und keine Kälte).
In modernen Stadtwohnungen (Keller) und Garagen können Waben auf diese Weise meist nicht gelagert werden.
2. Sie können einen Zargenturm im kühlen Keller auf Hölzchen setzen (Kamineffekt: Zugluft). Wenn Sie Jungfernwaben und leere Brutwaben (1-2x bebrütet) im Wechsel stellen, wird der Wachsmottenbefall möglichst begrenzt.
3. Eine früher verbreitete Methode zum Schutz vor Wachsmotten war die Zugabe von (vielen) Walnußblättern zu den Waben. Die Blätter müssen ausgetauscht werden, wenn sie keine ätherischen Öle mehr abgeben. Es ist nicht bekannt, ob irgendwelche Rückstände im Wachs durch diese Methode entstehen.

ABBILDUNG 11

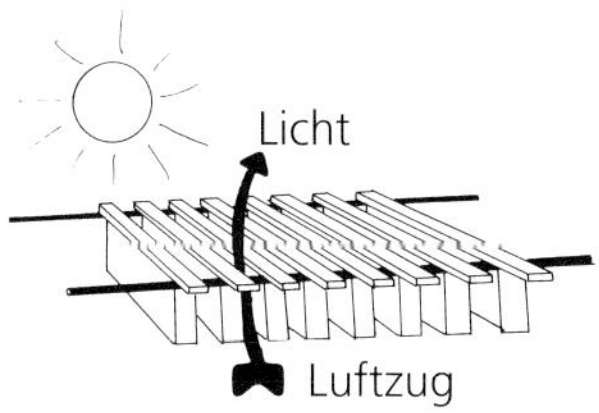

Nicht empfehlenswerte Wachsmotten-Bekämpfung:

Wegen der nicht auszuschließenden Gefahr von Rückständen im Wachs, Honig bzw. Futter, sollte der Imker grundsätzlich auf den Gebrauch von Mottenkugeln/Mottenstyx verzichten! Derartige Verfahren sind in der Vergangenheit durch die Presse (und Rückstandsuntersuchungen!) ins Gerede gekommen. Man sollte beachten, daß Honig schließlich ein Nahrungsmittel ist!.

Vermeidung

Der Imker kann die Ausbreitung der Wachsmotte und damit die Schäden an den Waben vermeiden:

- Lagern Sie keine Waben (Entdecklungswachs) ohne Maßnahmen gegen die Motten ergriffen zu haben.
- Dunkele Waben konsequent einschmelzen, denn sie fördern Krankheiten!
- Bienenleere Beuten sollten mottendicht (Ritze/Löcher) verschlossen werden.
- Halten Sie keine kleinen Völker in zu großen Beuten, denn die Wachsmotten können sich in den unbesetzten Waben leicht vermehren.

Reinigung und Desinfektion

Die Wachsmotten (alle Stadien) werden im Dampf- und Sonnenwachsschmelzer abgetötet. Das Reinigen der Rähmchen (nach dem Ausschneiden der Waben) ist mit heißem Wasser (60-70° C) und etwas Soda leichter. Die Rähmchen müssen mit Wasser nachgespült werden.

Bienenlaus

Erreger

Die Bienenlaus *Braula coeca* ist eine flügellose Fliege, die vom Aussehen und Verhalten einer Laus ähnelt (**Abb. 1a**). Sie ist in Kopf, Brust und Hinterleib gegliedert. Die 6 Beine sind mit Borsten und Haftlappen ideal an das »Klettern« auf den Honigbienen angepaßt (**Abb. 1b**).
Größe: 1,5 mm lang, 0,9 mm breit (mit bloßem Auge sichtbar; Farbe: hellbraun)
Die Bienenlaus ist ein harmloser Schädling (ein Kommensale, denn sie beteiligt sich an der Nahrung der Biene), der in Europa nahezu ausgestorben ist – Insektenforscher haben Mühe, Bienenläuse zu finden.

ABBILDUNG 1

a

b

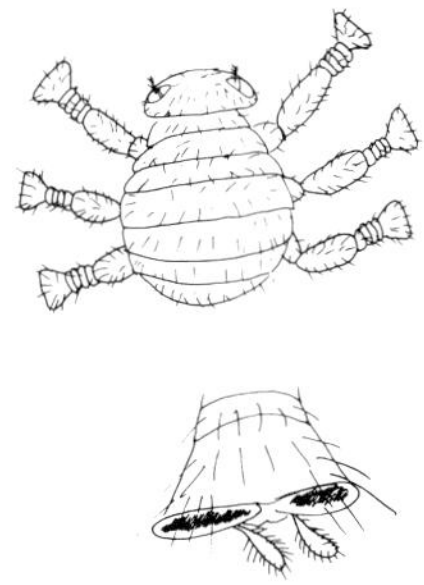

ABBILDUNG 2

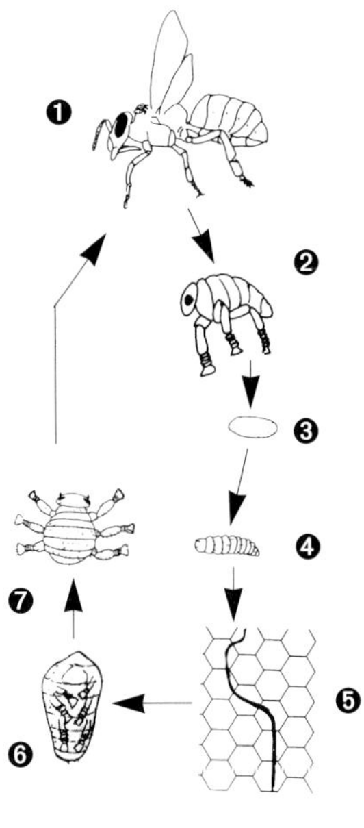

Vermehrung

Die Bienenlaus verbringt ihr Leben auf den Bienen und vermehrt sich auf/in den Waben. Die Entwicklung dauert je nach Temperatur ca. 2-3 Wochen.

Entwicklungszyklus Abb. 2 ❶-❼
❶+❷ Das Bienenlaus-Weibchen klettert von der Biene auf die Wabe.
❸ Die Bienenlaus legt ihre Eier (ca. 0,9 mm) bevorzugt auf den Zelldeckeln von Honigzellen ab.
❹+❺ Aus dem Ei schlüpft eine beinlose Made, die Tunnel in Vorratswaben gräbt und sich vermutlich von Pollen ernährt. Die Fraßgänge sind meist dicht unter den Zelldeckeln angelegt.
❻ Die Made verpuppt sich, nachdem sie sich eingesponnen hat (Tönnchenpuppe). Die Puppe nimmt keine Nahrung auf.
❼ Aus der Puppe schlüpft entweder eine weibliche oder männliche Bienenlaus. Nach der Begattung kann das Weib-

chen nach einiger Zeit Eier legen. Die Bienenlaus hält sich auf den Bienen auf und »bettelt« um Futter (siehe unten).

Schädigung

Die Bienenlaus lebt auf der Arbeiterin und bevorzugt auf der Königin. KARL VON FRISCH schreibt sehr anschaulich (vgl. auch **Abb. 3 a,b**): »Haben sie Hunger, so laufen sie auf den Kopf der Biene, klammern sich neben ihrem Mund fest und klopfen ihr mit den Beinen auf die Lippe. Das Kitzeln an dieser Stelle bedeutet in der Fühlersprache unter Bienen, daß die Kameradin Hunger hat. Tatsächlich fällt die Angebettelte auf den Betrug der kleinen Reiterin herein, öffnet den Mund und läßt ein Tröpfchen Honig austreten. Die Königin erhält ihre Mahlzeiten aus dem Mund von Pflegebienen; die königlichen Läuse gehen bei dieser Gelegenheit mit zu Tisch und brauchen nicht zu betteln.«
Der Futterverlust für die Bienen ist weitaus unbedeutender als die Unruhe, die von Bienenläusen auf der Königin entstehen kann. Es wurden schon bis zu mehrere Dutzend Bienenläuse auf einer Königin gefunden (Bildteil ㉟)!
Vermutlich ist die Bienenlaus durch Bekämpfungsmittel gegen die Varroa-Milbe schon fast ausgestorben.

ABBILDUNG 3

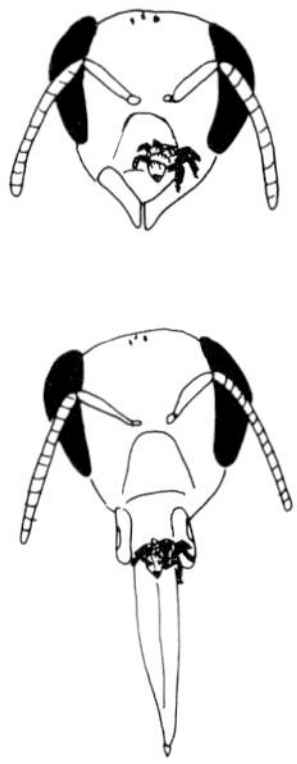

a

b

Zeitliches Auftreten

Die Bienenläuse überwintern im Bienenvolk entweder als adulte Laus (bzw. Fliege) oder im Ei-Stadium. Die Vermehrung ist auf die wärmeren Monate beschränkt.

Verbreitung

Durch die Biene: Gelegentlich fliegen Bienenläuse mit ihren Wirtsbienen aus. Beim Bienenverflug werden auch die Bienenläuse verdriftet.
Durch den Imker: Beim Vereinigen von Bienenvölkern werden auch Bienenläuse »verteilt«.

Untersuchung

1. Untersuchung der Bienen/Königin

Die ungefähr stecknadelkopfgroße Bienenlaus läßt sich bei der Bienenkontrolle mit bloßem Auge oder mit einer Handlupe erkennen. Schauen Sie sich besonders die Königin genau an. Benötigte Geräte: Pinzette, kleines Gefäß (Schnappdeckelgläschen oder Filmdose), Lupe oder Mikroskop, Objektträger

Arbeitsschritte Abb.4 ❶-❷

❶ Nehmen Sie die Bienenlaus mit einer Pinzette vorsichtig von der Biene ab und geben Sie sie in das Gefäß. (Sie können die Bienenlaus direkt betrachten oder erst im Kühlschrank/ Gefrierfach ruhigstellen bzw. abtöten.)

❷ Zur Betrachtung mit einer Lupe (Binokular) legen Sie die Bienenlaus auf eine helle Unterlage (a). Zum Mikroskopieren legen Sie die Bienenlaus auf einen Objektträger und beginnen mit der kleinsten Vergrößerung (b).

2. Gemüll-Untersuchung

Die Bienenläuse lassen sich (genauso wie Varroa-Milben) auf der Gemüll-Windel wiederfinden. Abgestorbene Bienenläuse fallen durch das Gittter und bleiben auf der Unterlage liegen.

Benötigte Geräte: Varroa-Windel, Lupe (Stereolupe)

Arbeitsschritte: ohne Abb. (Näheres siehe Varroa-Kapitel):

1. Legen Sie die Windel für mehrer Tage (Wochen) in den Unterboden des Bienenvolkes.
2. Suchen Sie das Gemüll nach Bienenläusen ab.

ABBILDUNG 4

❶

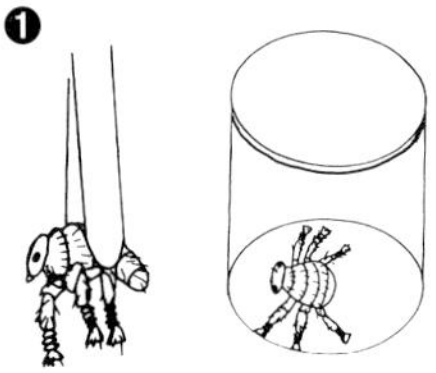

❷

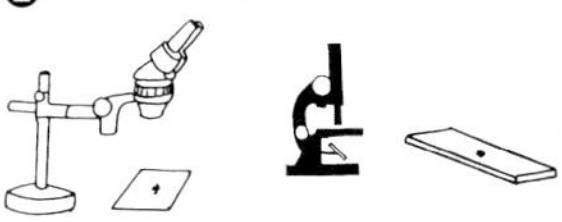

a b

Diagnose und Verwechslung

Neben der Bienenlaus können auch Varroa-Milben (viel häufiger!) auf den Bienen herumlaufen/sitzen. Zur Unterscheidung (**vgl. Abb. 5,** a = Varroa, b = Bienenlaus):

	Varroa-Milbe	Bienenlaus
Größe (mm)	1,1 x 1,6	1,5 x 0,9
Anzahl Beine	8	6
Farbe	dunkelbraun hellbraun*	hellbraun
Körper in Abschnitte gegliedert	nein	ja

* junge Milben haben anfangs einen hellen Panzer

ABBILDUNG 5

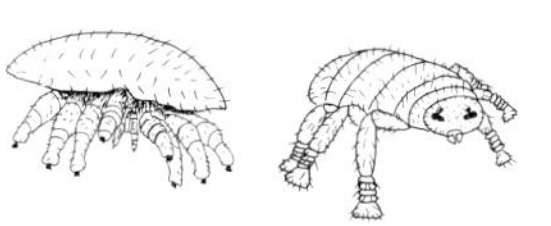

a b

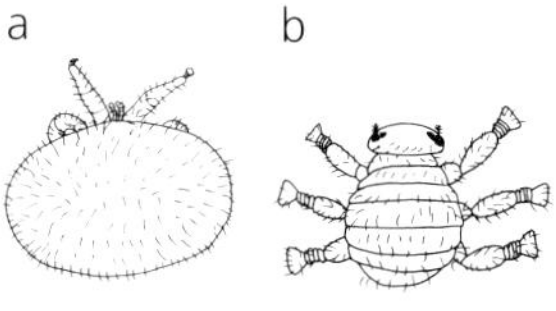

Die Varroa-Milbe läuft seltener auf der Biene herum, sondern schiebt sich häufig unter die Hautfalten am Hinterleib (vgl. Varroa-Kapitel). Die Bienenlaus ist bevorzugt auf dem Brust- und Kopfabschnitt der Königin zu finden.

Bekämpfung

Die Bienenlaus ist keine Bedrohung für die Existenz des Bienenvolkes (vgl. auch oben). Sollten Sie Bienenläuse auf der Königin finden, reicht ein Anhauchen mit Pfeifenrauch, um die »Lästlinge« zu vertreiben.

Reinigen/Desinfektion

Die Bienenläuse können nicht auf Leerwaben - fern von Bienen – überleben. Daher sind im Wabenschrank nur tote, adulte Bienenläuse zu finden.
Die Maden und Puppen der Bienenlaus werden beim Bekämpfen der Wachsmotte mit vernichtet (vgl. Kapitel über die Wachsmotte: Anwendung von Essigsäure, Schwefeldioxid oder Kälte).

»Mitbewohner«, »Lästlinge« und Schädlinge

Vorbemerkung

Die Bienenbeute und das Bienenvolk bieten vielen Tieren Möglichkeiten zum Unterschlupf und zur Ernährung. Viele »Mitbewohner« bleiben für den Imker und häufiger für die Bienen unbemerkt. Echte Schädlinge, die den Fortbestand des Bienenvolkes bedrohen oder das Imkern erschweren, sind selten. Der Imker sollte versuchen, sowohl seine Bienen als auch die »unerwünschten« Mitbewohner gemeinsam als Bestandteil unserer Umwelt zu sehen. Die Beobachtung der Mitbewohner kann (biologisch) spannend sein! Alle Tiere haben eine »Daseinsberechtigung« auf dieser Welt. Meist kann der Imker mit einfachen Mitteln wirklichen Schäden der Schädlinge vorbeugen, der Einsatz von (Umwelt-)Gift und Fallen ist weder sinnvoll noch erlaubt. Die aufgeführten Tiere stellen lediglich eine Auswahl dar.

Schnecken

Weichtiere (Mollusca), »Bauchfüßler« (Gastropoda)
Typische Kennzeichen: beinloser, meist länglicher, von einem Schleimfilm umgebener Körper, mit oder ohne Kalkschale (Landgehäuse- und Landnacktschnecken; **Abb. 1**)
Die Schnecken »verirren« sich meist in Bienenbeuten, die direkt am Boden stehen.
Größe: bis ca. 15 cm Länge
Schaden: Die Schnecken rufen keine Schäden hervor; sie zeigen dem Imker, daß die Beute ungünstig steht (siehe Asseln).
Abhilfe: siehe bei Asseln

ABBILDUNG 1

ABBILDUNG 2

ABBILDUNG 3

Spinnen

Gliederfüßler, Ordnung: Spinnentiere (Araneida)
Typische Kennzeichen: 8 Beine, keine Fühler oder Antennen, Körper zweigegliedert (Vorderrumpf, Hinterleib)
Größe: wenige mm bis einige cm
In jede intakte Umwelt gehören auch die Spinnen, die je nach Art ihre Beute mit einem Netz fangen (**Abb. 2**) oder direkt über die Beute »herfallen«. Die ebenfalls zu den Spinnentieren zählenden Weberknechte (Ordnung: Kanker [Opiliones]; **Abb. 3**) haben einen ungegliederten Körper und ausgesprochen lange und dünne Beine.
Schaden: Der Verlust von Bienen durch Spinnen spielt für das Bienenvolk im Normalfall keine Rolle. Weberknechte fressen nur kleine Insekten - keine Bienen.
Abhilfe: nicht nötig
Anmerkung: Imker, die Spinnen nicht mögen, können diese mit einer Feder verscheuchen.

ABBILDUNG 4

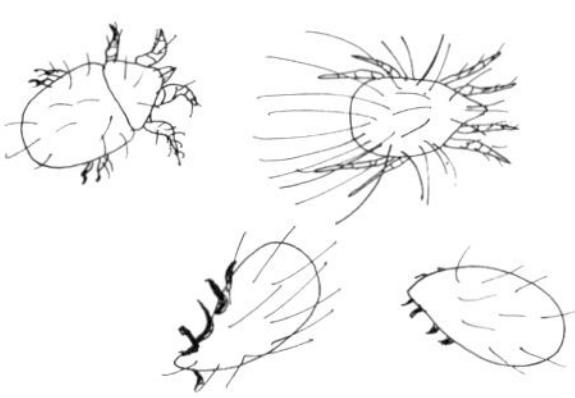

Milben

Gliederfüßler, Ordnung: Milben (Acarina)
Typische Kennzeichen: 8 Beine, häufig stark behaart, (**Abb. 4**)
Größe: ca. 0,2 mm bis wenige mm
Schaden: Vorratsmilben (Pollenmilben) ernähren sich von Pollen und anderen Teilchen, die von den Bienen und Waben auf den Beutenboden fallen. Falls die Milben auf unbesetzte Waben übersiedeln, können sie die Vorräte zerstören.
Abhilfe: Den Beutenboden ggf. ausfegen/reinigen (siehe »Asseln« und »Käfer«). Waben trocken lagern. Maßnahmen gegen Kalkbrut- und Nosemasporen sowie gegen die Wachsmotte schützen gelagerte Waben auch vor Milben bzw. töten die Milben ab.

ABBILDUNG 5

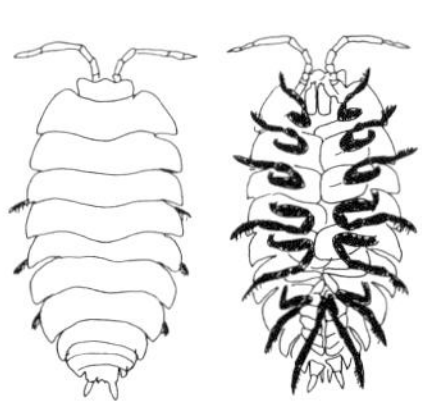

Asseln »Landasseln«

Krebstiere, Ordnung: Asseln (Isopoda)
Typische Kennzeichen: 14 Beine, abgeplatteter Körper (**Abb. 5**, a Oberseite, b Unterseite)
Größe: bis ca. 2 cm lang
Die an Land lebende Gruppe der Asseln, die Landasseln, bevorzugen feuchte Orte und sind daher nur in feuchten Bienenbeuten zu finden. Sie fressen meist Pflanzen-

reste/organische Abfälle und nutzen die Bienenbeuten als Unterschlupf.
Schaden: Die Asseln rufen keine Schäden hervor; sie sind für den Imker ein Alarmzeichen für die starke Feuchtigkeit in der Beute.
Abhilfe: Tauschen Sie den Beutenboden oder die feuchte/angeschimmelte Beute besonders vor und nach dem Winter aus (reinigen und trocknen) und stellen Sie die Beute auf ein höheres Gestell oder an einen trockeneren Standort.

Silberfischchen

Insekten, Ordnung: Borstenschwänze
Typische Kennzeichen: 6 Beine, Körper abgeplattet, 3 borstige Schwanzanhänge (**Abb. 6**)
Größe: bis 11 mm Länge
Diese harmlosen Urinsekten ernähren sich von organischen Stoffen und halten sich bevorzugt an feuchten Orten auf. Sie zeigen dem Imker, daß die Beute evtl. zu feucht steht (vgl. Asseln).
Schaden: keiner
Abhilfe: nicht nötig

ABBILDUNG 6

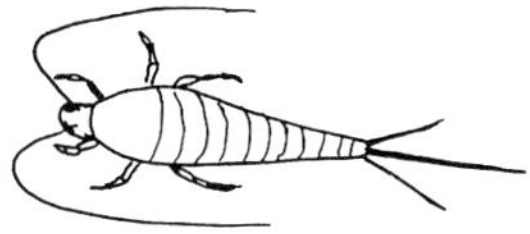

Ameisen

Insekten, Ordnung: Hautflügler, Familie Ameisen (Formicidae)
Typische Kennzeichen: 6 Beine, deutliche Dreigliederung (Kopf, Brust, Hinterleib, **Abb. 7**)
Größe: wenige mm bis ca. 3 cm
Ameisen leben als Gruppe in einem Sozialstaat, der entweder in oder über der Erde sein Nest baut.
Der Ameisenstaat kann je nach Ameisenart aus wenigen 100 bis mehreren 100 000 Tieren bestehen.
Schaden: Ameisen sind in den Tropen ein großes Problem für die Imkerei – in Europa sind die Schäden meist gering. Die Bienen können auf drei Wegen gestört oder belästigt werden:
(1) Kleine Ameisenkolonien leben direkt in der Bienenbeute (Risse, zwischen Deckel und Zargenwand) und sorgen evtl. für Unruhe, oder
(2) die Ameisen räubern gezielt den Honig und die Brut aus den Völkern und schädigen das Volk teilweise stark (besonders an Waldstanden).

ABBILDUNG 7

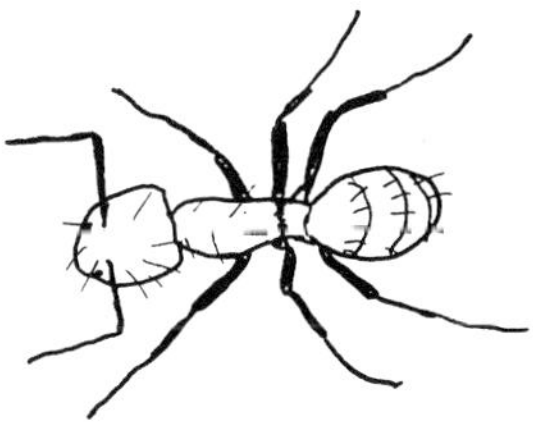

ABBILDUNG 8

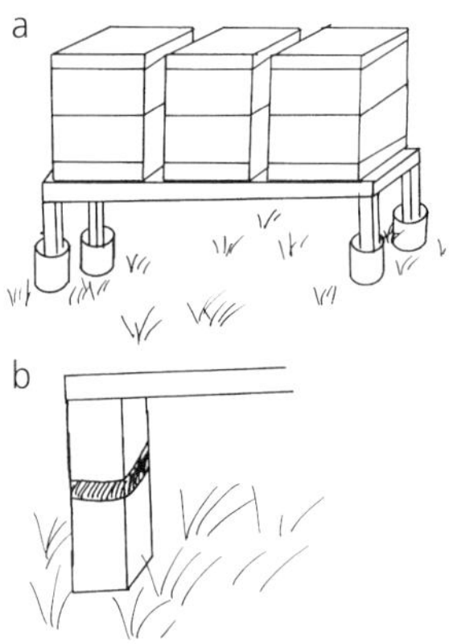

ABBILDUNG 9

ABBILDUNG 10

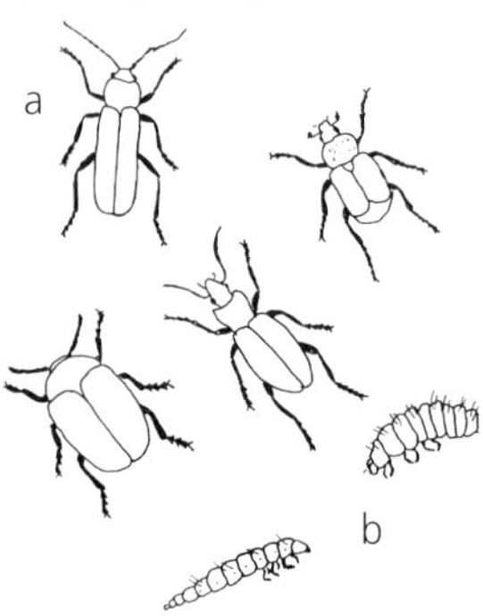

(3) Die Ameisen können dem Imker lästig werden, wenn sie gelagerte Honigwaben ausräubern wollen.
Abhilfe für (1): Fegen/putzen Sie die Ameisen mit einem Lappen komplett aus der Beute und sichern Sie wie bei b vor Neubefall.
Abhilfe für (2): Verhindern Sie den Zugang der Ameisen zu den Beuten: Stellen Sie die Bienenkästen auf Gestelle mit langen Beinen. Jedes Bein wird entweder in eine leere Dose mit Wasser (darf nicht austrocknen oder mit Blättern gefüllt werden; **Abb. 8a**) gestellt oder mit klebrigem Leim (Leimringen; **Abb. 8b**) bestrichen. Die Ameisen können nicht über Leim laufen. Beschneiden Sie rechtzeitig alle Pflanzen rings um die Beuten, damit die Ameisen diese nicht als »Leiter« benutzen können.
Abhilfe für (3): Verfolgen Sie die Ameisenstraße bis zu der »undichten« Stelle (häufig Außentüren) zurück. Streuen Sie mit Scheuerpulver (z. B. »Ata«; **Abb. 9**) einen dichten Wall auf den Boden, denn Ameisen können nicht darüber laufen. Erneuern Sie diesen »Schutzwall« rechtzeitig.

Käfer

Insekten, Ordnung: Käfer (Coleoptera)
Typische Kennzeichen: 6 Beine, Dreigliederung des Körpers, 2 derbe Vorderflügel, bedecken Hinterleib völlig, 2 häutige Hinterflügel
Größe: wenige mm bis einige cm
Von den rund 7000 einheimischen Käferarten sind einige Arten (**Abb. 10**, a: Käfer und b: Larven) im Bienenvolk zu finden. Sie suchen dort Unterschlupf oder ernähren sich vom Gemüll.
Schaden: Nur wenige Käfer verursachen Schäden durch Unruhe, Zerstörung der Waben oder der Beute (einige Käfer/Käferlarven bohren sich in die Wände von Kunstoffbeuten).
Abhilfe: Lassen Sie die Varroa-Windel im Sommer gar nicht oder nur kurz (Reinigung nach einer Woche) in der Beute. Heruntergefallene Partikel (z. B. Pollen) stellen eine willkommene Nahrung für viele Tiere dar. Lagern Sie leere Waben geschützt, Maßnahmen gegen die Wachsmotte und Kalkbrut-/Nosemasporen schützen auch vor Käfern.

»Ohrwürmer«

Insekten, Ordnung: Ohrwürmer (Dermaptera)
Typische Kennzeichen: 6 Beine, Körper abgeflacht, Leibesende zangenförmig (**Abb. 11**)
Größe: ca. 2 cm Länge
Ohrwürmer werden als nützliche Schädlingsbekämpfer (z. B. in umgedrehten, mit Holzwolle ausgefüllten Blumentöpfen) von Gärtnern gefördert! Sie leben und überwintern teilweise in Bienenbeuten.
Schaden: Keine Schadenswirkung
Abhilfe: Nicht nötig! Wenn die Ohrwürmer dem Imker lästig werden, braucht er sie nur mit einer Feder/Bienenbesen aus der Beute (meist in Ritzen/Ecken) fegen.

ABBILDUNG 11

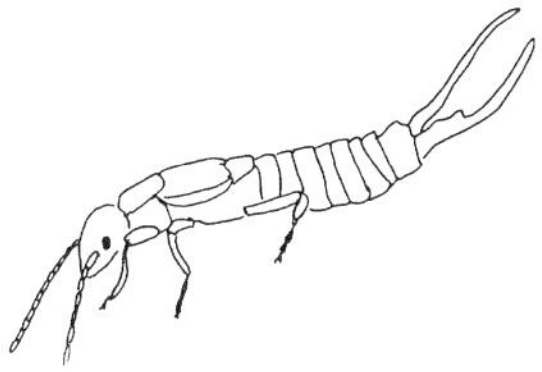

Bienenlaus

siehe S. 169-172

Echte Wespen

(staatenbildende Wespen)

Insekten, Ordnung: Hautflügler, Familie: Echte Wespen (Vespidaea)
Typische Kennzeichen: 6 Beine, 2 Vorder- und 2 Hinterflügel, Dreigliederung des Körpers, »Wespentaille«, bauen Nester/Waben aus Holzfasern (**Abb. 12**)
Größe: bis max. 3,5 cm
Die Deutsche Wespe, die Gemeine Wespe und die Hornisse ernähren sich von tierischem Eiweiß, teilweise von toten oder abgetöteten Bienen. Sie können in schwache Völker eindringen, wenn ihnen die Wächterbienen am Flugloch unterlegen sind.
Schaden: Die Bienen können den Verlust verkraften - größere Schäden sind selten und entstehen im Spätsommer/Herbst eher durch die Störungen durch Wespen.
Abhilfe: Die Bienen können ein kleineres Flugloch leichter verteidigen. Daher ist im Spätsommer ggf. das Einengen des Flugloches sinnvoll. In »Wespenjahren« ist evtl. nur ein Abwandern mit den Bienen eine effektive Lösung.
Hinweis: Wespen stehen unter Naturschutz. Das Entfernen von Nestern oder das Aufstellen von Fallen ist verboten.

ABBILDUNG 12

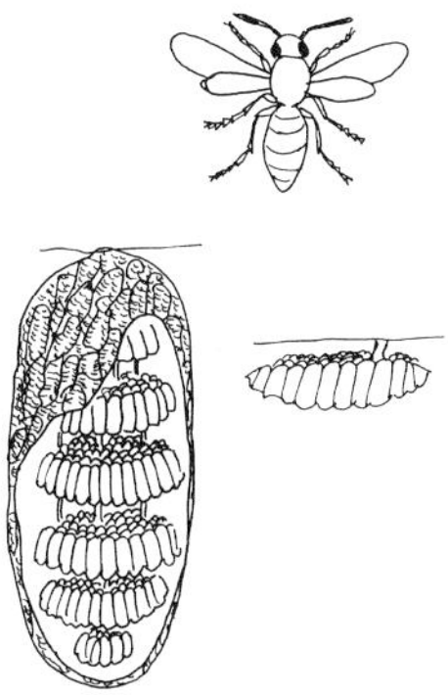

ABBILDUNG 13

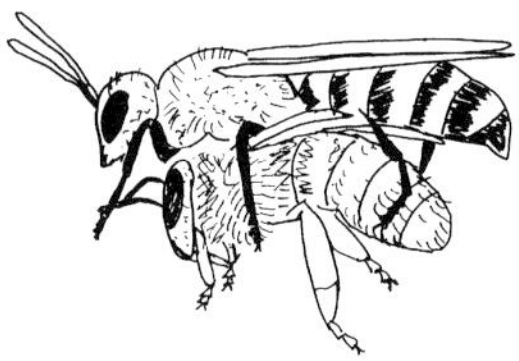

ABBILDUNG 14

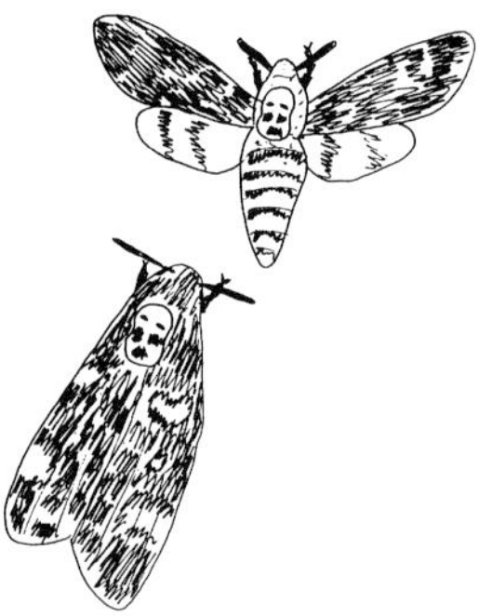

Grabwespen
(»Bienenwolf«)

Insekten, Ordnung: Hautflügler, Familie: Grabwespen (Sphecidae)
Typische Kennzeichen: 6 Beine, Dreigliederung des Körpers, 2 Vorder- und 2 Hinterflügel, »Wespentaille«
Körpergröße: 16 mm (Länge)
Bienenwölfe leben einzeln (solitär); sie graben Gänge im Sand-/Erdboden und legen dort Eier ab. Als Nahrung hinterlassen sie Bienen in den Brutgängen, die sie auf Blüten erbeuten (**Abb. 13**).
Schaden: Die Bienenvölker werden nicht durch den Verlust einzelner Bienen durch Bienenwölfe geschädigt.
Abhilfe: Nicht nötig, da kein Schaden entsteht.
Hinweis: Bienenwölfe sind selten und stehen unter Naturschutz. Die Beobachtung dieser Tiere ist äußerst interessant!

Totenkopfschwärmer

Insekten, Ordnung: Schmetterlinge Familie: Schwärmer (Spingidae)
Typische Kennzeichen: 4 Flügel, 6 Beine, Dreigliederung, Brustoberseite zeigt einen Totenkopf (**Abb. 14**), nachtaktiv
Größe: 13 cm Flügelspannweite
Schaden: Der Schwärmer kommt häufig in südlichen/östlichen Ländern Europas vor und ist selten im Süden Deutschlands als »Irrgast« zu finden. Er dringt nachts durch das Flugloch in Bienenbeuten ein und stiehlt Honig. Ein seltener, harmloser Honigdieb, der Gefahr läuft, an Honigwaben festzukleben oder vollgefressen die Beute nicht mehr verlassen zu können (»zu dick«) (Bildteil 63).
Abhilfe: Nicht nötig.

Kleine und große Wachsmotte
Wabenschädlinge, siehe S. 161-168

Vögel

Wirbeltier, Klasse: Vögel
Typische Kennzeichen: 2 Flügel (Federn), 2 Beine
Körpergröße: unterschiedlich
Vögel sind gelegentlich Gäste vor/auf der Bienenbeute oder

begegnen den Bienen auf ihrem Sammelflug. Einige insektenfressenden Vögel reduzieren (unwesentlich) die Menge der Bienen. Dabei müssen sie auf den Stachel achtgeben.
Schaden: Meisen klopfen gerne (besonders im Frühjahr) an den Bienenbeuten, um neugierige Bienen vom Flugloch abzufangen. Selten werden die Bienen hierdurch zu stark gestört; die Menge an aufgefressenen Bienen ist gering. Selten klopfen Spechte an Bienenbeuten und hacken Löcher in die Wände/Deckel. Der Schaden an den Beuten (Holz- und Kunststoff) kann dann allerdings sehr groß sein (Bildteil 62).
Abhilfe: Vor Meisen schützt grobmaschiger Draht vor den Beuten. Spechte kann man durch grobmaschiges Drahtgewebe (**Abb. 15**) oder dicht vor der Beute (im Abstand von ca. 10 cm; **Abb. 16**) gespannte Drähte abwehren. Verwenden Sie möglichst feste, grobmaschige Gewebe und spannen Sie diese sehr straff, um ein Verfangen von Vögeln zu vermeiden. Das Töten von Singvögeln ist sinnlos und verboten (Bildteil 62).

ABBILDUNG 15

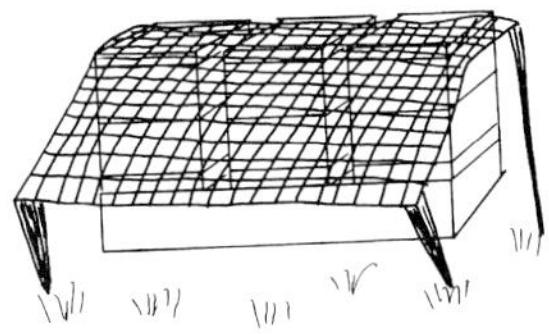

ABBILDUNG 16

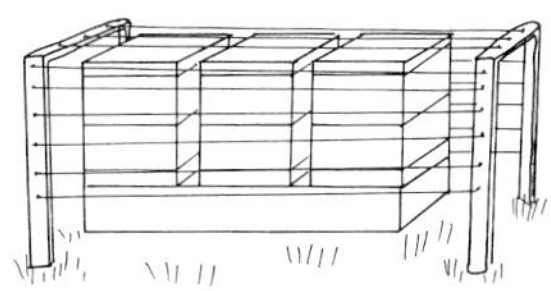

Mäuse, Schläfer und Spitzmäuse

Säugetiere, Ordnung: (a) Nagetiere: »echte« Mäuse, (b) Schläfer und (c) Insektenfresser: Spitzmäuse
Typische Kennzeichen: Warmblütige Wirbeltiere mit Haarkleid
Größe: unterschiedlich
Einige Vertreter der drei Tiergruppen sehen für den Laien gleichermaßen wie »Mäuse« aus, sie unterscheiden sich jedoch (u.a. Körperaufbau, Ernährung).
Schaden: Alle Tiere überwintern gerne in Bienenbeuten (trocken, warm); hierbei erzeugen sie Störungen/Unruhe in der Bienentraube. Sie ernähren sich vom Wabenwerk (a) oder Bienen (c). Der Imker erkennt die Anwesenheit der Tiere an Fraßspuren (z. B. im Gemüll: zerkleinerte/abgeschrotete Waben- oder Bienenteile, Bienenbeine, ausgehöhlte Bruststücke), Kot oder Bestandteile des Nestes. Schlimmstenfalls geht das Volk durch den Schädlingsbefall ein.
Abhilfe: Im Spätsommer/Herbst das Flugloch auf gesamter Breite auf eine Höhe von 8 mm einengen. Sie können auch Mäusegitter vor das Flugloch montieren (**Abb. 17**, a eingeengtes Flugloch, b Mäusegitter). Bei Reinigungs- und Sammelflügen sind enge Fluglöcher für die Bienen hinderlich und sollten wieder vergrößert werden. Auf keinen Fall Gift auslegen oder Fallen aufstellen (kein wirksamer Schutz für die Bienen und außerdem stehen einige Tiere unter Artenschutz).

ABBILDUNG 17

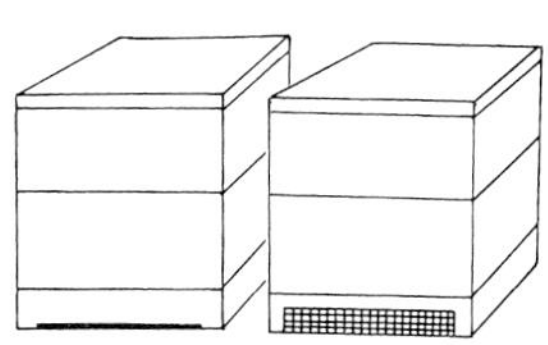

a b

ABBILDUNG 18

a

b

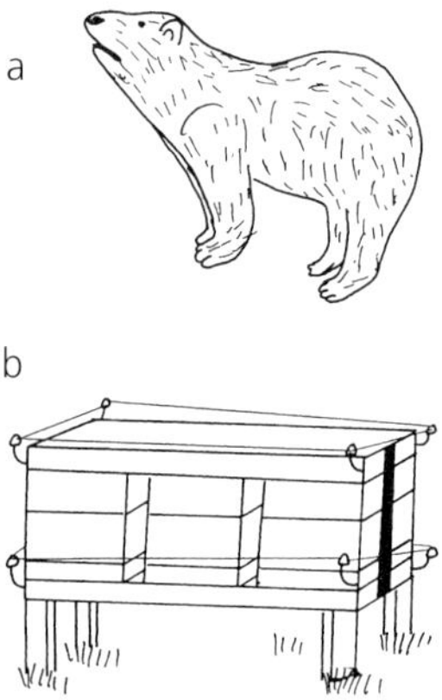

Braunbär

Säugetiere, Familie: Ursidae
Typische Kennzeichen: Warmblütiges Wirbeltier **(Abb. 18a)**
Größe: bis 2,5 m
Der Braunbär lebt in Europa nur an einsamsten Orten wild (früher: Pyrenäen, Ostalpen, Karparten, am Balkan, teilweise in Südosteuropa und Skandinavien). Er wird auch ausgesetzt (z. B. in Österreich, Schäden in Lunz 1993/'94). Der Allesfresser frißt gerne Honig!
Schaden: Um an den Honig zu kommen, zerstört der Braunbär die kompletten Beuten.
Abhilfe: Die Bienen werden auf stabilen Gestellen in Reihe aufgestellt und mit einem Elektrozaun (**Abb. 18b**) geschützt.

Kleiner Beutenkäfer

Der Kleine Beutenkäfer *(Aethina tumida)* ist ein exotischer Schädling der Honigbienen, der sich von Afrika (Süden) bereits durch Verschleppung in einigen Drittländern (bisher USA, Kanada, Australien) ausgebreitet hat, wo er z.T. in der Bienenhaltung große Probleme verursacht.
Bisher wurde der Käfer weder in Deutschland noch in anderen Ländern der EU aufgefunden. Um eine Einschleppung zu vermeiden, werden seitens der EU Maßnahmen gegen die Einschleppung getroffen, so u.a. auch gegen Bienenimporte aus den betroffenen Ländern.
Kaufen Sie Bienenvölker oder Königinnen nur mit Gesundheitsnachweis möglichst bei bekannten Imkern oder Züchtern – diese Bienen haben weiterhin den Vorteil der regionalen Anpassung (z.B. Klima). Bei Bienenkäufen oder Wanderungen innerhalb der EU bestehen bisher keine Gefahren, den Käfer »mitzukaufen« (Imkerpresse).
Verzichten Sie auf verbotene »Taschenimporte« von Königinnen aus dem Ausland. Beuten- und Wabenmaterial aus Afrika, USA, Kanada oder Australien sollten ebenfalls auf keinen Fall eingeführt werden.
Die EU hat den Handel mit Bienen zur Vermeidung der Einschleppung schon eingeschränkt. In der EU und somit auch in Deutschland gehört der Kleine Beutenkäfer zu den anzeigepflichtigen Krankheiten. Daher ist der Verdacht des Auftretens beim zuständigen Veterinäramt unverzüglich anzuzeigen.

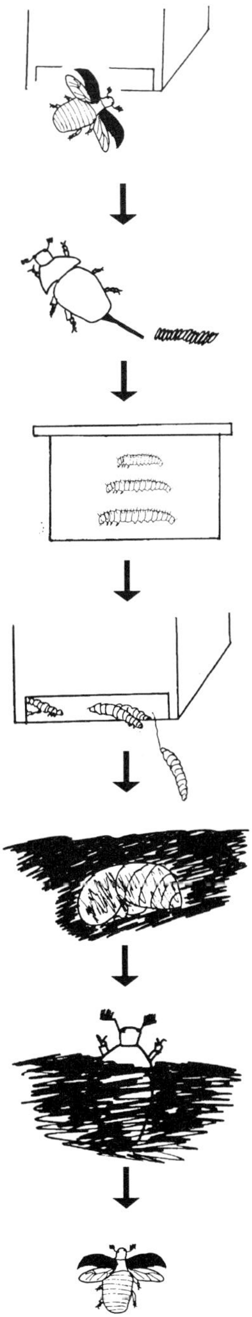

Vermehrung des Beutenkäfers

Der Käfer fliegt von einem Bienenstock zum nächsten und dringt in die Beute ein (vgl. Abb.). Dort legt er in Ritzen Eier, aus denen sich gefräßige Larven entwickeln. Diese verlassen den Bienenstock und graben sich im Erdboden ein, wo die Verpuppung stattfindet. Der fertige Käfer verlässt später den Erdboden.

Was tun bei Verdacht?

Am ehesten wird man meist tote Tiere, wie Insekten (auch Käfer), Spinnen usw. auf den Varroa-Windeln im Wintergemüll finden. Es dürfte sehr unwahrscheinlich sein, daß es sich hierbei um den Kleinen Beutenkäfer handelt.

1. Vergleichen Sie den Käfer mit Fotomaterial, das Sie in der Imkerpresse, im Internet oder Bieneninstituten erhalten. So lassen sich nahezu alle vornehmlich verdächtigen Käfer

ausschließen, da der Kleine Beutenkäfer recht typisch gebaut ist. Es können sehr unterschiedliche Käfer im Bienenkasten Unterschlupf suchen.

2. Sollte ein Käfer weiterhin verdächtig sein, wenden Sie sich mit dem Käfer (in einem dichten Behältnis, z.B. Schraubdeckelglas / verschlossenes, leeres Honigglas) an das zuständige Veterinäramt.
3. Der Amtstierarzt wird die Bestimmung des Tieres vornehmen lassen und Sie informieren.

Bekämpfungsstrategien

Im Falle des Auftretens des Käfers wird die Veterinärbehörde die Bekämpfungsstrategie nach Kontrolle aller Völker im Umkreis von 3 km festlegen. Bei einem Erstauftreten wird die Abtötung und unschädliche Vernichtung das Mittel der Wahl sein (Details siehe Bienenseuchenverordnung aus 2004). Sollte der Käfer sich bereits in Nachbarländern ausgebreitet haben, ist die Bekämpfung des Käfers Hauptziel der Maßnahme – die Bienenvölker dürfen weiterleben. Welche Medikamente dann zur Verfügung stehen, steht zur Zeit noch nicht fest.

Tropilaelapsmilbe

Diese parasitische Milbe auf ihren natürlichen Wirten, der in Asien verbreiteten Riesenhonigbiene vor. Dort wird u. a. auch die westliche Bienenart *Apis mellifera* gehalten, so daß eine Übertragung der wirtstoleranten Milbe auf diese Bienenart möglich war. Bislang ist sie in Europa noch nicht gefunden worden. Vorsorglich wurde die Milbe zur anzeigepflichtigen Tierseuche erklärt.

Die Entwicklung und Vermehrung von Tropilaelaps ähnelt stark der Varroamilbe und findet in der Bienenbrut statt. Im Gegensatz zur Varroamilbe ist Tropilaelaps selten auf erwachsenen Bienen, sondern meist in der Brut zu finden. Befallene Brut zeigt starke Verkrüppelungen, verkürzter Hinterleib, deformierte bis fehlende Flügel und Beine. Die Brut stirbt z.T. auch in der Zelle ab. Es ist zu erwarten, daß die Varroa-Medikamente auch gegen diese Milbe eingesetzt werden können.

Gute fachliche Praxis für gesunde Bienen

➤ Starke Bienenvölker sind widerstandsfähiger als kleine und schwache Völker. Deshalb sollten Sie Schwächlinge rechtzeitig verstärken oder auflösen.

➤ Achten Sie beim Bienen- und Königinnenkauf auf ein amtliches Gesundheitszeugnis.
➤ Lassen Sie die Bienen (besonders im Frühjahr) möglichst viele Mittelwände ausbauen, damit Sie alte Waben einschmelzen bzw. eintauschen können: 30% Wabenerneuerung pro Jahr! Alte (dunkelbraune bis schwarze) Waben werden bevorzugt von Wachsmotten befallen, deren Maden sich wie »Maulwürfe« durch die Zellen fressen.
➤ Verunreinigte, vollgekotete oder verschimmelte Bienenbeuten sollten Sie gründlich mit heißem Wasser bzw. Ätznatron reinigen.
➤ Waben im Wabenschrank oder in (bienenfreien) Zargen sollten Sie vor der Wachsmotte schützen. Aber keine »alten Schinken« sammeln, ansonsten könnte man die Wachsmotte als »Freund« der Biene bezeichnen.
➤ Verhindern Sie Räuberei, bei der meist Bienenvölker geschwächt und möglicherweise mit Krankheitserregern infiziert werden. Wabenmaterial, Honig und Futter sollten stets »bienendicht« und trocken gelagert werden.
➤ Verfüttern Sie nie fremden Honig (kann Erreger der Amerikanischen Faulbrut enthalten) oder Zucker mit Zusätzen, die den Bienendarm belasten.
➤ Befolgen Sie ein über die gesamte Saison reichendes Konzept der Varroa-Bekämpfung.
➤ Einmal im Jahr können Sie über eine Untersuchung von Futter aus Brutwaben eine potentielle Gefährdung durch die Amerikanische Faulbrut abschätzen lassen (Futterkranzprobe). Die Kontrolle der Brutwaben durch einen Sachverständigen kann nur den akuten Krankheitsausbruch bestätigen bzw. ausschließen.
➤ Bei akutem Trachtmangel sollten Futterwaben zugehängt oder gefüttert werden. Ggf. sind ungünstige Gegenden zu verlassen und zeitweilig andere Trachten anzuwandern. Besonders Jungvölker gehören in eine gute Pollentracht. Für langlebige Winterbienen benötigen alle Völker im Sommer eine gute Pollenversorgung.

Rechtsvorschriften

In Deutschland regeln das Tierseuchengesetz und die Bienenseuchenverordnung, kurz BSVO, wichtige Vorschriften in der Imkerei:
➤ Neueingerichtete Bienenstände sind beim zuständigen Veterinäramt anzuzeigen. Dies empfiehlt sich auch bei deren Aufgabe.

➤ Für die Wanderung ist eine Gesundheitsbescheinigung des Veterinäramtes erforderlich. Der Wanderstand ist mit einem Schild mit dem Namen und der Anschrift des Imkers sowie der Zahl der Bienenvölker zu versehen.

➤ In Faulbrutsperrgebiete darf nicht eingewandert werden. Innerhalb des Sperrgebietes muss vor Verstellen von Völkern die Genehmigung des Veterinäramtes eingeholt werden.

➤ Bienenvolk im Rechtssinne sind die in einer Bienenwohnung lebenden Bienen mit ihrer Brut und ihren Waben. Auf die Größe kommt es nicht an. Auch »nur« eine Königin mit Begleitbienen unterliegt den Rechtsvorschriften beim Verbringen bzw. Wandern.

➤ Die Amerikanische Faulbrut (AFB), der Kleine Beutenkäfer und die Tropilaelaps-Milbe sind anzeigepflichtige Tierseuchen. Bereits der Verdacht ist dem Veterinäramt sofort anzuzeigen.

➤ Die Maßnahmen zur Bekämpfung dieser Tierseuchen sind in der Bienenseuchenverordnung geregelt. Bereits bei Verdacht unterliegen Bienenstände der Standsperre, die Bienen der Umgebung werden in ein Sperrgebiet einbezogen.

➤ Der Imker ist zur Mithilfe bei der Seuchenbekämpfung verpflichtet, Zuwiderhandlungen werden als Ordnungswidrigkeit geahndet.

➤ Leerstehende Beuten sind verschlossen zu halten, weder Waben, Futter noch Wachsreste dürfen zugänglich sein.

➤ Jeder Imker ist zur Bekämpfung der Milbenseuche (Tracheenmilbe) und der Varroatose verpflichtet

➤ Die Anwendung von apothekenpflichtigen Medikamenten in Bienenvölkern ist in einem Bestandsbuch festzuhalten und 5 Jahre lang aufzuheben. Die übrigen Medikamente müssen in der Stockkarte dokumentiert werden – als Nachweis für die Bekämpfung und aus guter fachlicher Praxis. Es dürfen nur zugelassene Arzneimittel verwendet werden (Arzneimittelgesetz).

➤ Arzneimittelrückstände müssen unterhalb der gesetzlich festgelegten Grenzwerte liegen (Rückstandhöchstmengenverordnung).

➤ Das Veterinäramt kann Bienengesundheitsobleute zur Seuchenbekämpfung einsetzen

Sachwortverzeichnis